U0673684

住房和城乡建设部"十四五"规划教材
全国住房和城乡建设职业教育教学指导委员会规划推荐教材

建筑给水排水工程
（第二版）

孟繁晋　主编

中国建筑工业出版社

图书在版编目（CIP）数据

建筑给水排水工程／孟繁晋主编. -- 2 版.

北京：中国建筑工业出版社，2024. 9. -- （住房和城
乡建设部"十四五"规划教材）（全国住房和城乡建设职
业教育教学指导委员会规划推荐教材）. -- ISBN 978-7
-112-29952-2

I. TU82

中国国家版本馆 CIP 数据核字第 2024S9P102 号

本书的主要内容包括建筑给水系统设计、建筑消防系统设计、建筑排水系统
设计、建筑热水供应系统设计及建筑雨水排水系统设计、建筑中水系统、建筑给
水排水工程设计实务等，全面系统地介绍了建筑给水排水工程的理论、技术以及
工程实践。

本书可以满足高等职业教育供热通风与空调工程技术、建筑设备工程技术、
消防工程技术等专业的教学需要，也可作为岗位培训教材。

为了便于本课程教学，作者自制免费课件资源，索取方式为：1. 邮箱：jckj@
cabp. com. cn；2. 电话：(010) 58337285；3. 建筑设备 QQ 服务群：622178184。

责任编辑：司 汉 张 健
责任校对：姜小莲

住房和城乡建设部"十四五"规划教材
全国住房和城乡建设职业教育教学指导委员会规划推荐教材
建筑给水排水工程
（第二版）
孟繁晋 主编

*

中国建筑工业出版社出版、发行（北京海淀三里河路 9 号）
各地新华书店、建筑书店经销
北京鸿文瀚海文化传媒有限公司制版
建工社（河北）印刷有限公司印刷

*

开本：787 毫米×1092 毫米 1/16 印张：13¾ 字数：340 千字
2024 年 8 月第二版 2024 年 8 月第一次印刷
定价：**46. 00** 元（赠教师课件）
ISBN 978-7-112-29952-2
(42780)

版权所有 翻印必究
如有内容及印装质量问题，请联系本社读者服务中心退换
电话：(010) 58337283 QQ：2885381756
（地址：北京海淀三里河路 9 号中国建筑工业出版社 604 室 邮政编码：100037）

教材编审委员会

主 编

孟繁晋　山东城市建设职业学院

副主编

陈秋涛　广西建设职业技术学院

刘　珺　南京高等职业技术学校

参 编

吴双极　南京高等职业技术学校

陆兰晶　广西建设职业技术学院

焦盈盈　山东城市建设职业学院

郑福珍　黑龙江建筑职业技术学院

祖文超　山东省建筑设计研究院有限公司

邢　滕　中建八局第二建设有限公司

主 审

李永安　山东建筑大学

高绍远　山东城市建设职业学院

出 版 说 明

党和国家高度重视教材建设。2016 年，中办国办印发了《关于加强和改进新形势下大中小学教材建设的意见》，提出要健全国家教材制度。2019 年 12 月，教育部牵头制定了《普通高等学校教材管理办法》和《职业院校教材管理办法》，旨在全面加强党的领导，切实提高教材建设的科学化水平，打造精品教材。住房和城乡建设部历来重视土建类学科专业教材建设，从"九五"开始组织部级规划教材立项工作，经过近 30 年的不断建设，规划教材提升了住房和城乡建设行业教材质量和认可度，出版了一系列精品教材，有效促进了行业部门引导专业教育，推动了行业高质量发展。

为进一步加强高等教育、职业教育住房和城乡建设领域学科专业教材建设工作，提高住房和城乡建设行业人才培养质量，2020 年 12 月，住房和城乡建设部办公厅印发《关于申报高等教育职业教育住房和城乡建设领域学科专业"十四五"规划教材的通知》（建办人函〔2020〕656 号），开展了住房和城乡建设部"十四五"规划教材选题的申报工作。经过专家评审和部人事司审核，512 项选题列入住房和城乡建设领域学科专业"十四五"规划教材（简称规划教材）。2021 年 9 月，住房和城乡建设部印发了《高等教育职业教育住房和城乡建设领域学科专业"十四五"规划教材选题的通知》（建人函〔2021〕36 号）。为做好"十四五"规划教材的编写、审核、出版等工作，《通知》要求：（1）规划教材的编著者应依据《住房和城乡建设领域学科专业"十四五"规划教材申请书》（简称《申请书》）中的立项目标、申报依据、工作安排及进度，按时编写出高质量的教材；（2）规划教材编著者所在单位应履行《申请书》中的学校保证计划实施的主要条件，支持编著者按计划完成书稿编写工作；（3）高等学校土建类专业课程教材与教学资源专家委员会、全国住房和城乡建设职业教育教学指导委员会、住房和城乡建设部中等职业教育专业指导委员会应做好规划教材的指导、协调和审稿等工作，保证编写质量；（4）规划教材出版单位应积极配合，做好编辑、出版、发行等工作；（5）规划教材封面和书脊应标注"住房和城乡建设部'十四五'规划教材"字样和统一标识；（6）规划教材应在"十四五"期间完成出版，逾期不能完成的，不再作为"住房和城乡建设领域学科专业'十四五'规划教材"。

住房和城乡建设领域学科专业"十四五"规划教材的特点，一是重点以修订教育部、住房和城乡建设部"十二五""十三五"规划教材为主；二是严格按照专业标准规范要求编写，体现新发展理念；三是系列教材具有明显特点，满足不同层次和类型的学校专业教学要求；四是配备了数字资源，适应现代化教学的要求。规划教材的出版凝聚了作者、主审及编辑的心血，得到了有关院校、出版单位的大力支持，教材建设管理过程有严格保障。希望广大院校及各专业师生在选用、使用过程中，对规划教材的编写、出版质量进行反馈，以促进规划教材建设质量不断提高。

住房和城乡建设部"十四五"规划教材办公室

2021 年 11 月

第二版前言

鉴于新形势要求、新技术发展和部分新规范的颁布施行，编写团队确定对本教材进行再版修订。本书第二版与第一版相比，总体篇幅相差不大，但对全书内容做了全面修订，主要体现在以下三个方面：

1. 具有足够的基本理论知识，以够用、实用为原则。

2. 采用项目化教学方式编写，融入教学案例，便于学生能够更方便、更容易、更快捷地掌握建筑给水排水工程中的有关知识、技术和技能。

3. 求新。随着《建筑给水排水设计标准》GB 50015—2019、《建筑防火通用规范》GB 55037—2022、《建筑设计防火规范（2018 年版）》GB 50016—2014 等相关新规范的发布执行，书中根据新规范对本书有关内容及时作了调整，以适应新规范的要求；市场上的新设备、新材料和工程中的新工艺、新技术，以及新的发展趋势在书中也有介绍。

全书按 48 学时编写，共分为 8 个项目，主要包括水的认知、建筑给水系统设计、建筑消防系统设计、建筑排水系统设计、建筑热水供应系统设计、建筑雨水排水系统设计、建筑中水系统设计、建筑给水排水工程设计实务等内容。

本书由山东城市建设职业学院孟繁晋编写项目 1 和项目 4；广西建设职业技术学院陈秋涛编写项目 2 和项目 8；南京高等职业技术学校刘珺编写项目 3；广西建设职业技术学院陆兰晶编写项目 5；山东城市建设职业学院焦盈盈和山东省建筑设计研究院有限公司祖文超编写项目 6；南京高等职业技术学校吴双极编写项目 7；中建八局第二建设有限公司邢滕编写附录；黑龙江建筑职业技术学院郑福珍提供了数字资源。全书由孟繁晋整理和修改。

本书第一版由南京高等职业技术学校谢兵教授为主编，为教材奠定良好的基础，起到了重要作用。本次再版由山东建筑大学李永安教授、山东城市建设职业学院高绍远教授主审，两位先生在百忙中分别对本书编写大纲和书稿做了认真仔细的审读，并提出了许多宝贵意见与建议。在此，谨向他们致以最诚挚的谢意。

由于编者水平有限，本书难免存在一些不足之处，恳请广大读者给予批评和指正。

前　　言

本书是根据《高等职业教育供热通风与空调工程技术专业教学基本要求》，并参照国家有关部门最新颁布的标准编写的规划教材。

全书按 48 学时编写，共有 8 个教学单元，主要内容包括绪论、建筑给水系统、建筑消防系统、建筑排水系统、建筑热水供应系统、建筑雨水排水系统、建筑中水系统、建筑给水排水工程设计实务等。在使用过程中各校可根据具体情况和要求，对教学内容酌情增减。全书理论与实践并重，并编入了本学科的某些新技术、工程设计实践。

本书由南京高等职业技术学校谢兵担任主编。广西建设职业技术学院陈秋涛编写了单元 2 建筑给水系统和单元 8 建筑给水排水工程设计实务，陆兰晶编写了单元 5 建筑热水供应系统；南京高等职业技术学校谢兵编写了单元 1 绪论、单元 4 建筑排水系统、单元 6 建筑雨水排水系统及附录，刘珺编写了单元 3 建筑消防系统、单元 7 建筑中水系统。全书最后由谢兵整理和修改。

本书在编写过程中，正值《建筑设计防火规范》GB 50016—2014 和《消防给水及消火栓系统技术规范》GB 50974—2014 发布执行，编者根据新规范对本书有关内容及时作了调整，以适应新规范的要求。

本书在编写过程中还得到了瑞士吉博力公司上海分公司、德国专家 Guenter Hank、山西建筑职业技术学院高文安教授的支持，南京高等职业技术学校杜渐教授提供了相关德文资料翻译。在编写过程中，还参考了百度文库和土木在线等的网络内容，在此一并表示感谢。

由于编者水平有限，本书难免存在一些不足和错误，恳请广大读者给予批评和指正。

目　录

项目1

水的认知

项目目标

知道水的重要性，掌握水的性质，了解水的净化处理方法和取水构筑物。

素质目标

培养学生珍惜水资源的意识。结合节约用水的重要性教育，强调"提高水资源的利用率"在促进社会可持续发展中的重要性。

任务 1.1　水的性质认知

任务目标

了解水的重要性；掌握水的物理、化学性质。

一、水的重要性

建筑给水排水总是在与水打交道。水是生命的源泉，是人类赖以生存和发展的不可缺少的最重要的物质资源之一。人和动物含有 60%～70% 的水，一些植物甚至含有 95% 的水。人每天通过食物和饮料至少需要 1.5L 水。人每天生活需要水，用于洗涤、冲洗、烹饪等。在现代工业、农业中，没有一个部门是不用水的，没有足够的水源，工业、农牧业生产将受到重大影响。

尽管地球上的水存在循环，地球表面有 71% 被水覆盖，但只有总量 0.7% 的水可以供人类使用，且受气候、地形等因素影响，在全球分布极不均匀。关于水资源的定义，较普遍的说法是指"可以供人们经常取用、逐年可以恢复的水量"，也就是通常所指的淡水资源。淡水资源是一种有限资源，虽然通过水循环可以得到更新，但是由于人类的大量采用和污染，水资源在不断地减少，而消耗量却在迅速地增加（图 1-1）。中国水资源的总量约为 28100 亿 m^3，人均占有量很低，水资源在地区上的组合不相匹配，是世界上严重缺水的国家之一，人均水资源占有量仅为世界人均的四分之一，水的供需矛盾十分突出。中国人均年用水量，进入 20 世纪 90 年代后基本保持在 $450m^3$ 上下。随着人口的增长、工业和城市用水的急剧增加，中国社会经济持续发展所面临的挑战比世界上其他国家更为严峻。所以节约用水是一个非常重要和紧迫的问题！

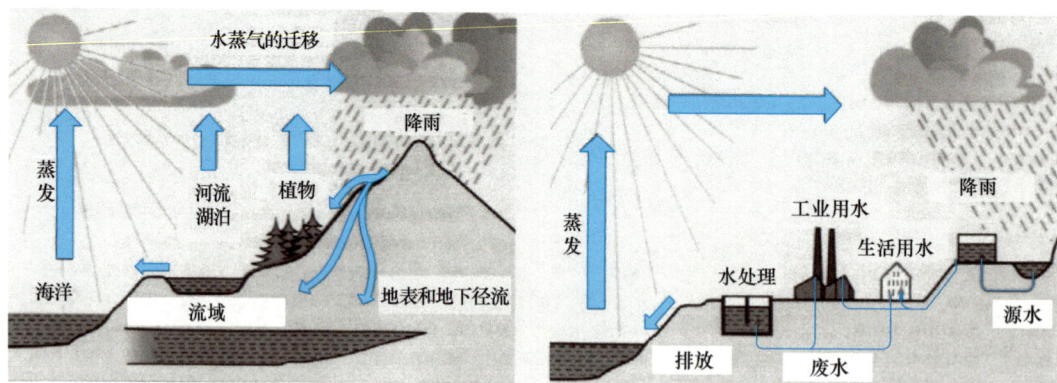

图 1-1　水的自然循环和社会循环

二、水的性质

1. 水的物理性质

（1）水的物态

水的物态（固态、液态和气态）与压力和温度有关，在标准大气压（101.325kPa）下，在

0~100℃之间时为液态（水），在 0℃时转变为固态（冰），在 100℃时转变为气态（蒸汽）。

潜热，相变潜热的简称，指物质在等温等压情况下，从一个相变化到另一个相吸收或放出的热量。这是物体在固、液、气三相之间以及不同的固相之间相互转变时具有的特点之一。水的凝聚态发生变化时吸收或放出的热量见图 1-2。在 1 个标准大气压下，水的熔解热（凝固热）为 333kJ/kg，水的汽化热（凝结热）则高得多，为 2258kJ/kg。

（2）水的比热

比热容简称比热，是单位质量物质的热容量，即单位质量物体改变单位温度时吸收或释放的内能，通常用符号 c 表示。水的比热是自然界常见物质中最大的，为 $4.2kJ/(kg·K)$，即 1kg 水温度升高 1K（1K=1℃），需要约 4.2kJ 的热量；反之，水温度下降 1K，将放出约 4.2kJ 热量。所以在供暖系统中广泛地采用热水作为热媒。

（3）水的密度

密度是指物质每单位体积内的质量。水在 4℃时密度最大，为 $1000kg/m^3$。水和其他物质不同，在加热超过 4℃或冷却低于 4℃时，水的密度都会减小，即水都会膨胀，发生反常现象（图 1-3）。

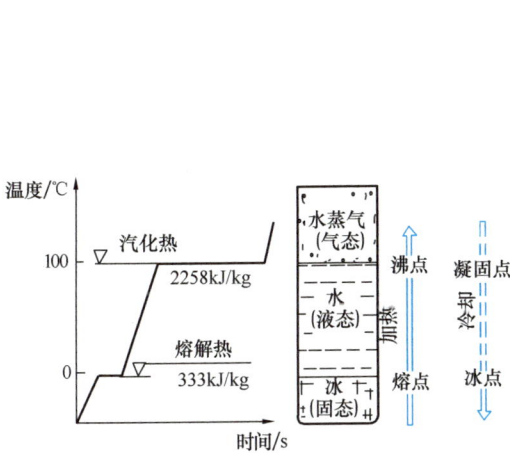

图 1-2　水的凝聚态的变化

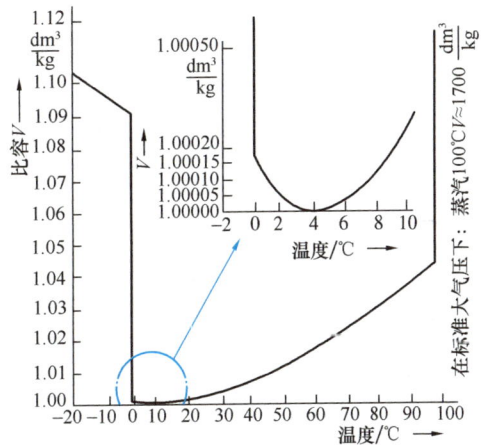

图 1-3　水的反常密度

水由 4℃加热到 80℃时，体积增加 3%，加热到 100℃时，体积增加 4.3%。所以在加热时，水在敞开的容器中会溢出，在密闭的容器中压力会升高，热水系统需设安全阀、膨胀水箱等；在重力循环式热水系统中，温度较高的供水在系统中上升，温度较低的回水在系统中下降，形成循环。

在 0℃时，水结冰，体积增加较大，可达 9%，因此冰浮在水面上。在上冻时，管道和容器会被胀裂。所以，在冬天管道和容器需要保温，以防冻坏。

在 100℃时，水转变成蒸汽，体积增加惊人，所以在水转变成蒸汽时会产生巨大的压力，锅炉需要设置安全阀，利用蒸汽推动汽轮机带动发电机能产生强大的电力。

2. 水的化学性质

（1）水的 pH 值

水是由氢元素和氧元素组成的，纯净的水可以发生微弱的电离：

$$H_2O=H^++OH^-$$

水的pH值是表示水中氢离子浓度的常用对数的负值。在常温下，水中的 H^+ 和 OH^- 离子，由于两者浓度相等，约为 $1\times10^{-7}mol/L$，pH＝7，人们把这时的水称为中性水。当pH＜7时称为酸性，pH＞7时称为碱性。水为酸性或碱性时，会对建材产生影响（图1-4）。

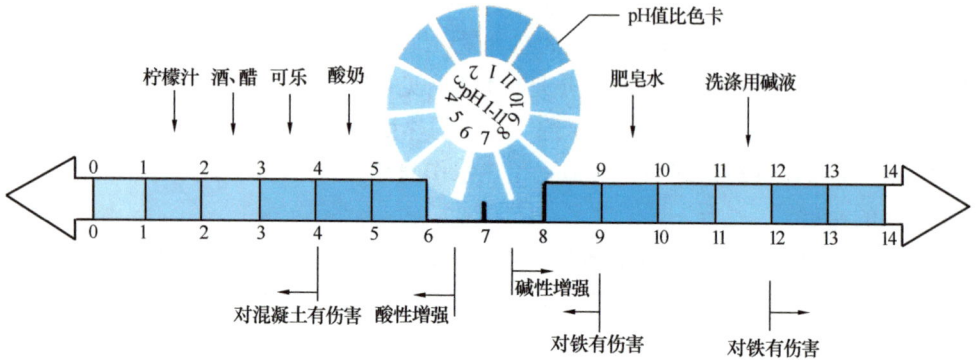

图1-4　pH值一览

（2）水的硬度

含较多的钙离子与镁离子的水称为硬水，含较少或不含钙离子与镁离子的水称为软水，用"mol/L"表示（表1-1）。

表1-1　水的硬度程度

硬度(mol/L)	硬度程度	硬度(mol/L)	硬度程度
0～1	很软	3～4	硬
1～2	软	＞4	很硬
2～3	中硬		

若水的硬度大时，会使肥皂用量增加，洗涤时织物易损坏，蔬菜和肉不易煮熟；当水中溶有较多的 CO_2 时，水加热的温度超过 60℃就会产生锅垢，锅垢是热的不良导体，加热水时会多消耗燃料。若水中完全不含钙离子与镁离子，水饮用起来口感不好。

三、水源的种类与划分

建筑给水的水源是天然水，天然水分为地面水和地下水。

1. 地面水

地面水是指河流、湖泊、水库中的水。地面水的特点是水质和水温变化大；病菌含量多，易受生活污水和工业污水污染；与大气直接接触因此浑浊度较高，悬浮物杂质含量也较高；虽然地面水的水量随季节变化较大，但是总体较充沛。

（1）江河水

江河水的含盐量和硬度均较低，水中的悬浮物和胶体杂质含量较多，比较容易受自然条件的影响。不同地区和不同环境，会有不同水质。水土流失会使水体浊度增高，含沙量增大；污水排放会全面影响水质，使水体的色、臭、味变化多端。因此，改善环境，减少排污，是提高江河水水质的有效途径。

（2）湖泊及水库水

湖泊及水库不像江河那样川流不息，水体的流动性小，贮存时间长。湖泊及水库水有浑浊度较低、透明度较高、水生物较多的特点。水生物中以藻类最多，藻类中以蓝藻、绿藻、硅藻最为常见。水生物死亡残骸沉底后，使淤泥中积存了大量腐殖质，一经风浪泛起，便使水质恶化。因此，水生物是使湖泊及水库水体产生色、臭、味的主要根源。

由于湖水不断得到补给又不断蒸发浓缩，故含盐量往往比江河水高。按含盐量分，有淡水湖、微咸水湖和咸水湖三种。咸水湖的水不宜生活饮用，淡水湖主要分布在我国雨水丰富的东部和南部地区。

（3）海水

海水是含盐量特别高的一种天然水源（约 35g/L）。一般情况，海水不作为生活饮用水源，只作为工业冷却用水。在一些没有淡水源的边防、海岛，有时也用"反渗透"（即利用海水和淡水浓度差，向海水施压并通过渗透膜变成淡水）的方法将海水淡化，供当地军民饮用，但成本偏高，需要经常清洗渗透膜，维护庞大装置的难度也非常高，口感不好。目前不少国家都在进行海水淡化实验，结合海水综合利用来降低过高的成本。

我国依据地面水水域使用目的和保护目标将水源划分为五类：

1）Ⅰ类水源：主要是指源头水和国家自然保护区里的水体。

2）Ⅱ类水源：主要适用于集中式生活饮用水水源地一级保护区、珍贵鱼类保护区、鱼虾产卵场等。

3）Ⅲ类水源：主要适用于集中式生活饮用水水源地二级保护区、一般鱼类保护区及游泳区。

4）Ⅳ类水源：主要适用于一般工业用水区及人体非直接接触的娱乐用水区。

5）Ⅴ类水源：主要适用于农业用水区及一般景观要求水域。

同一水域兼有多类功能的，依最高功能划分类别。有季节性功能的，可分季划分类别。

2. 地下水

地下水是指埋藏在地表以下各种形式的重力水。地下水在地层渗透、过滤过程中，绝大部分悬浮物和胶体被去除，水质清澈，且水源不易受外界污染和气温影响，因而水质、水温较稳定，特别是水温有"冬暖夏凉"的特点，一般宜作为生活饮用水和工业冷却用水的水源。

由于我国的水文地质条件比较复杂，各地区的地下水会有各地的显著特点，最可能出现的是"三高"特点，即硬度高、含盐量高、水温高。因为地下水流经岩层时，不仅获得了大量的钙、镁离子，而且还溶解了大量含盐矿物质（盐类成分由矿物质成分决定），同时还吸收了岩层的热量。应根据地下水的水质情况决定其运用的范围，例如有些地区利用地下热水的特点开发旅游项目，发展当地经济，例如"消毒杀菌、美容皮肤的温泉浴"等。

地下水开采必须经过当地有关部门的批准。因为地下水蓄水是经过若干年形成的，由于过度开采，全国地下水水位在急剧下降，有的地方已无水可采了。

四、给水水质的要求

不同的用户，有不同的水质标准。用户要求的水质标准，就是用户要求的各项水质指标。

1. 生活饮用水水质标准

作为生活饮用水，必须满足以下水质要求：

（1）对人体健康无害。

（2）感官性状良好。

（3）对生活使用无不良影响。

2. 工业用水水质标准

工业用水在用水总量中占有较大的份额，水质标准的高低直接关系到整个社会水处理的经济成本。因此，能用低标准水的场合一定不要用高标准水。

与生活饮用水水质标准相比，可分为低于、等于、高于三种情况。当工业用水水质标准低于生活饮用水水质标准时，可以不用城市给水管网的供水，由工厂就近在水井、河流旁架设水泵加压供水，这样既可以降低用水成本，又可以满足清洗原料零件、冲洗车间、漂洗衣物布匹和冷却降温等低标准用水的要求。当工业用水水质标准等于生活饮用水水质标准时，可以直接使用城市给水管网的供水，这种情况主要有食品、酿造及饮料工业的原料用水。当工业用水水质标准高于生活饮用水水质标准时，常用的方法是，工业用户对城市给水管网的供水进行补充处理，以满足个性化的用水要求，如印染工业用水要求水中不含有复杂的化学成分，锅炉工业用水要求用"软水"，电子工业用水要求用"纯水"等。

任务 1.2　水的净化处理与取水构筑物

知识目标

了解水的净化处理方法和取水构筑物。

一、给水的净化处理

给水处理的任务就是在天然水源和用户要求之间架桥，通过必要的处理方法除去不应保留下来的有害成分、改善水质，使之达到用户要求的水质标准。给水处理的方法应根据水源水质和用户对水质的要求来确定。在给水处理中，某一种处理方法除了取得某一特定的处理效果外，有时也直接或间接兼收其他处理效果。下面概略介绍为不同目的而采用的一些常用处理方法：

1. 澄清

处理目的是降低水的浑浊度；处理对象是水中的悬浮物和胶体杂质；处理方法主要有混凝、沉淀及过滤。

混凝、沉淀和过滤在去除浑浊度的同时，对有机色度物质、细菌乃至病毒等去除也相当有效，特别是过滤。为了保证过滤的效率，需要定期地对过滤段进行反洗。

2. 消毒

消毒的目的是杀死水中的致病微生物，通常在过滤以后进行。根据给水用户的不同要求，有一般消毒和深度消毒。主要方法是在水中投入液氯、漂白粉或其他消毒剂杀灭致病微生物。也有采用臭氧或紫外线照射等方法进行消毒的。在各种消毒方法中，氯消毒法最为普遍，但是水中氯的含量高出一定限度对人体有害。

3. 除味

给水处理的原水来自于天然水源，水中的有机物和无机物成分比较复杂，常常会使水中产生难闻的异味，而这种异味不能用常规的澄清和消毒去除。去除异味的方法取决于水中异味的来源。因有机物而产生的异味，可用活性炭吸附，投加氧化剂进行氧化或采用曝气法去除；因藻类繁殖而产生的异味，可在水中投入硫酸铜以去除藻类；因溶解盐而产生的异味，应采用除盐措施等。

4. 除铁

处理对象是水中溶解性的二价铁离子。除铁方法主要有：石英砂接触氧化法和自然氧化法。前者通常设置曝气装置和锰砂滤池，后者通常设置曝气装置、反应沉淀池和砂滤池。二价铁通过上述设备转变成三价铁沉淀物而被滤池所截留。

5. 软化

处理的目的是将硬水变成软水，处理的对象是水中的钙、镁离子。软化方法主要有离子交换法和药剂软化法。前者在于使水中钙、镁离子与交换剂上的离子互相交换以达到去除的目的，后者是在水中投入药剂如石灰、苏打以使钙、镁离子转变为沉淀物而从水中分离出去。

6. 淡化

处理的目的是将咸水变成淡水，处理的对象是水中的各种溶解盐类。淡化的主要方法有：蒸馏法、离子交换法、电渗析法及反渗透法等。

7. 超滤和微滤

超滤和微滤都是以压力差为推动力的膜分离过程，如图 1-5 所示。能截留分子量 500～100 万分子的膜分离过程称为超滤；只能截留分子量大于 100 万的分子分散颗粒的膜分离过程称为微滤。

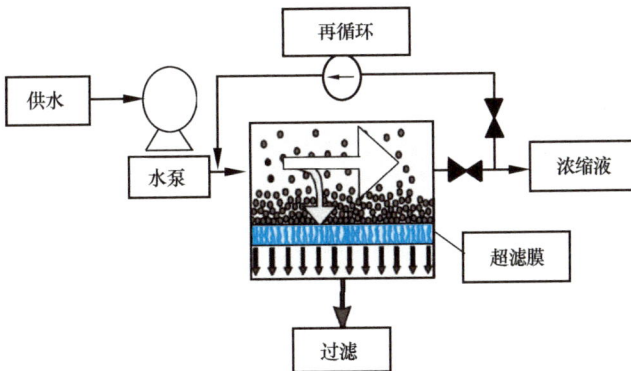

图 1-5　超滤膜工作原理示意图

超滤在给水处理中有消毒和过滤的双重功效，其经济性优于砂滤和液氯消毒，特别是用于直饮水系统。直饮水为深度净化的纯净水，因为深度净化的成本很高，故直饮水只作饮用不作他用，供水流量一般较小。

上述各种处理方法，可以根据不同的原水水质和不同的用户要求，单独使用或结合使用。在给水处理中，通常都是数种方法结合使用，以确保具有良好的出水水质并降低运行费用。

二、取水构筑物

1. 地面水的取水构筑物

在地面水量充沛的城镇和企业，多以这种方式取水。常见的取水构筑物有岸边式取水构筑物和河床式取水构筑物等，主要用于临时或增容供水（图1-6）。

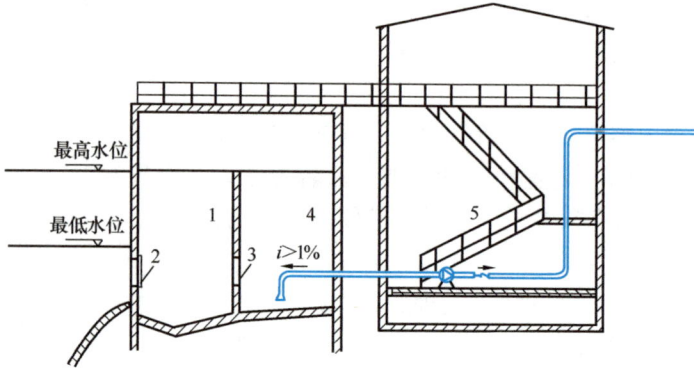

图1-6　岸边式取水构筑物与泵房分建

1—进水室；2—粗格栅；3—格网；4—吸水室；5—泵房

2. 地下水的取水构筑物

地下水的开采和收集通常是通过打井的方法实现的。根据地下水的埋藏深度、水层厚度和补给条件不同，采用的方式有管井（图1-7）、大口井（图1-8）和渗渠等。

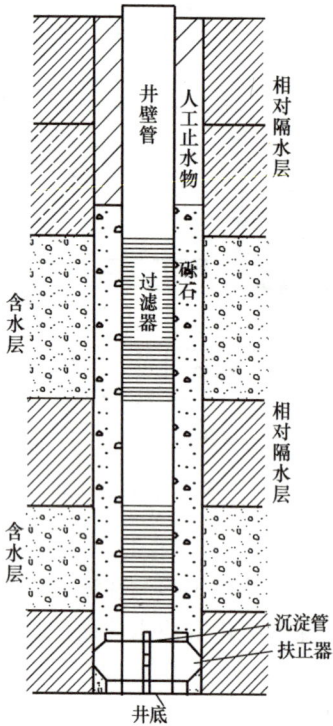

图1-7　管井结构

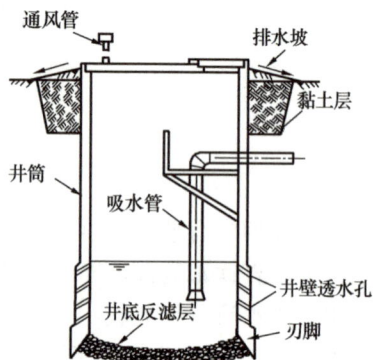

图1-8　大口井结构

复习思考题 🔍

1. 水的物态是如何转换的？
2. 什么状态下水的密度值达到最大值？
3. 水的比热是多少？为什么供暖系统中广泛地采用热水作为热媒？
4. 为什么有些管道要采取保温措施？
5. 工业用水水质标准一定低于生活饮用水水质标准吗？
6. 给水的净化处理方法有哪些？

项目**2**

建筑给水系统设计

项目目标

掌握建筑给水系统的组成、给水方式的选择，了解高层建筑给水系统的特点，熟悉常用的管件、阀门、水表的类型和作用，熟悉给水管道的布置与敷设要求及给水常用设备，熟悉建筑给水用水定额与水力计算方法。

素质目标

培养学生坚持改革创新的意识。回顾中国给水发展的历程，强调"创新"在构建我国给水建设体系中的重要性。

任务 2.1　建筑给水系统的组成认知

任务目标

掌握给水系统的分类和组成，了解我国给水系统的发展过程。

2-1

建筑室内给水系统的分类及组成

一、建筑给水系统的分类

建筑给水系统的任务就是将城镇给水管网（或自备水源给水管网）的水输送到室内的各种水龙头、生产机组和消防设备等用水点，并满足各用水点水量、水压和水质的要求。

建筑给水系统可分为三种基本给水系统：生活给水系统、生产给水系统和消防给水系统。

1. 生活给水系统

供人们在日常生活中饮用、烹饪、洗浴、冲洗和其他生活用途的用水。其特点是用水量不均匀，水质须符合国家颁布的相关水质标准。

根据供水水质的不同，生活给水系统又可再分为：

（1）生活饮用水系统：与人体直接接触的或用于烹饪、饮用、盥洗、洗浴等日常生活的水，水质须达到《生活饮用水卫生标准》GB 5749—2022 要求。

（2）直饮水给水系统：将生活饮用水再经过深度处理的，可以直接饮用的水。

（3）杂用水系统（中水系统）：用于冲洗便器、浇洒地面、浇灌绿化、冲洗汽车等，质量标准为《城市污水再生利用 城市杂用水水质》GB/T 18920—2020。

2. 生产给水系统

供生产过程中产品工艺用水，如生产设备冷却水、锅炉用水、饮用水等。其特点：用水量均匀，水质要求差异大。

生产给水系统由于各种生产工艺不同，对水量、水质、水压要求也不尽相同，系统的种类繁多，如直流给水系统、循环给水系统、纯水系统。因此，需要详尽了解生产工艺对水质的要求。

3. 消防给水系统

消防灭火设施用水，其特点是：用水量大，对水质无特殊要求，压力要求高。

消防给水系统分为：室外消火栓给水系统、室内消火栓给水系统、自动喷水灭火系统等。

4. 共用给水系统

上述三个系统可独立设置，也可组合设置。系统的选择应根据生活、生产、消防等各项用水对水质、水量、水压、水温的要求，结合室外给水系统的实际情况，考虑技术上可行、经济上合理、安全可靠等因素，经技术经济比较后采用综合评价法确定。

常见的共用给水系统有：生活—消防给水系统，生产—消防给水系统，生活—生产给水系统，生活—生产—消防给水系统。

二、建筑给水系统的组成

建筑给水系统一般由引入管、水表节点、管道系统、给水附件、贮水和加压设备、配水设施和计量仪表等组成，如图 2-1 所示。

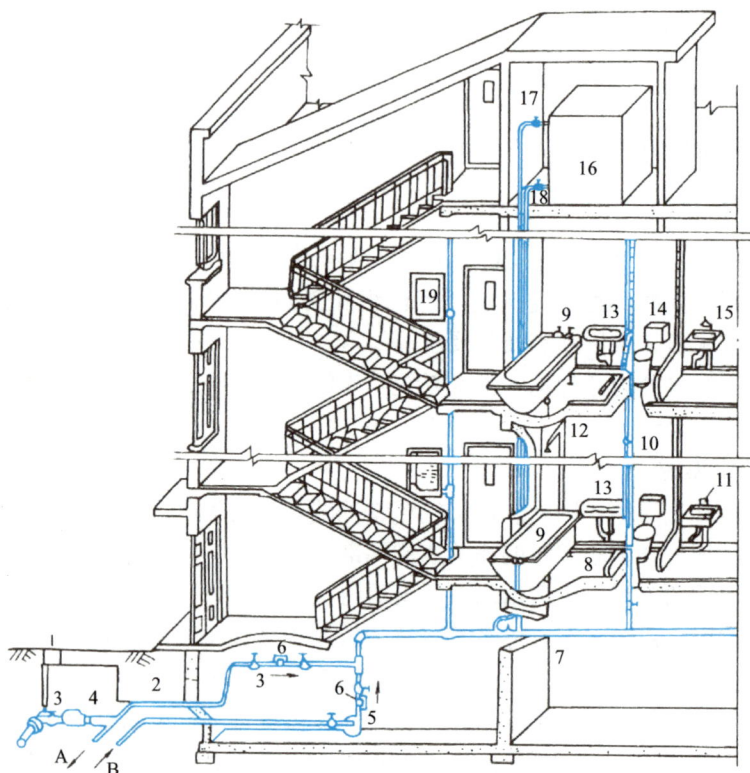

图 2-1　建筑给水系统

1—阀门井；2—引入管；3—闸阀；4—水表；5—水泵；6—止回阀；7—干管；
8—支管；9—浴盆；10—立管；11—水龙头；12—淋浴器；13—洗脸盆；
14—大便器；15—洗涤盆；16—水箱；17—进水管；18—出水管；
19—消火栓；A—进入贮水池；B—来自贮水池

1. 引入管

引入管是指室外给水管网与建筑内部管网之间的联络管段，也称进户管。其作用是将水接入建筑内部。引入管上设置水表、阀门等附件。

引入管所处位置的不同，其连接形式有：市政管网→引入管→小区管网，小区管网→引入管→单体管网。

2. 水表节点

水表节点是安装在引入管上的水表及其前后设置的阀门和泄水装置的总称。其作用是计量建筑物总用水量，一般设置在水表井中。关闭水表前的闸门，即可切断水流，方便维修和拆换水表。在检测水表精度以及检修室内管路时，还要放空系统的水，因此需在水表后装泄水阀或泄水丝堵三通。

水表节点应设在便于查看和维护检修，不受振动和碰撞的地方。可装于室外管井内或室内的适当地点。在炎热地区，要防止暴晒；在寒冷地区必须有保温措施，防止冻结。水表应水平安装，方向不能装反，螺翼式水表与其前面的阀门间应有 8～10 倍水表直径的直

12

线管段，其他水表的前后应有不少于 0.3m 的直线长度。

水表和水表井安装可参见国家标准图集。

3. 管道系统

建筑内部给水管道系统包括建筑内部给水干管、立管、横支管和分支管等。给水干管将水输送到建筑内部用水部位，给水立管将水输送到建筑各楼层，给水横支管将水输送到各用水点。

我国给水管道可采用钢管、铸铁管、铜管、塑料管和复合管等。

埋地给水管道可用塑料给水管、有衬里的铸铁给水管、经可靠防腐处理的钢管。室内给水管道可采用塑料给水管、塑料和金属复合管、铜管、不锈钢管及经可靠防腐处理的钢管。生产和消火栓给水管一般采用非镀锌钢管、给水铸铁管。自动喷水灭火系统的给水管应采用镀锌钢管和镀锌无缝钢管。

钢管的连接方法有螺纹连接、焊接和法兰连接；镀锌钢管必须用螺纹连接或沟槽式卡箍连接（图 2-2）；给水铸铁管采用承插连接；塑料管可采用挤压加紧连接、法兰连接、热熔连接和粘结连接等方法。

4. 给水附件

给水附件包括控制附件和配水附件。包括各种阀门、水锤消除器、过滤器、减压孔板等管路附件。

（1）控制附件

控制附件是指安装在给水管路上的各种阀门，常用阀门有：截止阀、闸阀、蝶阀、止回阀、液位控制阀、液压水位控制阀、安全阀等（图 2-3）。

消防给水系统的附件主要有水泵接合器、报警阀组、水流指示器、信号阀门和末端试水装置。

（2）配水附件

配水附件是指安装在给水管路上的各式水龙头。

5. 贮水和加压设备

在室外给水管网压力不足或建筑内部要求保证供水、水压稳定的场合，需设置水箱、水池等贮水设备和水泵、气压装置等升压设备。

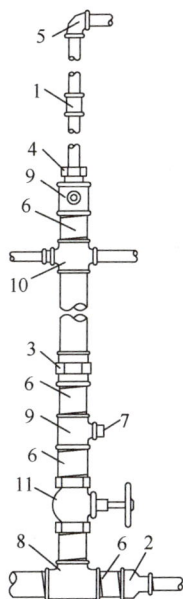

图 2-2　钢管螺纹连接配件及其连接方法

1—管箍；2—异径管箍；3—活接头；4—补心；5—弯头；6—外丝接头；7—管塞；8—等径三通；9—异径三通；10—异径四通；11—阀门

🔍 **知识拓展**

我国给水系统的发展

中国东周早期蓟城（今北京）的城市供水主要依靠井水。西汉汉武帝元狩三年在京都长安城近郊修昆明池，引水供长安城宫廷园林及居民用水，并接济与城内相通的漕渠。从此，中国出现了较大规模的城市供水工程。元代、清代北京城的供水系统又有较大发展，解决了城市用水、航运、灌溉、园林等部门的供水需要。中国的近代城市供水始于 1879 年旅顺市龙引泉引水工程。1949 年全国共有 60 个城市有供水设施。中华人民共和国成立后，城市供水事业发展更加迅速。

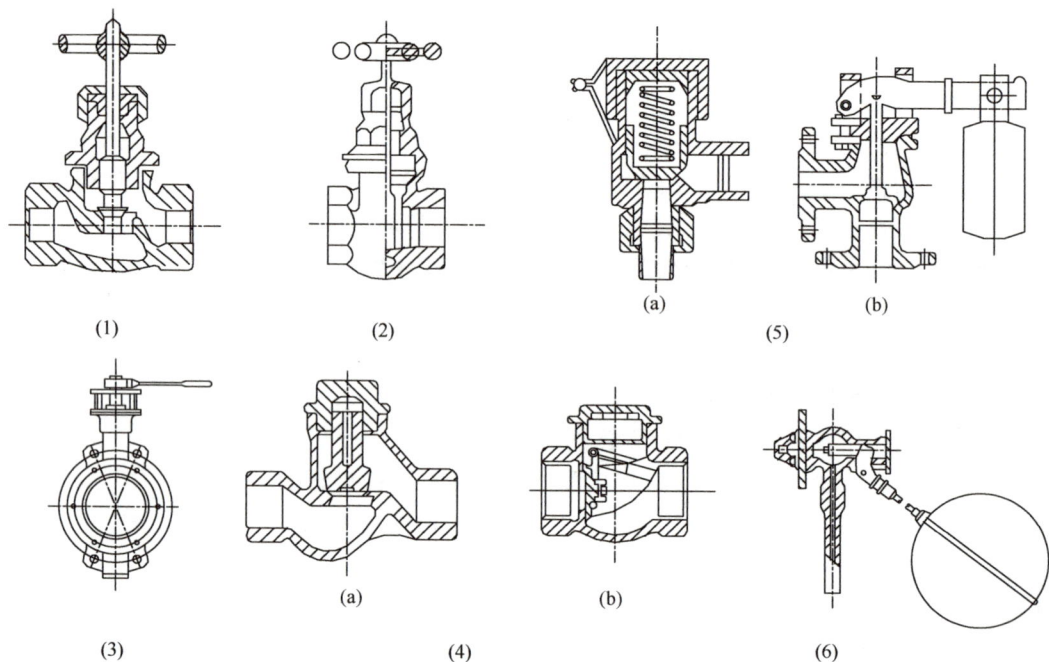

图 2-3　控制附件

（1）截止阀；（2）闸阀；（3）蝶阀；（4）止回阀（a 为升降式；b 为旋启式）；
（5）安全阀（a 为弹簧式；b 为杠杆式）；（6）浮球阀

任务 2.2　给水方式的选择

任务目标

掌握建筑给水系统所需的水压，掌握常用给水方式及其特点，了解高层建筑给水方式及特点。

2-2

建筑室内给水系统的给水压力

一、建筑给水系统所需水压

建筑内部给水系统所需水压应满足系统中的最不利点处用水点应有的压力，并保证有足够的流出水头（图 2-4）。最不利配水点一般是指最高、最远或流出水头最大的配水点。

建筑给水系统所需水压计算公式为：

$$H_x = H_1 + H_2 + H_3 + H_4 + H_5 \tag{2-1}$$

式中　H_x——建筑给水系统所需的压力，kPa；

H_1——引入管至最不利配水点的高度水头，kPa；

H_2——水头损失之和，kPa；

H_3——水表（节点）的水头损失，kPa；

H_4——最不利配水点的流出水头，kPa；

H_5——富余水头，kPa，指各种不可预见因素留有余地予以考虑的水头，一般可按20kPa计算。

在初步确定给水方式时，对层高不超过 3.5m 的民用建筑，给水系统所需的压力 H（自室外地面算起），可用以下经验法估算：一层（$n=1$）为 100kPa，二层为 120kPa，三层以上每增加 1 层，增加 40kPa（即 $H=120+40\times(n-2)$kPa，其中 $n \geqslant 2$）。

二、建筑给水系统的给水方式

建筑给水系统的给水方式是指室内的供水方案。合理的供水方案，应先分析室内给水系统所需水压 H_x 与室外管网的供水压力 H_g，再综合工程涉及的各项因素（技术因素、经济因素、社会因素和环境因素）加以选择。

室外管网供水压力 H_g 与室内给水系统所需水压 H_x 之间的关系有：$H_g > H_x$ 或 $H_g = H_x$ 或 $H_g < H_x$。建筑内部给水系统可根据这三种水压关系，综合分析比较后，采用相应的供水方式。

2-3

建筑室内生活给水系统的给水方式

1. 直接给水方式

当室外给水管网的水量、水压一天内任何时间都能满足室内管网的水量、水压要求时，应充分利用外网压力，采用直接给水方式（图 2-5），建筑内部管网直接在外网压力的作用下工作。

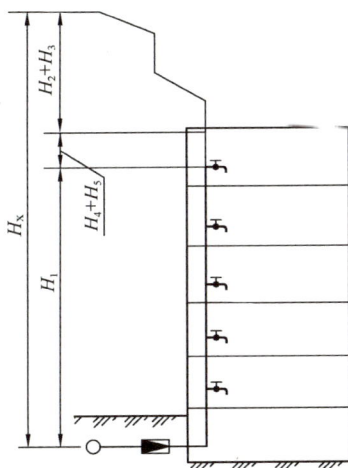

图 2-4　建筑给水系统所需水压

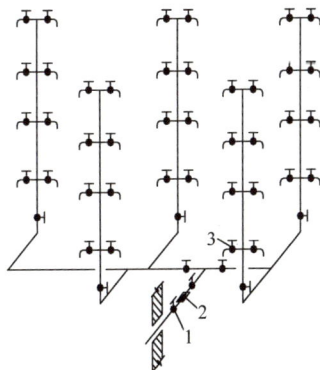

图 2-5　直接给水方式
1—阀门；2—水表；3—水龙头

直接给水方式的特点是：系统简单节能，能充分利用外网压力。

2. 设置升压设备的给水方式

（1）单设水箱给水方式

当室外管网的水压周期性变化大，一天内大部分时间，室外管网水压、水量能满足室内用水要求，只有在用水高峰时，由于用水量过大，外网水压下降，短时间不能保证建筑物上层用水要求时，可采用单设水箱的给水方式（图 2-6）。在室外管网中的水压足够时

（一般在夜间），可以直接向室内管网和室内高位水箱送水，水箱贮备水量；当室外管网的水压不足时，短时间不能满足建筑物上层用水要求时，由水箱供水。由于高位水箱容积不宜过大，单设水箱的给水方式不适用于日用水量较大的建筑。

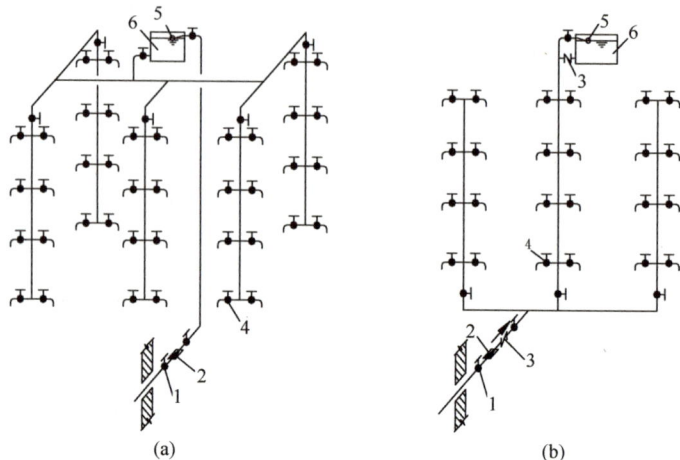

图 2-6　单设水箱的给水方式

1—阀门；2—水表；3—止回阀；4—水龙头；5—浮球阀；6—水箱

（a）上行下给式；（b）下行上给式

当用户对水压的稳定性要求比较高时，或外网水压过高，需要减压时，也可采用单设水箱的给水方式。

采用单设水箱这种给水方式，可充分利用室外管网的水压，缓解供求矛盾，节约投资和运行费用；工作完全自动，无须专人管理。但是采用水箱，应注意水箱的污染防护问题，以保护水质。水箱容积的确定应慎重，过大，增加造价和房屋荷载；过小，则可能发生用户缺水，起不到调节作用。

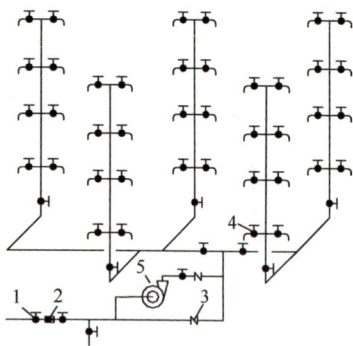

图 2-7　单设水泵的给水方式

1—阀门；2—水表；3—止回阀；
4—水龙头；5—水泵

（2）设水泵的给水方式

当一天内室外给水管网的水压大部分时间满足不了建筑内部给水管网所需的水压，而且建筑物内部用水量较大又较均匀时，可采用单设水泵增压的供水方式（图2-7）。这种方式尤其适用于生产车间用水。

对于用水量较大且不均匀的建筑，如住宅、高层建筑等，可考虑采用变频调速泵组，其配用变速配电装置，转速可随时调节，改变水泵的流量、扬程和功率，使水泵的出水量随时与管网的用水量相一致，对于不同的流量都可以处于较高效率范围内运行，以达到节能目的。

设水泵的给水方式宜配合设置贮水池。如采用直接从室外给水管网吸水的叠压供水方式时，方案应报请当地供水行政主管部门及供水部门批准认可。水泵应有低压保护装置，当室外给水管网的水压低于 100kPa 时，水泵自动停转。

（3）设水泵、水箱联合的给水方式

当室外给水管网的水压经常性低于或周期性低于建筑内部给水管网所需的水压，而且建筑物内部用水又很不均匀时，可采用设置水泵、水箱联合供水方式。当室内消防设备要求储备一定容积的水量时，需设置贮水池（图 2-8）。

水泵的吸水管直接与外网连接，外网水压高时，由外网直接供水；外网水压不足时，由水泵增压供水，并利用高位水箱调节流量。由于水泵可以及时向水箱充水，水箱容积可大为减小，使水泵在高效率状态下工作。一般水箱采用液位控制器等装置，还可以使水泵自动启闭，管理方便，技术上合理，而且供水可靠。

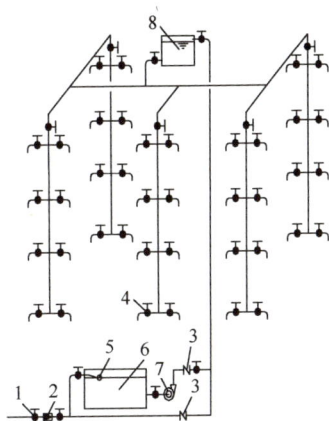

2-4

气压给水设备

2-5

高层建筑室内生活给水系统

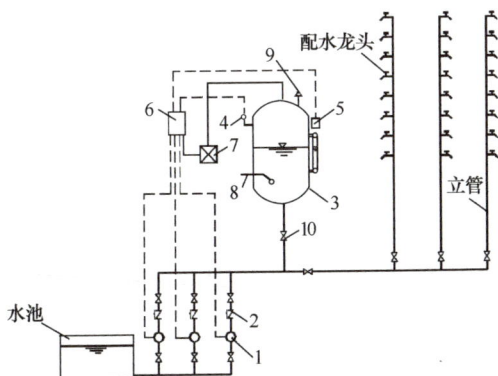

（4）气压给水方式

气压水罐的作用相当于高位水箱。该给水方式宜在室外给水管网压力低于或经常不能满足建筑内给水管网所需水压，室内用水不均匀，且不宜设置高位水箱时采用（图 2-9）。

图 2-8　设置水池、水泵和水箱的给水方式

1—阀门；2—水表；3—止回阀；4—水龙头；5—浮球阀；6—水池；7—水泵；8—水箱

3. 分区给水方式

高层建筑中，室外给水管网水压往往只能供到建筑物下面几层，而不能供到建筑物上层，为了充分有效利用室外管网的水压，高层建筑应采用竖向分区供水方式，将给水系统分成上下两个供水区（图 2-10）。室外给水管网水压线以下楼层为低区，由室外管网直接供水，高区或上面几个区由水泵和水箱联合供水或设水泵供水。合理确定给水系统竖向分区压力值，主要取决于以下几个因素：材料设备承压能力，建筑物的使用要求，维修管理能力等。

图 2-9　气压给水方式

1—水泵；2—止回阀；3—气压水罐；4—压力信号器；5—液位信号器；6—控制器；7—补气装置；8—排气阀；9—安全阀；10—阀门

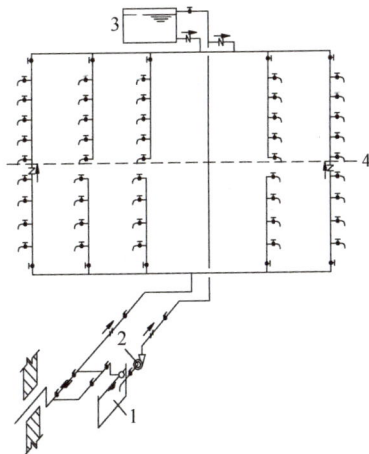

图 2-10　分区供水的给水方式

1—贮水池；2—水泵；3—水箱；4—城市给水水压线

（1）设高位水箱的分区给水方式

1）串联分区

串联分区给水方式（图 2-11a），各区都设有水泵、水箱，每区水泵从水箱抽水送到上一区的水箱，由水箱向各层供水。水泵和水箱设置在设备层里，其优点是各区的水泵扬程和流量，按照实际需要来设计，所以水泵的工作效率高，能耗低，管道的总需求量少，节约投资。缺点是设备层（技术层）的要求高，每区都有水泵、水箱，水泵噪声大，水箱要考虑防漏水，且水泵分散设置不便于集中管理，下层水箱容积大，结构负荷大，造价高，工作不可靠，上区用水受下区限制。

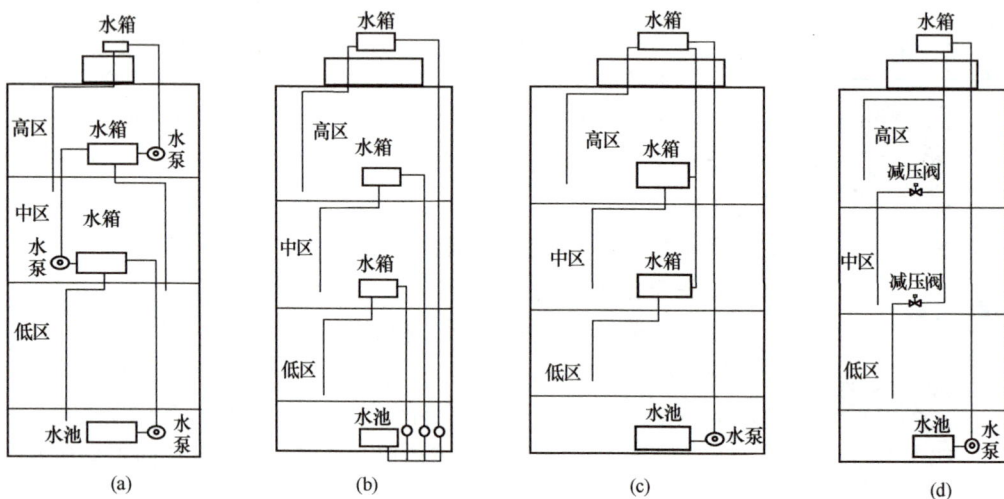

图 2-11　分区供水的给水方式

（a）串联分区；（b）并联分区；（c）减压水箱分区；（d）减压阀分区

2）并联分区

并联分区给水方式（图 2-11b），水箱设置在各区的顶部，水泵集中设置在底层或地下室，便于集中管理、维护。各区为独立系统，各自运行，互不影响，供水比较安全可靠，能源消耗相对比较少。但是管材消耗较多，水箱占用建筑物上层使用面积，高区水泵和管道系统的承压能力要求比较高。

3）减压分区

减压分区给水方式是利用各区的减压水箱（图 2-11c）或减压阀（图 2-11d）进行减压。水泵将水直接送入最上层的水箱，各区分别设置水箱，由上区的水箱向下区的水箱供水，利用水箱减压或者在上下区之间设置减压阀，用减压阀代替水箱，起减压的作用。

（2）变频调速泵组的分区给水方式

用变频调速泵组取代水箱，节省了建筑空间并减少了水质污染环节，是目前应用较广泛的给水方式（图 2-12）。

4. 分质给水方式

分质供水是指以自来水为原水，把自来水中生活用水和直接饮用水分开，另设管网，直通住户，实现饮用水和生活用水分质、分流，达到直饮的目的，并满足优质优用、低质低用的要求。

管道分质供水是在居住小区内设净水站，将自来水进一步深度处理、加工和净化，在原有的自来水管道系统上，再增设一条独立的优质供水管道，将水输送至用户，供居民直接饮用。其特点是省去了运输和搬运的过程，用户可随时打开水龙头使用；为避免二次污染，采用的管道应避免腐蚀、结垢，水的价格与桶装、瓶装纯净水相比更便宜，一般家庭能够接受。

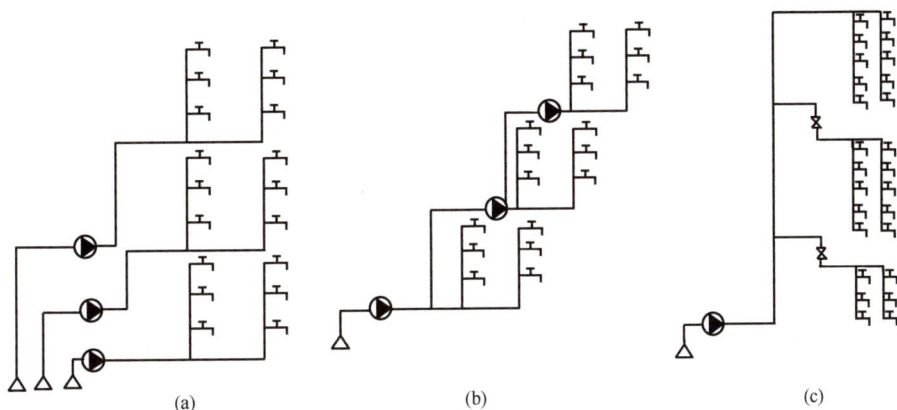

图 2-12　变频调速泵组的分区给水方式

（a）水泵并联分区给水方式；（b）水泵串联分区给水方式；（c）减压阀减压分区给水方式

任务 2.3　建筑给水管道的布置与敷设

任务目标

掌握给水管道的布置基本要求和布置形式，熟悉给水管道的敷设。

一、给水管道的布置

给水管道的布置受建筑结构、用水要求、配水点和室外给水管道的位置，以及供暖、通风、空调和供电等其他建筑设备工程管线布置等因素的影响。进行管道布置时，不但要处理和协调好各种相关因素，还要满足以下基本要求：

1. 管道布置的基本要求

（1）确保供水安全和良好的水力条件，力求经济合理

管道布置应尽可能与墙、梁、柱平行，力求管路最短，以减少工程量，降低造价。但不能有碍于生活、工作和通行。

引入管要靠近用水量最大处或不允许间断供水处。当建筑物用水点分布比较均匀时，应在建筑物中央部分接入，以缩短管道向最不利配水点的输水长度，减少管道的水压损失。

不允许间断供水的建筑，应从室外环状管网不同管段引入，引入管不少于两条。当必须同侧引入时，两条引入管的间距不得小于 15m，并在两条引入管之间的室外给水管上安装阀门。

室内给水管网宜采用枝状布置，单向供水。不允许间断供水的建筑和设备，应采用环状管网或贯通枝状双向供水。

（2）保证管道正常使用，不受损坏

管道应避免重压，不宜穿过建筑物的沉降缝、变形缝和伸缩缝，不得设置在易污染、易腐蚀处，如风道、烟井、排水沟及大小便槽内部或附近；塑料管应远离热源，距灶边距离≥0.4m，距供暖管、燃气热水器边缘≥0.2m。

如管道必须穿过沉降缝、变形缝、伸缩缝，应采取如下技术措施：

1）软性接头法。缝两侧管道以橡胶软管或金属波纹管连接。

2）螺纹弯头法。在建筑沉降过程中，两边的沉降差由螺纹弯头的旋转来补偿。

3）活动支架法。在缝两侧设立支架，使管道只能垂直位移，不能水平横向位移，以适应沉降、伸缩之应力。

（3）保证建筑使用功能和生产安全

管道布置不能妨碍生产操作和交通运输，不能布置在遇水易引起爆炸、燃烧、损坏的设备、产品和原料上，不能穿过橱柜、壁柜、吊柜，不能穿越配电间，应避免穿越防空地下室，否则应设防爆阀。

（4）便于安装和维修

管道在管道井内应排列有序，留有空间以便维修，管道井（进人）尺寸≥0.6m，每两层应有横向隔断，门开向走廊；与其他管道和建筑物要满足最小净距要求，详见有关规范和规程；管道上的各种阀门宜装设在便于检修和操作的位置。

2. 管道的布置形式

给水管道的布置按供水可靠程度分为枝状和环状两种形式。一般建筑内部给水管网宜采用枝状布置。

给水管道的布置按水平干管的敷设位置又可分为上行下给式、下行上给式和环状式三种形式（图 2-13）。

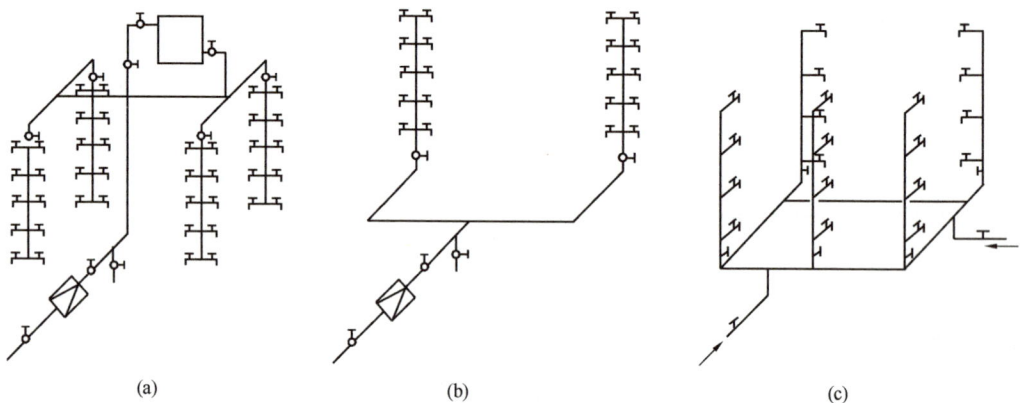

图 2-13　给水管道的布置形式
（a）上行下给式；（b）下行上给式；（c）环状式

各种管道布置形式的主要优缺点见表 2-1。

表 2-1　给水管道的布置形式

名称	特征及使用范围	优缺点
上行下给式	水平配水干管敷设在顶层天花板下或吊顶内,对于非冰冻地区,也有敷设在屋顶上的,对于高层建筑也可以设在技术夹层内。设有高位水箱的居住、公共建筑,机械设备或地下管线较多的工业厂房多采用这种方式	最高层配水点流出水头较高,安装在吊顶内的配水干管可能因漏水、结露损坏吊顶和墙面,要求外网水压稍高一些
下行上给式	水平配水干管敷设在底层(明装、埋设或沟敷)或地下室天花板下。居住建筑、公共建筑和工业建筑,在利用外网水压直接供水时多采用这种方式	形式简单,明装时便于安装维修,最高层配水的流出水头较低,埋地管道检修不便
环状式	水平配水干管或配水立管互相连接成环,组成水平干管状或立管环状,在有两个引入管时,也可将两个引入管通过配水立管和水平配水干管相连通,组成贯穿环状。高层建筑,大型公共建筑和工艺要求不间断供水的工业建筑常采用这种方式,消防管网要求环状式	任何管段发生事故时,可用阀门关断事故管段而不中断供水,水流畅通,水头损失小,水质不易因滞流变质,管网造价较高

二、给水管道的敷设

1. 敷设形式

给水管道的敷设有明设和暗设两种形式。

（1）明设

一般用于对卫生、美观没有特殊要求的建筑。管道沿墙面、梁面、柱面、天花板下、地板旁暴露敷设。明设管道造价低,施工安装、维护修理均较方便。缺点是由于管道表面易积灰、产生凝水等影响环境卫生,而且明设有碍房屋美观。

（2）暗设

管道隐蔽,敷设在地下室天花板下或吊顶中,或敷设在管道井、技术层、管沟、墙槽或夹壁墙中,直接埋地或埋在楼板的垫层里,其优点是管道不影响室内的美观、整洁,卫生条件好;但施工复杂,维护不便,造价高。适用于对卫生、美观要求高的建筑,如宾馆、高级公寓和有无尘要求、洁净的车间、实验室、无菌室等。

2. 敷设要求

给水横管穿承重墙或基础、立管穿楼板时均应预留孔洞,暗设管道在墙中敷设时,也应预留墙槽。

管道预留孔洞和墙槽的尺寸见表 2-2,管道穿越楼板、屋顶、墙预留孔洞（或套管）的尺寸见表 2-3。

2-6

建筑室内给水管道布置与敷设

表 2-2　管道预留孔洞和墙槽的尺寸（mm）

项次	管道名称		明管	暗管
			留孔尺寸（长×宽）	墙槽尺寸（宽度×深度）
1	供暖或给水立管	（管径≤25）	100×100	130×130
		（管径32～50）	150×150	150×130
		（管径70～100）	200×200	200×200
2	一根排水立管	（管径≤50）	150×150	200×130
		（管径70～100）	200×200	250×200

续表

项次	管道名称		明管	暗管
			留孔尺寸（长×宽）	墙槽尺寸（宽度×深度）
3	二根供暖或给水立管	（管径≤32）	150×100	200×130
4	一根给水立管和一根排水立管在一起	（管径≤50）	200×150	200×130
		（管径70～100）	250×200	250×200
5	二根给水立管和一根排水立管在一起	（管径≤50）	200×150	250×130
		（管径70～100）	350×200	380×200
6	给水支管或散热器支管	（管径≤25）	100×100	65×60
		（管径32～40）	150×130	150×100
7	排水支管	（管径≤80）	250×200	—
		（管径100）	300×250	—
8	供暖或排水主干管	（管径≤80）	300×250	—
		（管径100～125）	350×300	—
9	给水引入管	（管径≤100）	300×200	—
10	排水排出管穿基础	（管径≤80）	300×300	—
		（管径100～150）	（管径+300）×（管径+200）	—

注：1. 给水引入管，管顶上部净空一般不小于100mm；
　　2. 排水排出管，管顶上部净空一般不小于150mm。

表2-3　管道穿越楼板、屋顶、墙预留孔洞（或套管）的尺寸

管道名称	穿楼板	穿屋面	穿（内）墙
PVC-U管	孔洞大于外径50～100mm，套管内径比外径大50mm	—	与楼板同
PP-R管	—	—	孔洞比管外径大50mm
PEX管	孔径宜大于管外径70mm，套管外径不宜大于管外径50mm	与楼板同	与楼板同
PAP管	孔洞或套管的内径比外径大30～40mm	与楼板同	与楼板同
铜管	孔洞比外径大50～100mm	与楼板同	与楼板同
薄壁不锈钢管	（可用塑料套管）	（需用金属套管）	孔洞比管外径大50～100mm
钢塑复合管	孔洞尺寸为管道外径加40mm	与楼板同	—

　　给水管采用软质的交联聚乙烯管或聚丁烯管埋地敷设时，宜采用分水器配水，并将给水管道敷设在套管内。

　　引入管进入建筑内有两种情况：一是从建筑物的浅基础下通过，二是穿越承重墙或基础，其敷设方法如图2-14所示。在地下水位高的地区，引入管穿地下室外墙或基础时，应采取防水措施，如设防水套管。

　　室外埋地引入管要防止地面活荷载和冰冻的破坏，其管顶覆土厚度不宜小于0.7m，并应在冰冻线以下0.15m处。

　　建筑内埋地管在无活荷载和冰冻影响时，其管顶离地面高度不宜小于0.3m。

　　管道在空间敷设时，必须采用固定措施。固定管道常用的支、托架如图2-15所示。

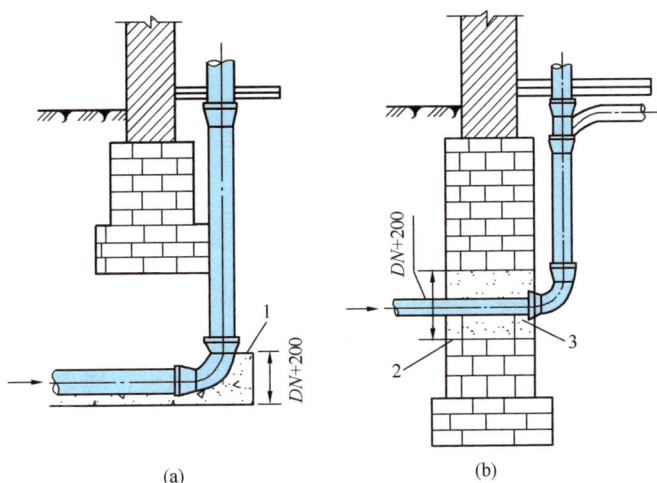

(a)　　　　　　　　　　　(b)

图 2-14　引入管进入建筑物

（a）从浅基础下通过；（b）从深基础下通过

1—混凝土支座；2—黏土；3—M5 水泥砂浆封口

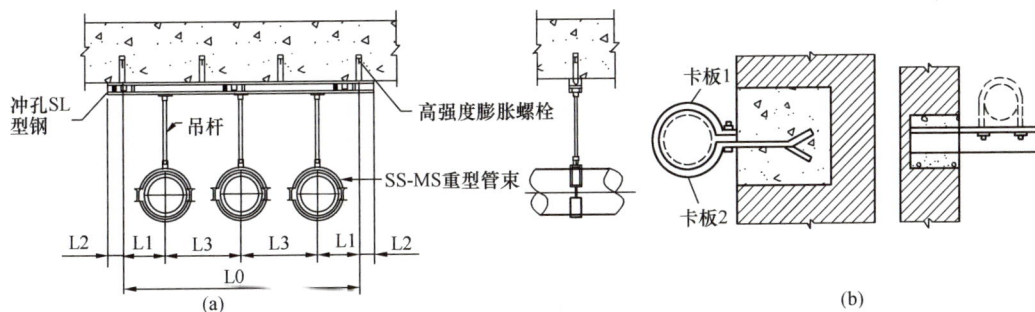

图 2-15　固定管道常用的支、托架

（a）主视图；（b）侧视图

给水钢立管一般每层须安装 1 个管卡，当层高大于 5m 时，则每层须安装 2 个；管卡高度距地面应为 1.5～1.8m。钢管管道支架的最大间距见表 2-4，塑料管、复合管管道支架的最大间距见表 2-5，铜管管道支架的最大间距见表 2-6。

表 2-4　钢管管道支架的最大间距

公称直径(mm)		15	20	25	32	40	50	70	80	100	125	150	200	250
支架的最大间距 (m)	保温管	2	2.5	2.5	2.5	3	3	4	4	4.5	6	7	7	8
	不保温管	2.5	3	3.5	4	4.5	5	6	6	6.5	7	8	9.5	11

表 2-5　塑料管、复合管管道支架的最大间距

管径(mm)			12	14	16	18	20	25	32	40	50	63	75	90	110
最大间距(m)	立管		0.5	0.6	0.7	0.8	0.9	1.0	1.1	1.3	1.6	1.8	2.0	2.2	2.4
	水平管	冷水管	0.4	0.4	0.5	0.5	0.6	0.7	0.8	0.9	1.0	1.1	1.2	1.35	1.55
		热水管	0.2	0.2	0.25	0.3	0.3	0.35	0.4	0.5	0.6	0.7	0.8		

23

表 2-6 铜管管道支架的最大间距

公称直径(mm)		15	20	25	32	40	50	65	80	100	125	150	200
支架的最大间距 (m)	垂直管	1.8	2.4	2.4	3.0	3.0	3.0	3.5	3.5	3.5	3.5	4.0	4.0
	热水管	1.2	1.8	1.8	2.4	2.4	2.4	3.0	3.0	3.0	3.0	3.5	3.5

3. 管道防护

（1）防腐

金属管道都要采用防腐措施，通常做法是管道除锈后，在外壁刷涂防腐涂料。

铸铁管及大口径钢管管内可采用水泥砂浆衬里防腐。

埋地铸铁管宜在管外壁刷冷底子油一道、石油沥青两道；埋地钢管（包括热镀锌钢管）宜在外壁涂刷冷底子油一道、石油沥青两道外加保护层（当土壤腐蚀性较强时可采用加强级或特加强级防腐）。钢塑复合管就是钢管加强防腐性能的一种形式，其埋地敷设时，外壁防腐同普通钢管。

薄壁不锈钢管埋地敷设，宜采用管沟或外壁应有防腐措施（管外加防腐管或外缚防腐胶带）；薄壁铜管埋地敷设时，应在管外加防护套管。

明设的热镀锌钢管应刷银粉两道（卫生间）或调合漆两道；明设铜管应刷防护漆。

（2）防冻、防露

金属管保温层厚度应根据计算确定，但不能小于 25mm。

（3）防漏

防漏的主要措施是避免将管道布置在易受外力损坏的位置，或采取必要的保护措施，避免其直接承受外力。

在湿陷性黄土地区，可将埋地管敷设在防水性能良好的检漏管沟内，一旦漏水，水可沿沟排至检漏井内。

（4）防振

为防止管道的损坏和噪声的影响，设计给水系统时应控制管道的水流速度，在系统中尽量减少使用电磁阀或速闭型水嘴。住宅建筑进户管的阀门后（沿水流方向），宜装设家用可曲挠橡胶接头进行隔振。并可在管支架、吊架内衬垫减振材料，以缩小噪声的扩散。

任务2.4 管材、水表、阀门及常用给水设备认知

任务目标

掌握管材、管件及连接方式，熟悉管道附件及水表的安装，了解增压贮水设备。

一、管材、管件及连接方式

1. 室内给水管材

目前我国各种给水管材产品丰富多样，其应满足安全可靠性、卫生性、经济性、可持

续发展与环保性的要求。常用的管材有金属管、塑料管和复合管。

（1）钢管

1）镀锌钢管

2-7

常用建筑给水
管材

焊接钢管由卷成管形的碳素钢板以对缝焊接而成。将焊接钢管的内外表面施以热浸镀锌工艺，则称之为镀锌钢管。而冷镀锌和未镀锌钢管不允许在建筑给水系统中使用。

因镀锌钢管易腐蚀，生活直饮水管不允许采用镀锌钢管，消防系统中的管道采用镀锌钢管。

镀锌钢管常用的连接方式为螺纹连接和沟槽式卡箍连接。

镀锌钢管以公称直径 DN 标称，常用的公称直径为 $DN15 \sim DN100$。

2）无缝钢管

无缝钢管由钢坯经穿孔热轧、热扩、冷拔而成。主要用于热力、制冷、压缩空气、氧气、乙炔、化工等管道。常用的连接方式有焊接和法兰连接。

《输送流体用无缝钢管》GB/T 8163—2018 中无缝钢管的规格用外径×壁厚（$D \times s$）表示，主要规格范围（8～1240）mm×（1～200）mm。

无缝钢管质量＝[（外径－壁厚）×壁厚]×0.02466kg/m（每米的质量）。

3）薄壁不锈钢管

薄壁不锈钢管由 304 冷轧卷板焊接而成。其特点有：耐腐蚀，耐磨损，耐高温，热传导率低，特别适合热水输送；管材内壁光洁，压力损失小，使用寿命长。连接方式一般为卡压式连接。

薄壁不锈钢管规格用公称直径 DN 表示。

（2）铸铁管

铸铁管是由生铁制成。按其制造方法不同可分为：砂型离心承插直管、连续铸铁直管及砂型铸铁管。按其所用的材质不同可分为：灰口铸铁管、球墨铸铁管及高硅铸铁管。铸铁管多用于给水、排水和燃气等管道工程。

（3）有色金属管

1）铝及铝合金管

特点为钝化性强，耐腐蚀，低温性能好。用于输送腐蚀性液体和气体，用于液化装置、低温设备等。

2）铜及铜合金管

铜管主要由纯铜、磷脱氧铜制造，称为铜管或紫铜管，黄铜管是由普通黄铜、铅黄铜等黄铜制造。铜管的特点有：卫生杀菌，游离在水中的铜离子有强大的消毒杀菌作用；经久耐用，铜的化学性能相当稳定、不易被腐蚀；美观实用，内管直径大，铜管暗设时，可减少挖墙槽的深度。主要用于给水、气体输送。

铜管连接方式有焊接、螺纹、卡压式连接。

铜管的规格用外径×壁厚（$D \times s$）表示。

（4）塑料管

塑料管是以合成树脂为原料，加入稳定剂、润滑剂等在制管机内经挤压加工而成。其特点是质轻、耐腐蚀、外形美观、无不良气味、加工容易、施工方便。主要用于建筑的自来水供水系统配管、排水、排气和排污卫生管、地下排水管系统、雨水管以及电线安装配套用的穿线管等。

塑料管有热塑性塑料管和热固性塑料管两大类。热塑性塑料管主要有聚氯乙烯树脂（PVC）、聚乙烯树脂（PE）、聚丙烯树脂（PP）、丙烯腈-丁二烯-苯乙烯树脂（ABS）、聚丁烯树脂（PB）等。热固性塑料管有环氧树脂、酚醛树脂等（表2-7）。

表2-7 常用的几种塑料管的特点和主要用途比较

名称	特点	连接方式	主要用途
PVC管（未增塑聚氯乙烯、硬聚氯乙烯）	具有较好的抗拉、抗压强度，柔性不如其他塑料管，耐腐蚀性优良，价格在各类塑料管中最便宜，但低温下较脆	粘接、承插胶圈连接、法兰螺纹连接	用于住宅生活、工矿业、农业的供排水、灌溉、供气、排气用管、电线导管、雨水管、工业防腐管等
CPVC管（氯化聚氯乙烯）	耐热性能突出，热变形温度为100℃，耐化学性能优良	粘接、法兰螺纹连接	热水管
HDPE管（高密度聚乙烯）	重量轻、韧性好、耐低温性能较好，无毒，抗冲击强度高	热熔焊接、法兰螺纹连接、承插胶圈连接	饮水管、雨水管、气体管道、工业耐腐蚀管道
PEX管（交联聚乙烯）	卫生无毒，耐高温、高压、重量轻，使用温度-70～110℃	夹紧式铜接头，PP卡套式连接	弯曲半径为管外径的6～8倍，耐热性能好，适用于地板辐射供暖
PP-R管	卫生无毒，耐热保温性能好，耐腐蚀，连接方便	热熔焊接	冷热水系统、供暖系统、空调系统、纯净水系统
ABS管	耐腐蚀性优良，重量较轻，耐热性高于PE、PVC，但价格较昂贵	粘接、法兰螺纹连接	卫生洁具用下水管、输水管、污水管、地下电缆管、高防腐工业管道
PB管	抗蠕变性能好（冷变形），反复缠绕而不断，耐高温，化学性能也很好	热熔焊接、法兰螺纹连接	给水管、冷热水管、燃气管、埋地管道

（5）复合管

复合管一般是以金属管材为基础，内、外用粘合层胶合聚乙烯、交联聚乙烯等非金属材料成型，具有金属管材和非金属管材的特点。

常用的复合管有铝塑复合管、钢塑复合管、钢骨架PE管、涂塑钢管、薄壁不锈钢复合管。

2. 管件

管件是指在管道系统中起连接、变径、转向、分支等作用的零件。各种管道应采用与该类管材相应的专用管件。

（1）钢管件

钢管件可分为焊接钢管管件和无缝钢管管件。

（2）可锻铸铁管件

可锻铸铁管件用可锻铸铁制成，管件要求镀锌保护层，采用热镀工艺。管件与管子的连接均采用螺纹连接，工作压力在0.1MPa以内。其外观上的特点是端部带有厚边，以增加连接强度。可锻铸铁管件主要用于管道的延长、分支及转弯处。

常用的可锻铸铁管件形式和符号见表2-8。

表 2-8　管件形式和符号（摘自 GB/T 3287—2011）

形式	符号			
A 弯头	A1 （90）	A1/45° （120）	A4 （92）	A4/45° （121）
B 三通	B1 （130）			
C 四通	C1 （180）			
D 短月弯	D1 （2a）		D4 （1a）	
E 单弯三通及 双弯弯头	E1 （131）		E2 （132）	
G 长月弯	G1 （2）	G1/45° （41）	G4 （1）	G4/45° （40）	G8 （3）
M 外接头	M2　M2 M2 R-L （270）	M2 （240）	M4 （529a）　（246）	
N 内外螺丝 内接头	N4 （241）		N8　N8 N8 R-L （280）　（245）	

续表

形式	符号			
P 锁紧螺母	P4 (310)			
T 管帽 管堵	T1 (300)	T8 (291)	T9 (290)	T11 (596)
U 活接头	U1 (330)	U2 (331)	U11 (340)	U12 (341)
UA 活接弯头	UA1 (95)	UA2 (97)	UA11 (96)	UA12 (98)
Za 侧孔弯头 侧孔三通	Za1 (221)		Za2 (223)	

（3）铜管件

铜管件表面光滑、流动阻力小、输送能力强，铜能抑制细菌生长，卫生健康。铜管件按材质可分为紫铜管件和铜合金管件，可采用钎焊、螺纹、卡套式连接（图 2-16）。

图 2-16　常用铜管件

（a）钎焊连接式铜管件；（b）螺纹连接式铜管件；（c）卡套式连接铜管件

（4）PP-R 管件

PP-R 管及管件采用无规共聚聚丙烯经挤压成型为管材，注塑成型为管件（图 2-17）。保温性能优越，耐高温、抗老化性能卓越，热熔连接，安装工艺简单，可靠性高，不容易出现安装质量问题。也可通过螺纹丝口（一般为黄铜接口）与其他类型管道连接。

图 2-17　常用 PP-R 给水管管件

3. 管道的连接方法

（1）螺纹连接（图 2-18）。螺纹连接用于低压流体输送用焊接钢管及外径可以攻螺纹的无缝钢管的连接，一般公称直径在 150mm 以下，工作压力在 1.6MPa 以下。

图 2-18　镀锌钢管套丝及螺纹连接

（2）法兰连接（图 2-19）。法兰连接是将垫片放入一对固定在两个管口上的法兰的中间，用螺栓拉紧使其紧密结合起来的一种可拆卸的接头。

（3）焊接连接（图 2-20）。焊接连接是管道工程中最重要且应用最广泛的连接方式。其主要优点是：接口牢固耐久，不易渗漏，接头强度和严密性高，使用后不需要经常管理。

（4）承插连接（图 2-21）。铸铁管的承插连接方式分为机械式接口和非机械式接口。机械接口利用法兰压盖与管端上法兰连接，将橡胶密封圈压紧在铸铁承插口间隙内，使橡胶圈压缩而与管壁紧贴形成密封。非机械接口根据填料的不同，分为石棉水泥接口、自应力水泥接口、青铅接口、橡胶圈接口。硬聚氯乙烯、PB 管的承插连接是采用承插粘接的方式连接管子或管件的，不需要对管口进行焊接。

图 2-19　法兰连接　　图 2-20　铜管的焊接　　图 2-21　PB 给水管承插连接

（5）卡套式连接（图 2-22）。卡套式连接是用锁紧螺母和丝扣管件将管材压紧于管件上的连接方式，连接牢固、密封性好、耐压高，安装操作简便。

图 2-22　卡套式连接

（6）卡压式连接（图 2-23）。是以带有密封圈的承口管件连接管道，用专用工具压紧管口而起密封和紧固作用的一种连接方式。管道一般是不锈钢的。

图 2-23　薄壁不锈钢管卡压式连接

（7）热熔连接（图 2-24）。热熔时使用专用的熔接工具热熔机或者专用的电焊管箍件。热熔机达到工作温度后，同时将管端和管件分别导入加热套内和推到加热头上，均达到规定的标志处，加热时间满足要求后，立即把管子和管件从加热套和加热头上同时取下，迅速无旋转地直线均匀用力插入到所标深度，保持轴向推力一段时间，热熔连接后，要求在接头处形成一圈完整均匀的凸缘。

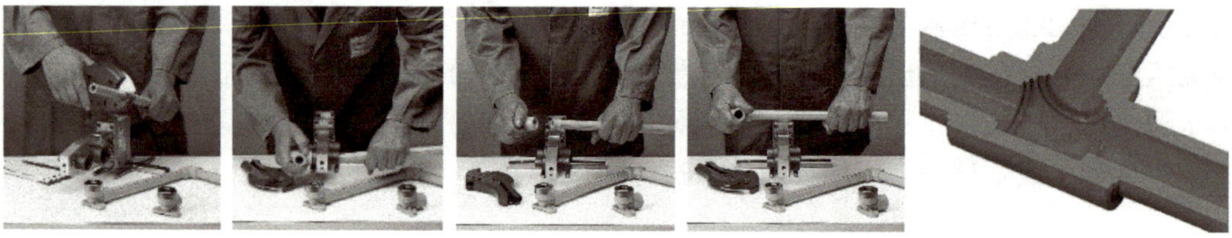

图 2-24　PP-R管热熔连接

（8）沟槽连接（图 2-25）。沟槽连接要求先将管材、管件等管道接头部位加工成环形沟槽，再用卡箍件、橡胶密封圈和紧固件等组成的套筒式快速连接。安装时，卡箍件的内缘就位在沟槽内并用紧固件紧固后，保证了管道的密封性能。这种连接方式具有不破坏钢管镀锌层、施工快捷、密封性好、便于拆卸等优点。

二、管道附件及水表

1. 管道附件

管道附件是给水管网中调节水量、水压、控制水流方向、关断水流等各类装置的总称。根据其用途通常分为配水附件和控制附件。

30

图 2-25　沟槽连接

（1）配水附件

配水附件是指用以调节和分配水流的器件，俗称水嘴或水龙头（图 2-26）。

推广非接触自动控制式、延时自闭、脚踏式、陶瓷磨片密封式等节水型水龙头，淘汰建筑内铸铁螺旋升降式水龙头、铸铁螺旋升降式截止阀。推广节水型淋浴设施，集中浴室，普及使用冷热水混合淋浴装置，推广使用卡式智能、非接触自动控制、延时自闭、脚踏式等淋浴装置；宾馆、饭店、医院等用水量较大的公共建筑推广采用淋浴器的限流装置。

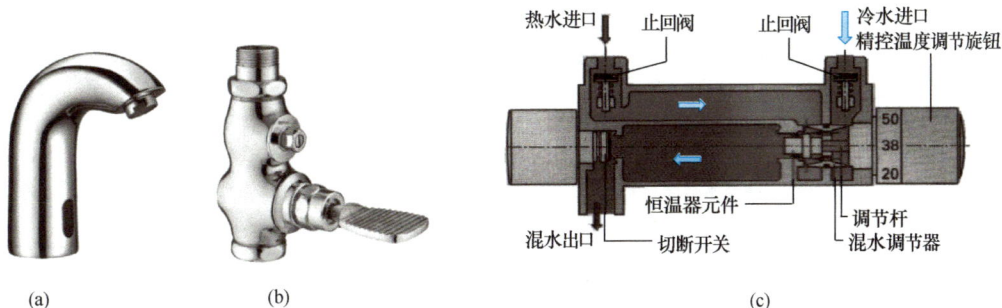

图 2-26　水龙头

（a）感应式水嘴；（b）脚踏式冲洗阀；（c）恒温混水龙头

（2）控制附件

控制附件是用以调节水量或水压、关断水流、改变水流方向等的各种阀门。

1）按用途和作用分类

截断阀类：主要用于截断或接通介质流。包括闸阀、截止阀、隔膜阀、球阀、旋塞阀、蝶阀、柱塞阀、球塞阀、针型仪表阀等。

调节阀类：主要用于调节介质的流量、压力等。包括调节阀、节流阀、减压阀等。

止回阀类：用于阻止介质倒流。

分流阀类：用于分离、分配或混合介质。包括各种结构的分配阀和疏水阀等。

安全阀类：用于介质超压时的安全保护。

2）阀门的名词术语、用途及特点（表 2-9）

表 2-9　阀门的名词术语、用途及特点

编号	名词术语	用途及特点
1	阀门	用来控制管道内介质流动的具有可动机构的机械产品的总称
2	通用阀门	各工业企业中管道上普遍采用的阀门

编号	名词术语	用途及特点
3	闸阀	启闭件(闸阀)由阀杆带动,沿阀座密封面作升降运动的阀门。 闸阀是作为截断介质使用,在全开时水流呈直线通过,压力损失最小。适用于不需要经常启闭,而且保持闸板全开或全闭的工况。不适用于作为调节或节流使用。 优点:流体阻力小;启、闭所需力矩较小;介质的流向不受限制;全开时,密封面受工作介质的冲蚀比截止阀小;形体结构比较简单,制造工艺性较好。 缺点:外形尺寸和开启高度较大,所需安装的空间亦较大;在启闭过程中,密封面相对摩擦,磨损较大;一般闸阀都有两个密封面,加工困难;启闭时间长
4	截止阀	启闭件(阀瓣)由阀杆带动,沿阀座(密封面)轴线作升降运动的阀门。具有非常可靠的切断功能,又由于阀座通口的变化与阀瓣的行程成正比例关系,非常适合于对流量的调节。 优点:在开启和关闭过程中,摩擦小,开启高度一般仅为阀座通道的1/4;通常在阀体和阀瓣上只有一个密封面,易加工、维修;由于其填料一般为石棉与石墨的混合物,故耐温等级较高。 缺点:由于介质通过阀门的流动方向发生了变化,因此截止阀的流阻高;由于行程较长,开启速度较球阀慢
5	节流阀	通过启闭件(阀瓣)改变通路截面积以调节流量、压力的阀门
6	球阀	启闭件(球体)绕垂直于通路的轴线旋转的阀门。 球阀在管道上主要用于切断、分配和改变介质流动方向,设计成 V 形开口的球阀还具有良好的流量调节功能。 优点:具有最低的流阻(实际为0);可实现快速启闭;结构紧凑、重量轻;阀体对称,能很好地承受来自管道的应力;关闭件能承受关闭时的高压差;使用寿命长。 缺点:阀座密封圈材料是聚四氟乙烯,有较高的膨胀系数,耐温等级较低,只能在小于180℃情况下使用
7	蝶阀	启闭件(蝶板)绕固定轴旋转的阀门。 优点:结构简单,体积小,重量轻,适用于大口径阀门中;启闭迅速,流阻小;可用于带悬浮固体颗粒的介质;可适用于通风除尘管路的双向启闭及调节,广泛用于冶金、电力、化工系统的煤气管道及水道等。 缺点:流量调节范围不大,当开启达30%时,流量就将达95%以上;不宜用于高温、高压的管路系统中,一般工作温度在300℃以下,压力在PN40以下;密封性能相对于球阀、截止阀较差,故用于密封要求不是很高的地方
8	隔膜阀	启闭件(隔膜)由阀杆带动,沿阀杆轴线作升降运动,并将动作机构与介质隔开的阀门。 优点:操纵机构与介质通路隔开,保证了工作介质的纯净,尤其适合带有化学腐蚀或悬浮颗粒的介质;结构简单,易于快速拆卸和维修。 缺点:阀体衬里工艺和隔膜制造工艺难,故隔膜不宜用于较大的管径,一般应用在 $DN≤200mm$ 的管路上;由于受隔膜材料的限制,隔膜阀适用于低压及温度不高的场合
9	旋塞阀	启闭件(柱形塞子)绕其轴线旋转的阀门。主要用于油田开采,同时也用于石油化工
10	止回阀	启闭件(阀瓣)借介质作用力,自动阻止介质逆流的阀门。又称逆流阀、逆止阀、背压阀和单向阀
11	安全阀	一种自动阀门,它不借助任何外力,而是利用介质本身的力来排出额定数量的流体,以防止系统内压力超过预定的安全值,当压力恢复正常后,阀门再行关闭并阻止介质继续流出
12	减压阀	通过启闭件的节流将压力降低,并利用本身介质能量,使阀后的压力自动满足预定要求的阀门
13	疏水阀	蒸汽疏水阀能迅速排除产生的凝结水;防止蒸汽泄漏;排除空气及其他不凝性气体

3）阀门的选用

阀门的选用应根据产品的类型、性能、规格，按照管路输送介质和参数以及使用条件和安装条件正确选用。

4）常用的场合

在给水管道上的下列部位应设置阀门：引入管段、节点处、支管起端或接户管起端、水泵的出水管、水箱的进出水管和泄水管、设备的进水补水管、某些附件前后等。管径≤50mm 时，宜采用截止阀；管径＞50mm 时，宜采用闸阀、蝶阀。

给水管网的最低处宜设置泄水阀。

给水管道的引入管上、密闭的水加热器或用水设备的进水管上、水泵出水管上、水箱、水塔、高地水池的出水管段上应设置止回阀。装有管道倒流防止器的管段，不需再装止回阀。

在间歇性使用的给水管网，其管网末端和最高点应设置自动排气阀；给水管网有明显起伏积聚空气的管段，宜在该段的峰点设自动排气阀或手动阀门排气；气压给水装置，当采用自动补气式气压水罐时，其配水管网的最高点应设自动排气阀。

5）阀门的安装

① 核对阀门的型号、规格，并对阀门检查和进行水压试验。

② 安装阀门时注意其阀体上标示的箭头，应与介质流向一致。

③ 水平管道上的阀门，阀杆方向应垂直向上，也可以水平、向上或向下倾斜 45°，但不得垂直向下。

④ 较大型阀门应使用起吊装置，并注意防止阀杆的损伤和变形。

⑤ 阀门安装的位置应便于检修和启闭操作。

2. 水表

水表是建筑中的用水计量设备，是计量用户累计用水量的仪表，其工作原理是水流动推动叶轮旋转，叶轮轴带动一套传动和记录装置实现计量。水表只能记录单向水流的累计流量，不能指示瞬时流量。

一般，公称直径≤50mm 时，选用旋翼式水表（特点是阻力大、小流量）；公称直径＞50mm 时，选用螺翼式水表（特点是阻力小、大流量）。

（1）介质条件

当水温在 0～40℃时，选用冷水水表；当水温在 0～90℃时，应选用专用热水水表。普通水表使用时，介质的水压≤1MPa。

（2）水表安装

1）安装位置应处于易于观察、不冻、不淹、不易碰壁处；

2）水表与表前阀应有≥8d 的直管段，如果直管段少，会影响水表正常计量；

3）水表安装示意图如图 2-27 所示。

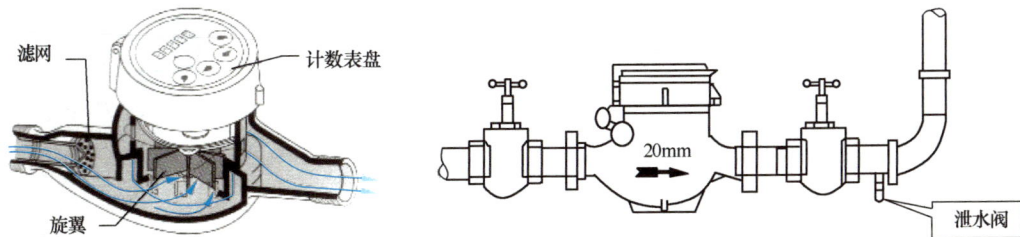

图 2-27　旋翼式水表原理及安装示意图

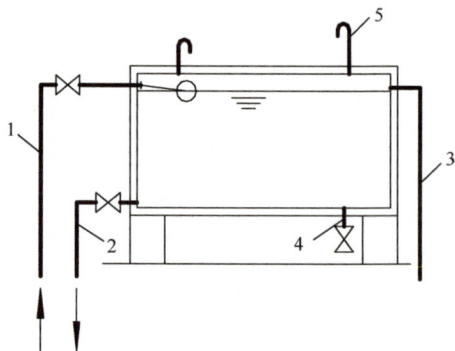

图 2-28 远程智能水表管理系统

（3）智能水表管理方案

智能水表管理系统由通信模块（单元采集器）、集中器、远程抄表管理及智能支撑系统、网络等部分组成。

用户家中安装表体和通信模块，在每栋楼安装集中器，集中器与网络互联，进行数据传输。系统通过网络指令，由集中器实现实时抄表、计费、开停功能。结算中心、自来水公司可通过网络获取抄表资料，实现远程管理（图 2-28）。

三、增压贮水设备

1. 贮水池

贮水池设于建筑物的地下室或建筑物的附近。

贮水池的有效容积与水源供水的保证能力和用户要求有关。对于民用建筑，贮水池的有效容积 V 根据生活用水调节水量 V_1 和消防贮备水量 V_2 确定：

$$V = V_1 + V_2 \qquad (2\text{-}2)$$

2. 高位水箱

建筑内部给水系统中，在需要增压、稳压、减压或者需要贮存一定的水量时，均应设置高位水箱。水箱一般用钢板或钢筋混凝土制作。单体建筑的生活水箱应与其他用水水箱分开设置（图 2-29）。

（1）水箱容积

水箱的有效容积应考虑贮存一定的生活调节水量或消防贮水量。

（2）水箱的设置高度

水箱的设置高度应满足最不利配水点的流出水头要求：

$$Z_x \geqslant Z_b + \frac{H_c + H_s}{10} \qquad (2\text{-}3)$$

式中　Z_x——水箱位置高度，m；

Z_b——最不利点的高度，m；

H_c——水头损失，kPa；

H_s——自由水头，kPa。

（3）水箱配管

水箱配管包括进水管、出水管、溢流管、泄水管、通气管以及人孔设置。

1）进水管

如市政管网直供进水，可设置浮球阀；如由水泵供水，应设置电

图 2-29 水箱

1—进水管；2—出水管；3—溢流管；4—排水管；5—通气管

2-8

建筑给水设备—水箱

动阀。进水管可从侧壁进，也可从顶部进。标高应比水箱最高水位高 200mm。

2）出水管

出水管宜与进水管在不同侧，出水管设置止回阀，标高比最低水位高 50～100mm。

3）溢流管

在溢流管上不允许设置阀门，溢流管溢流出来的水可直接排入屋面雨水沟内，管口包钢丝防虫网罩。溢流管垂直距离≥$4d$。

4）泄水管

泄水管须设置阀门，泄水管应比进水管管径大一号。

5）通气管

水箱设置通气管能将水箱内的水蒸气及有害气体排出，通气管管口向下，包钢丝防虫网罩防止病媒生物、昆虫和尘埃进入破坏水质。

6）人孔

人孔应设在进水管附近，大小≥$\phi600$mm，便于观察和检修，人孔平时必须上锁。

（4）水箱平剖面图识读要点

1）平面图反映的是各管的平面位置，要标出定位尺寸或定位轴线。

2）剖面图反映的是各管的标高、管径、水箱水位等。

3）平面决定剖面，剖面多少取决于平面布置，要能把水箱的每根管都反映出来。

3. 水泵装置

当建筑内部给水系统不能满足最不利配水点所需的流出水头时，给水系统必须增压。建筑给水系统中一般采用立式离心泵。

2-9

水泵的基础知识

（1）水泵的装置形式

水泵装置按其进水方式可分为水泵直接从室外管网抽水和水泵从贮水池抽水两种。

水泵直接抽水方式可以充分利用城市管网的压力，系统比较简单，并能保护水质不致受到污染。由于水泵直接从管网抽水会使室外管网压力降低，影响对周围其他用户的正常供水。只有在室外管网管径较大、压力高、水泵抽水量相对较小时，才可采用。

当水泵抽水量较大，不允许直接从室外管网抽水时，需要建造贮水池，水泵从贮水池中抽水。高层民用建筑及大型公共建筑一般采用这种方式。

（2）水泵的参数

水泵的主要参数有流量和扬程。建筑给水系统中水泵的选择，是根据计算后所确定的水泵流量和相应于该流量下所需的压力两个参数确定。

建筑物内采用高位水箱调节的生活给水系统时，水泵的最大出水量不应小于最大小时用水量。

生活给水系统采用调速泵组供水时，应按系统最大设计流量选泵，以保证安全。调速泵在额定转速时的工作点，应位于水泵高效区的末端。

1）水泵直接从室外管网抽水时，水泵总扬程应为：

$$H_b \geq H_1 + H_2 + H_3 + H_4 - H_0 \tag{2-4}$$

式中　H_b——水泵所需总扬程，kPa；

H_1——引入管至最不利配水点位置高度所需的净水压，kPa；

H_2——水泵吸水管和压水管至最不利配水点管路的总水压损失，kPa；

H_3——水流通过水表时的水头损失，kPa；

H_4——最不利配水点所需的流出水水头，kPa；

H_0——室外给水管网所能提供的最小压力，kPa。

2）水泵从贮水池抽水时，水泵总扬程应为：

$$H_b \geqslant H_1 + H_2 + H_4 \tag{2-5}$$

（3）水泵房位置及布置

水泵在工作时产生振动发出噪声，通过管道系统传播，影响人们的工作和生活，故水泵房的位置应当远离要求防振和安静的房间（如病房、教室等），必要时应在水泵吸水管和压水管上设隔声装置，水泵下面设减振装置。

泵房内宜有检修水泵的场地，检修场地尺寸宜按水泵或电机外形尺寸四周有不小于0.7m的通道确定。泵房内配电柜和控制柜前面通道宽度不宜小于1.5m。泵房内设置手动起重设备。水泵基础高出地面的高度应便于水泵安装，不应小于0.1m。

任务2.5　建筑给水系统的计算

任务目标

熟悉用水量标准，掌握最高日用水量、最大时用水量、设计秒流量的确定。

一、用水量标准

1. 用水情况

建筑内给水包括生活、生产和消防用水三个部分，用水情况和用水量如下：

（1）生活用水量受当地气候情况、生活习惯、建筑物使用性质、卫生器具和用水设备的完善程度以及水价多种因素影响，故用水量不均匀。

（2）生产用水量比较均匀有规律，可按生产单位产品的用水量或单位时间内在生产设备上的用水量计算确定。

（3）消防用水具有偶然性，用水量根据火灾和建筑物等级而定。具体详见项目3。

2. 用水定额

用水定额是指用水对象单位时间内所需水量的规定数值，是确定建筑物设计用水量的主要参数之一。这个定额要根据现行的规范来确定。合理选择用水定额关系到给水排水工程的规模和工程投资。用水定额选得高，用水量大，管径大，必然增大投资，造成浪费。选得低，满足不了使用要求。

各类建筑的生活用水定额及小时变化系数见表2-10、表2-11。

2-10

用水定额

表 2-10　住宅生活用水定额及小时变化系数

表 2-10　住宅生活用水定额及小时变化系数

住宅类别	卫生器具设置标准	最高日用水定额 [L/(人·d)]	平均日用水定额 [L/(人·d)]	最高日小时变化系数 K_h
普通住宅	有大便器、洗脸盆、洗涤盆、洗衣机、热水器和沐浴设备	130～300	50～200	2.8～2.3
	有大便器、洗脸盆、洗涤盆、洗衣机、集中热水供应(或家用热水机组)和沐浴设备	180～320	60～230	2.5～2.0
别墅	有大便器、洗脸盆、洗涤盆、洗衣机、洒水栓、家用热水机组和沐浴设备	200～350	70～250	2.3～1.8

注：1. 当地主管部门对住宅生活用水定额有具体规定时，应按当地规定执行。
　　2. 别墅生活用水定额中含庭院绿化用水和汽车抹车用水，不含游泳池补充水。

表 2-11　公共建筑生活用水定额及小时变化系数

序号	建筑物名称		单位	生活用水定额(L)		使用时数 (h)	最高日小时变化系数 K_h
				最高日	平均日		
1	宿舍	居室内设卫生间	每人每日	150～200	130～160	24	3.0～2.5
		设公用盥洗卫生间		100～150	90～120		6.0～3.0
2	招待所、培训中心、普通旅馆	设公用卫生间、盥洗室	每人每日	50～100	40～80	24	3.0～2.5
		设公用卫生间、盥洗室、淋浴室		80～130	70～100		
		设公用卫生间、盥洗室、淋浴室、洗衣室		100～150	90～120		
		设单独卫生间、公用洗衣室		120～200	110～160		
3	酒店式公寓		每人每日	200～300	180～240	24	2.5～2.0
4	宾馆客房	旅客	每床位每日	250～400	220～320	24	2.5～2.0
		员工	每人每日	80～100	70～80	8～10	2.5～2.0
5	医院住院部	设公用卫生间、盥洗室	每床位每日	100～200	90～160	24	2.5～2.0
		设公用卫生间、盥洗室、淋浴室		150～250	130～200		
		设单独卫生间		250～400	220～320		
		医务人员	每人每班	150～250	130～200	8	2.0～1.5
	门诊部、诊疗所	病人	每病人每次	10～15	6～12	8～12	1.5～1.2
		医务人员	每人每班	80～100	60～80	8	2.5～2.0
	疗养院、休养所住房部		每床位每日	200～300	180～240	24	2.0～1.5
6	养老院、托老所	全托	每人每日	100～150	90～120	24	2.5～2.0
		日托		50～80	40～60	10	2.0
7	幼儿园、托儿所	有住宿	每儿童每日	50～100	40～80	24	3.0～2.5
		无住宿		30～50	25～40	10	2.0
8	公共浴室	淋浴	每顾客每次	100	70～90	12	2.0～1.5
		浴盆、淋浴		120～150	120～150		
		桑拿浴(淋浴、按摩池)		150～200	130～160		

续表

序号	建筑物名称		单位	生活用水定额(L)		使用时数(h)	最高日小时变化系数 K_h
				最高日	平均日		
9	理发室、美容院		每顾客每次	40～100	35～80	12	2.0～1.5
10	洗衣房		每千克干衣	40～80	40～80	8	1.5～1.2
11	餐饮业	中餐酒楼	每顾客每次	40～60	35～50	10～12	1.5～1.2
		快餐店、职工及学生食堂		20～25	15～20	12～16	
		酒吧、咖啡馆、茶座、卡拉OK房		5～15	5～10	8～18	
12	商场	员工及顾客	每平方米营业厅面积每日	5～8	4～6	12	1.5～1.2
13	办公	坐班制办公	每人每班	30～50	25～40	8～10	1.5～1.2
		公寓式办公	每人每日	130～300	120～250	10～24	2.5～1.8
		酒店式办公		250～400	220～320	24	2.0
14	科研楼	化学	每工作人员每日	460	370	8～10	2.0～1.5
		生物		310	250		
		物理		125	100		
		药剂调制		310	250		
15	图书馆	阅览者	每座位每次	20～30	15～25	8～10	1.2～1.5
		员工	每人每日	50	40		
16	书店	顾客	每平方米营业厅每日	3～6	3～5	8～12	1.5～1.2
		员工	每人每班	30～50	27～40		
17	教学、实验楼	中小学校	每学生每日	20～40	15～35	8～9	1.5～1.2
		高等院校		40～50	35～40		
18	电影院、剧院	观众	每观众每场	3～5	3～5	3	1.5～1.2
		演职员	每人每场	40	35	4～6	2.5～2.0
19	健身中心		每人每次	30～50	25～40	8～12	1.5～1.2
20	体育场(馆)	运动员淋浴	每人每次	30～40	25～40	4	3.0～2.0
		观众	每人每场	3	3		1.2
21	会议厅		每座位每次	6～8	6～8	4	1.5～1.2
22	会展中心(展览馆、博物馆)	观众	每平方米展厅每日	3～6	3～5	8～15	1.5～1.2
		员工	每人每班	30～50	27～40		

续表

序号	建筑物名称	单位	生活用水定额(L)		使用时数(h)	最高日小时变化系数K_h
			最高日	平均日		
23	航站楼、客运站旅客	每人次	3~6	3~6	8~16	1.5~1.2
24	菜市场地面冲洗及保鲜用水	每平方米每日	10~20	8~15	8~10	2.5~2.0
25	停车库地面冲洗水	每平方米每次	2~3	2~3	6~8	1.0

注：1. 中等院校、兵营等宿舍设置公用卫生间和盥洗室，当用水时段集中时，最高日小时变化系数K_h宜取高值 6.0~4.0；其他类型宿舍设置公用卫生间和盥洗室时，最高日小时变化系数K_h宜取低值3.5~3.0。
　　2. 除注明外，均不含员工生活用水，员工最高日用水定额为每人每班40~60L，平均日用水定额为每人每班 30~45L。
　　3. 大型超市的生鲜食品区按菜市场用水。
　　4. 医疗建筑用水中已含医疗用水。
　　5. 空调用水应另计。

二、最高日用水量、最大时用水量、设计秒流量的确定

1. 最高日用水量

建筑物最高日生活用水量是确定水源供水能力的重要参数，也是高层民用建筑设计的经济技术指标之一。

$$Q_d = m \cdot q_d \tag{2-6}$$

式中　Q_d——最高日用水量，L/d；

　　　　m——用水单位数，人或床位等，工业企业建筑为班人数；

　　　　q_d——最高日生活用水定额，L/（人·d）、L/（床·d）或L/（人·班）等。

当生活用水低位贮水池的有效容积资料不足时，宜按最高日用水量的20%~25%确定。

2. 最大小时用水量

最大小时用水量是确定给水系统规模和设备选型的重要参数。

由于，平均小时用水量
$$Q_p = \frac{Q_d}{T} \tag{2-7}$$

小时变化系数
$$K_h = \frac{Q_h}{Q_p} \tag{2-8}$$

所以，最大小时用水量
$$Q_h = Q_p K_h \tag{2-9}$$

式中　Q_p——平均小时用水量，L/h；

　　　　T——建筑物的用水时间，h；

　　　　K_h——小时变化系数；

　　　　Q_h——最大小时用水量，L/h。

建筑物内采用高位水箱调节的生活给水系统时，水泵的供水能力不应小于最大小时用水量。生活用水高位水箱应符合下列规定：由水泵联动提升进水的水箱的生活用水调节容

积，不宜小于最大用水时水量的 50%。

3. 给水设计秒流量

给水管道的设计流量不仅是确定各管段管径，也是计算管道水头损失，进而确定给水系统所需压力的主要依据。因此，设计流量的确定应符合建筑内部的用水规律。

建筑内生活用水量在 1 昼夜、1 小时里都是不均匀的，为了使建筑内瞬时高峰的用水都得到保证，生活给水管道的设计流量应为建筑内卫生器具配水最不利情况组合出流时的瞬时高峰流量，这个流量又称设计秒流量。

2-11

建筑给水设计秒流量

在研究设计流量计算方法的过程中，经发现，无论建筑性质如何，室内用水最终是通过各种配水龙头来体现的，人们希望变数人数到数卫生器具个数。但各种卫生器具配水龙头出流特性及流量各不相同，为了便于计算提出当量的概念。

为简化计算，将 1 个直径为 15mm 的配水水嘴的额定流量 0.2L/s 作为一个当量，其他卫生器具的给水额定流量与它的比值，即为该卫生器具的当量。以此为基准，其他卫生器具按此折算成相应的当量数。这样，就可把某一管段上不同类型卫生器具的流量换算成当量值（表 2-12）。

表 2-12　卫生器具的给水额定流量、当量、连接管公称尺寸和工作压力

序号	给水配件名称		额定流量（L/s）	当量	连接管公称尺寸（mm）	工作压力（MPa）
1	洗涤盆、拖布盆、盥洗槽	单阀水嘴	0.15～0.20	0.75～1.00	15	0.100
		单阀水嘴	0.30～0.40	1.50～2.00	20	
		混合水嘴	0.15～0.20（0.14）	0.75～1.00（0.70）	15	
2	洗脸盆	单阀水嘴	0.15	0.75	15	0.100
		混合水嘴	0.15（0.10）	0.75（0.50）		
3	洗手盆	感应水嘴	0.10	0.50	15	0.100
		混合水嘴	0.15（0.10）	0.75（0.50）		
4	浴盆	单阀水嘴	0.20	1.00	15	0.100
		混合水嘴（含带淋浴转换器）	0.24（0.20）	1.20（1.00）		
5	淋浴器	混合阀	0.15（0.10）	0.75（0.50）	15	0.100～0.200
6	大便器	冲洗水箱浮球阀	0.10	0.50	15	0.050
		延时自闭式冲洗阀	1.20	6.00	25	0.100～0.150
7	小便器	手动或自动自闭式冲洗阀	0.10	0.50	15	0.050
		自动冲洗水箱进水阀	0.10	0.50		0.020
8	小便槽穿孔冲洗管（每米长）		0.05	0.25	15～20	0.015
9	净身盆冲洗水嘴		0.10（0.07）	0.50（0.35）	15	0.100
10	医院倒便器		0.20	1.00	15	0.100

续表

序号	给水配件名称		额定流量 (L/s)	当量	连接管 公称尺寸 (mm)	工作压力 (MPa)
11	实验室 化验水嘴 (鹅颈)	单联	0.07	0.35	15	0.020
		双联	0.15	0.75		
		三联	0.20	1.00		
12	饮水器喷嘴		0.05	0.25	15	0.050
13	洒水栓		0.40 0.70	2.00 3.50	20 25	0.050～0.100
14	室内地面冲洗水嘴		0.20	1.00	15	0.100
15	家用洗衣机水嘴		0.20	1.00	15	0.100

注：1. 表中括弧内的数值系在有热水供应时，单独计算冷水或热水时使用。

　　2. 当浴盆上附设淋浴器时，或混合水嘴有淋浴器转换开关时，其额定流量和当量只计水嘴，不计淋浴器。但水压应按淋浴器计。

　　3. 家用燃气热水器，所需水压按产品要求和热水供应系统最不利配水点所需工作压力确定。

　　4. 绿地的自动喷灌应按产品要求设计。

　　5. 当卫生器具给水配件所需额定流量和工作压力有特殊要求时，其值应按产品要求确定。

（1）住宅建筑的生活给水管道的设计秒流量

按下列步骤和方法计算：

1）根据住宅配置的卫生器具给水当量、使用人数、用水定额、使用时数及小时变化系数，按式（2-10）计算出最大用水时卫生器具给水当量平均出流概率：

$$U_0 = \frac{100 q_L m K_h}{0.2 \times N_g \times T \times 3600}(\%) \qquad (2\text{-}10)$$

式中　U_0——生活给水管道的最大用水时卫生器具给水当量平均出流概率，%；

　　　q_L——最高用水日的用水定额，按表 2-10 取用；

　　　m——每户用水人数；

　　　K_h——小时变化系数，按表 2-10 取用；

　　　N_g——每户设置的卫生器具给水当量数；

　　　T——用水时数，h；

　　　0.2——一个卫生器具给水当量的额定流量，L/s。

2）根据计算管段上的卫生器具给水当量总数，按式（2-11）计算得出该管段的卫生器具给水当量的同时出流概率：

$$U = 100 \frac{1 + \alpha_c (N_g - 1)^{0.49}}{\sqrt{N_g}}(\%) \qquad (2\text{-}11)$$

式中　U——计算管段的卫生器具给水当量同时出流概率，%；

　　　α_c——对应 U_0 的系数；

　　　N_g——计算管段的卫生器具给水当量总数。

3）根据计算管段上的卫生器具给水当量同时出流概率，按式（2-12）计算得出该管段的给水设计秒流量：

$$q_g = 0.2 \cdot U \cdot N_g \tag{2-12}$$

式中　q_g——计算管段的给水设计秒流量，L/s。

为了计算快速、方便，在计算出 U_0 后，即可根据计算管段的 N_g 值从附录 2-1《给水管段设计秒流量计算表》中直接查得给水设计流量 q_g。该表可用内插法。当计算管段的卫生器具给水当量总数超过附录 2-1 中的最大值时，其设计流量应取最大值时用水量。

4）有两条或两条以上具有不同最大用水时卫生器具给水当量平均出流概率的给水支管的给水干管，该管段的最大用水时卫生器具给水当量平均出流概率应按加权平均法计算。

（2）宿舍（居室内设卫生间）、旅馆、宾馆、酒店式公寓、门诊部、诊疗所、医院、疗养院、幼儿园、养老院、办公楼、商场、图书馆、书店、客运站、航站楼、会展中心、教学楼、公共厕所等建筑的生活给水设计秒流量，应按下式计算：

$$q_g = 0.2\alpha \sqrt{N_g} \tag{2-13}$$

式中　q_g——计算管段的给水设计秒流量，L/s；

　　　N_g——计算管段的卫生器具给水当量总数；

　　　α——根据建筑物用途而定的系数，应按表 2-13 采用。

注意，如计算值小于该管段上一个最大卫生器具给水额定流量时，应采用一个最大的卫生器具给水额定流量作为设计秒流量；如计算值大于该管段上按卫生器具给水额定流量累加所得流量值时，应按卫生器具给水额定流量累加所得流量值采用；有大便器延时自闭冲洗阀的给水管段，大便器延时自闭冲洗阀的给水当量均以 0.5 计（即大便器冲洗水箱浮球阀的给水当量），计算得到的 q_g 附加 1.20L/s 的流量后，为该管段的给水设计秒流量；综合楼建筑的 α 值应按加权平均法计算。

表 2-13　根据建筑物用途而定的系数值（α 值）

建筑物名称	α 值	建筑物名称	α 值
幼儿园、托儿所、养老院	1.2	教学楼	1.8
门诊部、诊疗所	1.4	医院、疗养院、休养所	2.0
办公楼、商场	1.5	酒店式公寓	2.2
图书馆	1.6	宿舍（居室内设卫生间）、旅馆、招待所、宾馆	2.5
书店	1.7	客运站、航站楼、会展中心、公共厕所	3.0

（3）宿舍（设公用盥洗卫生间）、工业企业的生活间、公共浴室、职工（学生）食堂或营业餐馆的厨房、体育场馆、剧院、普通理化实验室等建筑的生活给水管道的设计秒流量，应按下式计算：

$$q_g = \sum q_{g0} n_0 b_g \tag{2-14}$$

式中　q_g——计算管段的给水设计秒流量，L/s；

　　　q_{g0}——同类型的一个卫生器具给水额定流量，L/s；

　　　n_0——同类型卫生器具数；

　　　b_g——同类型卫生器具同时给水百分数，应按表 2-14～表 2-16 采用。

注意，如计算值小于该管段上一个最大卫生器具给水额定流量时，应采用一个最大的卫生器具给水额定流量作为设计秒流量；大便器自闭式冲洗阀应单列计算，当单列计算值小于 1.2L/s 时，以 1.2L/s 计；大于 1.2L/s 时，以计算值计。

表 2-14 宿舍（设公用盥洗室卫生间）、工业企业生活间、公共浴室、影剧院、体育场馆等卫生器具同时给水百分数（%）

卫生器具名称	宿舍（设公用盥洗室卫生间）	工业企业生活间	公共浴室	影剧院	体育场馆
洗涤盆(池)	—	33	15	15	15
洗手盆	—	50	50	50	70(50)
洗脸盆、盥洗槽水嘴	5～100	60～100	60～100	50	80
浴盆	—	—	50	—	—
无间隔淋浴器	20～100	100	100	—	100
有间隔淋浴器	5～80	80	60～80	(60～80)	(60～100)
大便器冲洗水箱	5～70	30	20	50(20)	70(20)
大便槽自动冲洗水箱	100	100	—	100	100
大便器自闭式冲洗阀	1～2	2	2	10(2)	5(2)
小便器自闭式冲洗阀	2～10	10	10	50(10)	70(10)
小便器(槽)自动冲洗水箱	—	100	100	100	100
净身盆	—	33			
饮水器	—	30～60	30	30	30
小卖部洗涤盆	—	—	50	50	50

注：1. 表中括号内的数值系电影院、剧院的化妆间，体育场馆的运动员休息室使用；
   2. 健身中心的卫生间，可采用本表体育场馆运动员休息室的同时给水百分率。

表 2-15 职工食堂、营业餐馆厨房设备同时给水百分数（%）

厨房设备名称	同时给水百分数	厨房设备名称	同时给水百分数
洗涤盆(池)	70	开水器	50
煮锅	60	蒸汽发生器	100
生产性洗涤机	40	灶台水嘴	30
器皿洗涤机	90		

注：职工或学生饭堂的洗碗台水嘴，按 100% 同时给水，但不与厨房用水叠加。

表 2-16 实验室化验水嘴同时给水百分数（%）

化验水嘴名称	同时给水百分数	
	科研教学实验室	生产实验室
单联化验水嘴	20	30
双联或三联化验水嘴	30	50

任务2.6 给水管网的水力计算

任务目标

掌握管径的确定方法、熟悉水头损失的计算、水力计算的步骤和设计计算实例。

建筑内部给水管网水力计算目的是在计算出各管段设计秒流量后，确定各管段的管径，求出通过设计秒流量时产生的水头损失，决定室内管网所需的水压，选定各区加压设备的扬程或确定水箱设置高度，进而将给水方式确定下来。

给水管道的水力计算类型有复核计算和设计计算两种。

2-12

建筑内部给水管道的水力计算

一、管径的确定方法

在求得各计算管段的设计秒流量后，根据流量公式，即可确定管径：

$$q_g = \frac{\pi \cdot d^2}{4} v \qquad (2\text{-}15)$$

$$d = \sqrt{\frac{4q_g}{\pi \cdot v}} \qquad (2\text{-}16)$$

式中 q_g——计算管段的给水设计秒流量，m^3/s；

d——计算管段的管径，m；

v——管段中的水流速度，m/s。

计算公式要注意，单位要统一，采用国标单位，管径要推求到标准管径，在设计上，v 要取经济流速或控制流速数值范围。

生活给水管道的水流速度，宜按表 2-17 采用。

表 2-17 生活给水管道的水流速度

公称直径(mm)	15～20	25～40	50～70	≥80
水流速度(m/s)	≤1.0	≤1.2	≤1.5	≤1.8

二、水头损失的计算

建筑内部给水管道的水头损失包括沿程水头损失和局部水头损失。

1. 沿程水头损失

沿程水头损失按下式计算

$$h_y = i \cdot L \qquad (2\text{-}17)$$

式中 h_y——管段的沿程水头损失，kPa；

i——单位长度管道的沿程水头损失，kPa/m；

L——管段的长度，m。

单位长度管道的沿程水头损失 i 值，可从水力计算表查得。给水钢管、给水铸铁管及给水塑料管的水力计算表见附录 2-2～附录 2-4。根据已知的设计秒流量，控制水流速度在允许范围，即可方便快捷地确定出 i 值。

2. 局部水头损失

局部水头损失按下式计算

$$h_{\mathrm{j}} = \sum \xi \frac{v^2}{2g} \qquad (2\text{-}18)$$

式中　h_{j}——管段的局部水头损失，kPa；

　　　ξ——局部阻力系数；

　　　v——管段中的水流速度，m/s；

　　　g——重力加速度，m/s^2。

由于给水管网中局部管件如弯头、三通等甚多，随着构造不同，其值也不尽相同，详细计算较为繁琐，在实际工程中给水管网的局部水头损失计算常采用折算长度计算法和百分比经验值计算法。

（1）折算长度计算

生活给水管道的配水管的局部水头损失，宜按管道的连接方式，采用管（配）件当量长度法计算。阀门和螺纹管件的摩阻损失可按附录 2-5 确定。

（2）百分比经验值计算

当管道的管（配）件当量长度资料不足时，可按下列管件的连接状况，按管网的沿程水头损失的百分数取值：

1）管（配）件内径与管道内径一致，采用三通分水时，取 25%～30%；采用分水器分水时，取 15%～20%；

2）管（配）件内径略大于管道内径，采用三通分水时，取 50%～60%；采用分水器分水时，取 30%～35%；

3）管（配）件内径略小于管道内径，管（配）件的插口插入管口内连接，采用三通分水时，取 70%～80%；采用分水器分水时，取 35%～40%。

不同材质管道的局部水头损失是按沿程水头损失的一定百分数确定：生活给水管道取 25%～30%；生产给水管道、生活—消防给水管道、生活—生产—消防给水管道取 20%；消火栓系统消防给水管道取 10%；生产—消防给水管道取 15%。

3. 水表和特殊配件的水头损失

（1）水表的水头损失

水表的水头损失应按选用产品所给定的压力损失值计算。在未确定具体产品时，可按下列情况取用：

1）住宅入户管上的水表，宜取 0.01MPa。

2）建筑物或小区引入管上的水表，在生活用水工况时，宜取 0.03MPa；在校核消防工况时，宜取 0.05MPa。

（2）特殊配件的水头损失

比例式减压阀的水头损失宜按阀后静水压的 10%～20% 采用。

管道过滤器的局部水头损失，宜取 0.01MPa。

倒流防止器、真空破坏器的局部水头损失，应按相应产品测试参数确定。

三、水力计算步骤

根据初定的给水方式，在建筑物管道平面布置图基础上绘出给水管道轴测图，并进行水力计算。水力计算步骤和方法如下：

（1）根据给定建筑设计图和相关资料初步确定给水方案（直接给水、水泵给水、水箱给水、分区给水等）。

（2）在建筑设计图上布置给水管网（先布置立管，再布置干管、支管）。

（3）绘制给水管路系统图。

（4）根据给水系统轴测图选出最不利点，即要求压力最大的管路作为计算管路（最远点、最高点或流出水头最大点）。

（5）根据流量变化的节点对计算管路进行节点编号（逆水流方向），并标明各计算管段长度。

（6）按建筑物性质选用设计秒流量公式，计算各管段的设计秒流量。

（7）进行水力计算，确定各计算管段的直径和水头损失；如选用水表，应计算水表的水头损失。

（8）按计算结果，确定建筑物所需的总水头 H_x，与室外管网的供水压力 H_g 比较，若 $H_x < H_g$，即满足要求。若 H_g 稍小于 H_x，可适当放大部分管段的管径，使 $H_x < H_g$。若 H_g 小于 H_x 很多，则需考虑设水箱和水泵的给水方式。

（9）确定非计算管段的管径。

（10）设水箱和水泵的给水方式，其计算内容有：确定水箱和贮水池容积；确定水箱的安装高度；选择水泵等。

（11）将计算结果标注在图上。

【案例导入 2-1】某 5 层酒店式公寓，卫生间设有洗脸盆、浴盆、低冲洗水箱坐式大便器各 1 套，厨房内有洗涤盆 1 个，如图 2-30 所示。该建筑有局部热水供应，采用塑料给水管。引入管与室外给水管网连接点到最不利配水点的高差为 12.25m。室外给水管网所能提供的最小压力 $H_g = 240$kPa。试进行给水系统的水力计算。

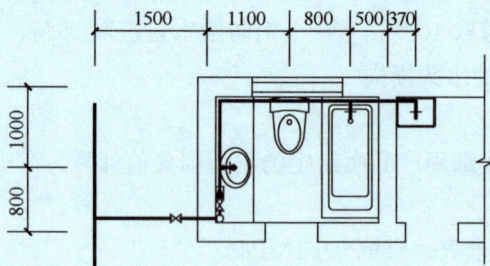

图 2-30　厨房卫生间给水管道平面布置图

【解】根据给水管道的布置图画出计算草图并进行节点编号，如图 2-31 所示。该工程为酒店式公寓建筑，选用式（2-13）计算各管段设计秒流量，由表 2-13 查得 $\alpha = 2.2$。由式（2-13）计算各管段的设计秒流量 q_g，控制流速在允许范围内，查附录 2-4，用插值法可得对应的流速 v 及单位长度水头损失 i，由式（2-17）计算各管段的沿程水头损失，计算结果列于表 2-18 中。

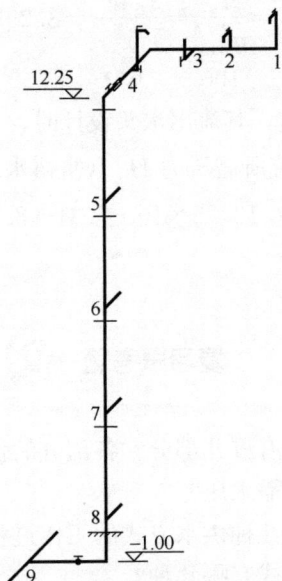

图 2-31　厨房卫生间给水管道计算草图

表 2-18　给水管道水力计算表

管段编号	管长 L (m)	当量总数 N_g	$q_g=0.2\alpha\sqrt{N_g}$ (L/s)	DN (mm)	v (m/s)	i (kPa/m)	$h_y=i \cdot L$ (kPa)
1—2	0.88	0.7	0.14	15	0.70	0.506	0.45
2—3	0.80	1.7	0.34	20	0.89	0.534	0.42
3—4	1.76	2.2	0.44	25	0.67	0.224	0.39
4—5	3.63	3.0	0.54	25	0.82	0.322	1.17
5—6	3.00	6.0	1.08	32	1.06	0.396	1.19
6—7	3.00	9.0	1.32	40	0.79	0.177	0.53
7—8	3.00	12.0	1.52	40	0.91	0.223	0.67
8—9	2.92	15.0	1.70	40	1.02	0.275	0.80

根据给水管道水力计算表的计算结果，计算管路的沿程水头损失：

$$\sum h_y=5.62\text{kPa}$$

计算局部水头损失：

$$\sum h_j=30\%\sum h_y=0.30\times5.62=1.69\text{kPa}$$

计算管路的水头损失为：

$$H_2=\sum h_y+\sum h_j=5.62+1.69=7.31\text{kPa}$$

计算水表的水头损失：

酒店式公寓建筑用水量较小，用水不均匀，水表选用 LXS 型 DN20 湿式水表，查附录 2-6 得其公称流量为 2.5m³/h（＞q_g=3.6×0.4=1.44m³/h），最大流量为 5m³/h。

分户水表的水头损失：

$$H_3 = \frac{q_g^2}{\frac{q_{max}^2}{100}} = \frac{1.44^2}{\frac{5^2}{100}} = 8.29 \text{kPa}$$

最不利配水点为厨房洗涤盆，其流出水头设计时，查表 2-12 得 $H_4 = 50 \text{kPa}$。

由公式（2-1）计算给水系统所需压力 H_x（富裕水头 H_5 取 20kPa）：

$H_x = H_1 + H_2 + H_3 + H_4 + H_5 = 13.25 \times 10 + 7.31 + 8.29 + 50 + 20 = 218.1 \text{kPa} < 240 \text{kPa}$

故满足要求。

复习思考题 🔍

1. 建筑给水系统的基本组成有哪几部分？各部分的作用是什么？

2. 如何计算建筑给水系统所需水压？

3. 试述建筑给水系统常用的几种供水方式的工作过程及适用条件。

4. 常用高层建筑内部给水方式有哪几种？

5. 建筑给水常用管材有哪些？各自的连接方式有哪些？

6. 建筑给水系统的管道布置原则和要求有哪些？

7. 给水管道的明设和暗设各有什么优缺点？敷设时有什么要求？

8. 建筑给水系统附件的作用及其适用条件有哪些？

9. 什么叫用水定额？什么是设计秒流量？

10. 如何确定给水系统中最不利配水点？

11. 某大型超市里的公共卫生间内设有 5 个延时自闭冲洗阀蹲便器，3 个自闭冲洗阀小便器，2 个感应水嘴洗手盆，求卫生间给水总管的设计秒流量是多少？

项目3

建筑消防系统设计

Project 03

项目目标

　　了解室外消火栓给水系统，掌握室内消火栓给水系统和自动喷水灭火系统的组成；熟悉水力计算方法；了解高层建筑消防给水系统的特点。

素质目标

　　培养学生的消防安全意识。结合火灾案例开展生命教育，强调"规范、标准"在消防工程中的重要作用。

任务 3.1 建筑消防系统认知

任务目标

了解建筑的分类，掌握火灾的分类及灭火的基本原理，熟悉消防系统的分类。

一、建筑的分类

民用建筑根据其建筑高度和层数可分为单、多层民用建筑和高层民用建筑。高层民用建筑根据其建筑高度、使用功能和楼层的建筑面积可分为一类和二类，见表 3-1。

表 3-1 民用建筑的分类

名称	高层民用建筑		单、多层民用建筑
	一类	二类	
住宅建筑	建筑高度大于 54m 的住宅建筑（包括设置商业服务网点的住宅建筑）	建筑高度大于 27m,但不大于 54m 的住宅建筑（包括设置商业服务网点的住宅建筑）	建筑高度不大于 27m 的住宅建筑（包括设置商业服务网点的住宅建筑）
公共建筑	1. 建筑高度大于 50m 的公共建筑 2. 建筑高度 24m 以上部分任一楼层建筑面积大于 1000m² 的商店、展览、电信、邮政、财贸金融建筑和其他多种功能组合的建筑 3. 医疗建筑、重要公共建筑、独立建造的老年人照料设施 4. 省级及以上的广播电视和防灾指挥调度建筑、网局级和省级电力调度建筑 5. 藏书超过 100 万册的图书馆、书库	除一类高层公共建筑外的其他高层公共建筑	1. 建筑高度大于 24m 的单层公共建筑 2. 建筑高度不大于 24m 的其他公共建筑

注：1. 表中未列入的建筑，其类别应根据本表类比确定。

  2. 除《建筑设计防火规范（2018 年版）》GB 50016—2014 另有规定的外，宿舍、公寓等非住宅类居住建筑的防火要求，应符合该规范有关公共建筑的规定；裙房的防火要求应符合该规范有关高层民用建筑的规定。

二、火灾的定义

1. 火灾的定义及分类

火灾是指在时间或空间上失去控制的燃烧所造成的灾害。

火灾根据可燃物的类型和燃烧特性，分为 A、B、C、D、E、F 六大类。

（1）A 类火灾：指固体物质火灾。这种物质通常具有有机物质性质，一般在燃烧时能产生灼热的余烬。如木材、干草、煤炭、棉、毛、麻、纸张等火灾。

（2）B 类火灾：指液体或可熔化的固体物质火灾。如煤油、柴油、原油、甲醇、乙醇、沥青、石蜡、塑料等火灾。

（3）C 类火灾：指气体火灾。如煤气、天然气、甲烷、乙烷、丙烷、氢气等火灾。

（4）D 类火灾：指金属火灾。如钾、钠、镁、铝镁合金等火灾。

（5）E 类火灾：指带电火灾。物体带电燃烧的火灾。

（6）F 类火灾：指烹饪器具内的烹饪物（如动植物油脂）火灾。

2. 灭火的基本原理

物质燃烧必须同时具备三个必要条件，即可燃物、助燃物和着火源。根据这些基本条件，一切灭火措施，都是为了破坏已经形成的燃烧条件，或终止燃烧的连锁反应而使火熄灭以及把火势控制在一定范围内，最大限度地减少火灾损失。这就是灭火的基本原理。

灭火的基本原理可以归纳为冷却、窒息、隔离和化学抑制。

（1）冷却法：如用水扑灭一般固体物质的火灾，通过水来大量吸收热量，使燃烧物的温度迅速降低，最后使燃烧终止。

（2）窒息法：如用二氧化碳、氮气、水蒸气等来降低氧浓度，使燃烧不能持续。

（3）隔离法：如用泡沫灭火剂灭火，通过产生的泡沫覆盖于燃烧体表面，在冷却作用的同时，把可燃物同火焰和空气隔离开来，达到灭火的目的。

（4）化学抑制法：如用干粉灭火剂通过化学作用，破坏燃烧的链式反应，使燃烧终止。

三、消防系统的分类

1. 按灭火方式分类

（1）消火栓给水系统：消火栓给水系统由人操纵水枪灭火，系统简单，工程造价低，是目前我国普遍采用的建筑消防给水系统。按其设置位置和灭火范围又可分为室外消火栓系统和室内消火栓系统。

（2）自动喷水灭火系统：由喷头自动喷水灭火，灭火成功率高，但工程造价较高，主要用于消防要求高，火灾危险性大的建筑。

2. 按消防给水压力分类

（1）高压消防给水系统：能始终保持满足水灭火设施所需的系统工作压力和流量，火灾时无需消防水泵直接加压的系统。

（2）临时高压消防给水系统：平时不能满足水灭火设施所需的系统工作压力和流量，火灾时能直接自动启动消防水泵以满足水灭火设施所需的压力和流量的系统。

（3）低压消防给水系统：能满足消防车或手抬泵等取水所需，从地面算起不应小于0.10MPa 的压力和流量的系统。

🔍 安全警示

典型火灾案例

（1）案例 1：北京某商厦火灾

北京某商业大厦旧楼一层礼品柜台处发生火灾，直接经济损失 2148.9 万元。

经查，这起火灾是由于后楼出租柜台的售货员下班后未按规定关灯，致使安装在灯箱内的一只荧光灯长时间通电，造成短路，线圈产生的高温引燃固定镇流器的木质材料。

当日，消防监控室一名监控员收到报警信号，认为是误报，不但没有到现场确认，而且还关闭报警控制主机，使得初起火灾未能被发现和及时处置。

经验教训：火灾报警系统应定期维护保养不得随意关闭。

（2）案例 2：新疆乌鲁木齐某广场火灾

新疆某物业管理有限公司负责的国际广场批发市场发生火灾。此次火灾使投资

1000万元安装的建筑消防设施形同虚设。过火面积达65000m^2，导致1046家商户的财产化为灰烬，有3名消防救援人员殉职，火灾财产损失约5亿元。

经验教训：固定灭火设施应定期维护保养不得随意关闭。

任务 3.2 建筑消火栓给水系统认知

任务目标

熟悉室内消火栓系统的设置场所；掌握室内消火栓系统的各种组成；熟悉单层、多层、高层建筑室内消火栓给水方式的适用条件及特点；熟悉室内消火栓的布置方法。

一、室内消火栓系统

室内消火栓系统是把室外给水系统提供的水量，经过加压（当外网压力不满足需要时），输送到用于扑灭建筑物内的火灾而设置的固定灭火设备，是建筑物中最基本的灭火设备。

1. 室内消火栓设置原则

《建筑防火通用规范》GB 55037—2022规定，除不适合用水保护或灭火的场所、远离城镇且无人值守的独立建筑、散装粮食仓库、金库可不设置室内消火栓系统外，下列建筑应设置室内消火栓系统：

（1）建筑占地面积大于300m^{2}的甲、乙、丙类厂房。

（2）建筑占地面积大于300m^{2}的甲、乙、丙类仓库。

（3）高层公共建筑，建筑高度大于21m的住宅建筑。

（4）特等和甲等剧场，座位数大于800个的乙等剧场，座位数大于800个的电影院，座位数大于1200个的礼堂，座位数大于1200个的体育馆等建筑。

（5）建筑体积大于5000m^{3}的下列单、多层建筑：车站、码头、机场的候车（船、机）建筑，展览、商店、旅馆和医疗建筑，老年人照料设施，档案馆，图书馆。

（6）建筑高度大于15m或建筑体积大于10000m^{3}的办公建筑、教学建筑及其他单、多层民用建筑。

（7）建筑面积大于300m^{2}的汽车库和修车库。

（8）建筑面积大于300m^{2}且平时使用的人民防空工程。

（9）地铁工程中的地下区间、控制中心、车站及长度大于30m的人行通道，车辆基地内建筑面积大于300m^{2}的建筑。

（10）通行机动车的一、二、三类城市交通隧道。

2. 室内消火栓给水系统的组成

室内消火栓给水系统一般由水枪、水带、消火栓、消防管道、贮水增压设备、稳压设施、消防水泵接合器等组成，如图3-1所示。

3-1

建筑室内消火栓给水系统设置范围及分类

3-2

建筑室内消火栓给水系统组成及给水方式

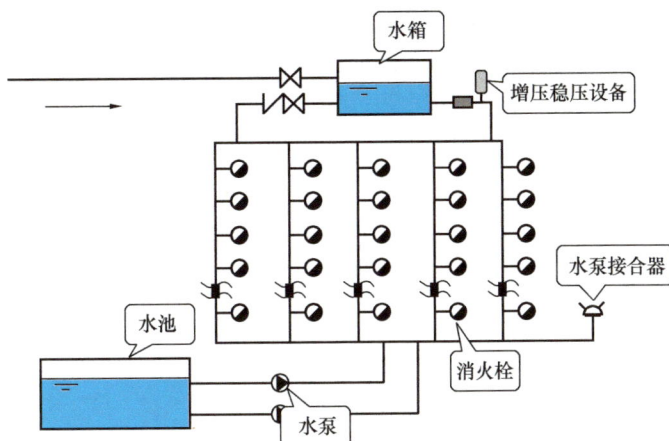

图 3-1 室内消火栓给水系统的组成

（1）消火栓设备

消火栓设备是由水枪、水带和消火栓组成，均安装于消火栓箱内，消火栓箱内在需要时还设置启动消防水泵的按钮，如图 3-2 所示。

常用的消防水枪的喷口直径有 $\phi 13mm$、$\phi 16mm$、$\phi 19mm$ 三种。衬胶水带直径有 $DN50$、$DN65$ 两种，长度有 15m、20m、25m 三种规格。消火栓直径有 $SN50$、$SN65$，规格有单阀单出口、双阀双出口两种。

当室内每支水枪最小流量为 2.5L/s 时，可采用 $SN50$ 的消火栓配 $\phi 13mm$ 或 $\phi 16mm$ 的水枪、$DN50$ 的消防水带，每支水枪的最小流量为 5L/s 时可采用 $SN65$ 的消火栓配 $\phi 16mm$ 或 $\phi 19mm$ 的水枪、$DN65$ 的水带。

（2）消防水泵接合器

水泵接合器是消防车和机动泵向建筑物内消防给水系统输送消防用水和其他液体灭火剂的连接器具。水泵接合器有地上式、地下式、墙壁式三种，当采用地下式水泵接合器时，要有明显的标志，如图 3-3 所示。

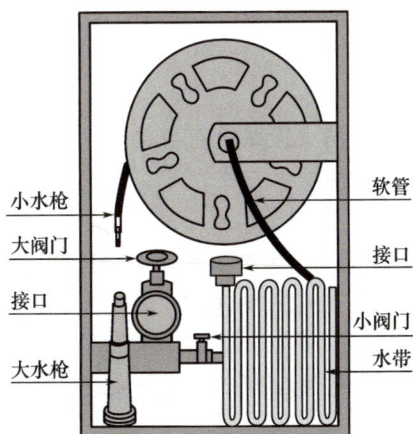

图 3-2 消火栓箱图

图 3-3 地下式水泵接合器

水泵接合器的数量应按室内消防用水量经计算确定，每个水泵接合器的流量应按10～15L/s计算。当消防系统为竖向分区供水时，在消防车的供水压力范围内的分区，应分别设置水泵接合器。

《建筑防火通用规范》GB 55037—2022规定，下列建筑应设置与室内消火栓等水灭火系统供水管网直接连接的消防水泵接合器，且消防水泵接合器应位于室外便于消防车向室内消防给水管网安全供水的位置：

1）设置自动喷水、水喷雾、泡沫或固定消防炮灭火系统的建筑。

2）6层及以上并设置室内消火栓系统的民用建筑。

3）5层及以上并设置室内消火栓系统的厂房。

4）5层及以上并设置室内消火栓系统的仓库。

5）室内消火栓设计流量大于10L/s且平时使用的人民防空工程。

6）地铁工程中设置室内消火栓系统的建筑或场所。

7）设置室内消火栓系统的交通隧道。

8）设置室内消火栓系统的地下、半地下汽车库和5层及以上的汽车库。

9）设置室内消火栓系统，建筑面积大于10000m²或3层及以上的其他地下、半地下建筑（室）。

（3）消防管道

低层消防给水管道主要采用镀锌钢管、铜管、不锈钢管、钢衬塑管等，埋地管用球墨铸铁管，高层建筑宜采用非镀锌钢管。连接方式有法兰连接、卡箍连接、螺纹连接，少数位置也可焊接，但焊接后必须重新镀锌或刷银粉漆。安装方法与给水管道相类似，注意标高、坡度、立支管位置。

建筑物内消防管道是否与其他给水系统合并或独立设置，应根据建筑物的性质和使用要求，经技术经济比较后确定。

（4）消防水池和消防水箱

消防水池用于贮存火灾持续时间内的室内消防用水量。

消防水箱一方面使消防给水管道充满水，节省消防水泵开启后充满管道的时间；另一方面，屋顶设置的增压、稳压系统和水箱能保证消防水枪的充实水柱，对于扑灭初期火灾的成败起决定性作用。

3. 室内消火栓系统的给水方式

对于单层、多层建筑和高度≤50m的高层建筑室内消火栓系统有直接供水，设水箱供水，设水泵和水箱供水，设水泵、水箱和水池供水等几种给水方式。

（1）由室外给水管网直接供水

适用条件：市政给水常为高压系统，室外管网为环状且在生产生活用水量达到最大时仍能满足室内消火栓系统的水量、水压要求。适用于底层车库和地下建筑，如图3-4所示。

（2）设水箱供水

适用条件：外网水压变化较大，用水量小时水压升高能向高位水箱供水，用水量大时不能满足建筑消火栓系统的水量、水压要求，如图3-5所示。

这种方式管网和水箱应独立设置，由室外给水管网向水箱供水，箱内贮存10min消防用水量。火灾初期由水箱向消火栓给水系统供水；火灾延续时可由室外消防车通过水泵接

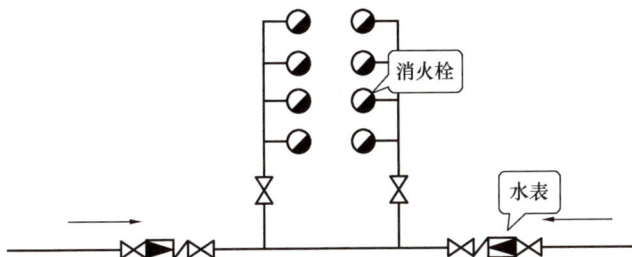

图 3-4　无水泵和水箱的给水方式

合器向消火栓给水系统加压供水。

（3）设水泵和水箱供水

适用条件：室外管网的水量、水压不能满足室内消火栓系统的水量、水压要求，室内火灾初期由水箱供水，水泵启动后由水泵供水。适用于单层或多层建筑和室外管网允许直接取水的场所，如图 3-6 所示。

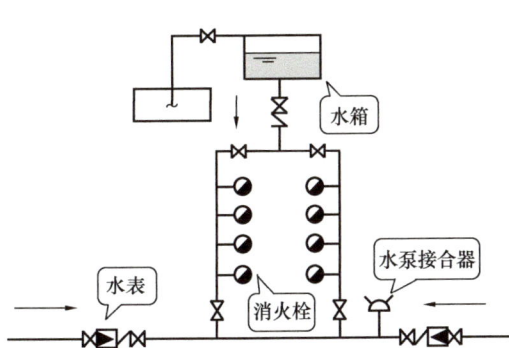

图 3-5　设水箱的给水方式

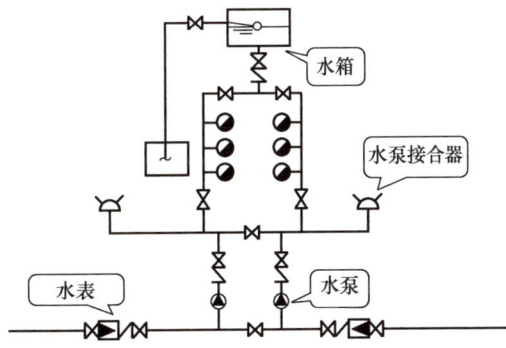

图 3-6　设水泵和水箱的给水方式

这种方式管网和水箱应独立设置，消防水箱贮存消防 10min 的备用水量。水箱补水采用生活用水泵，严禁用消防泵给消防水箱补水。

（4）设水泵、水箱和水池供水

室外给水管网供水至贮水池，由水泵从水池吸水送至水箱，箱内贮存 10min 消防用水量。火灾初期由水箱向消火栓给水系统供水，水泵启动后从水池吸水供水，适用于单、多层建筑或高度≤50m 的高层建筑，室外管网不允许直接取水的场所。

（5）分区供水

当系统工作压力＞2.40MPa，消火栓栓口处静压＞1.0MPa，自动喷水灭火系统报警阀处的工作压力＞1.60MPa 或喷头处的工作压力＞1.20MPa 时，应分区供水。

分区供水方式特点是室外给水管网向低区和高位水箱供水，箱内贮存 10min 消防水量。高区火灾初期时由水箱向高区消火栓给水系统供水；当水泵启动后由水泵向高区消火栓给水系统供水灭火。低区灭火水量、水压由外网保证。

消防分区给水可分为并联分区供水方式、串联分区供水方式、减压分区供水方式等几种形式，如图 3-7 所示。

对于高层建筑，楼层≥10 层的居住建筑（含首层设置商业服务网点的住宅）与建筑高度＞24m 的公共建筑，都必须设置室内、室外消火栓给水系统。同时还应根据建筑类别

图 3-7 消防分区给水系统

（a）并联分区供水；（b）串联分区供水；（c）减压分区供水

与使用功能，设置其他灭火系统。建筑高度＞250m 时，消防设计采取的特殊的防火措施，应提交国家消防主管部门组织研究和论证。

对于 24m＜建筑高度≤50m 或最低消火栓处的静水压力≤0.8MPa 的高层建筑，可以采用不分区消防给水系统，如图 3-8 所示。在有能扑救高度达到 80m 的大型消防车的城市，建筑高度≤80m 的高层建筑也可采用。

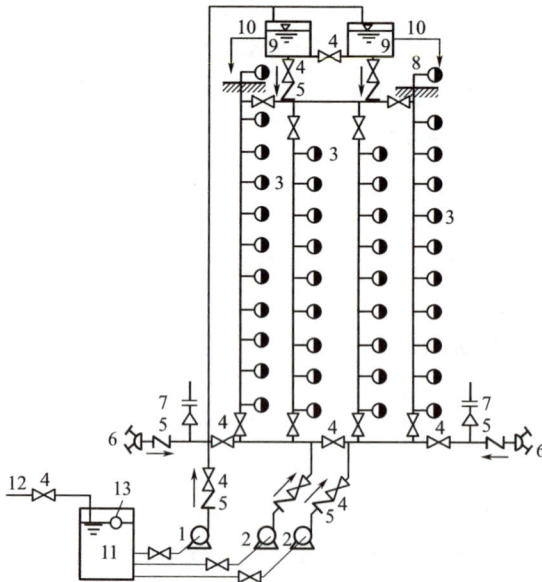

图 3-8 高层建筑不分区消火栓给水系统

1—生活、生产水泵；2—消防水泵；3—消火栓和水泵远程控制按钮；4—阀门；5—止回阀；6—水泵接合器；
7—安全阀；8—屋顶消火栓；9—高位水箱；10—至生活、生产管网；11—贮水池；12—来自城市管网；13—浮球阀

二、室内消火栓系统的布置

1. 水枪的充实水柱

水枪的充实水柱是指从水枪喷嘴起到射流 90％ 的水柱水量穿过直径 38cm 圆孔处的一段射流长度（图 3-9）。该段有足够的力量扑灭火焰，用 S_k 表示。其长度由下式计算确定：

$$S_k = \frac{H_{层高}}{\sin\alpha} \tag{3-1}$$

式中　S_k——水枪的充实水柱长度，m；

$H_{层高}$——保护建筑物层高，m；

α——水枪的上倾角，一般可取 45°。

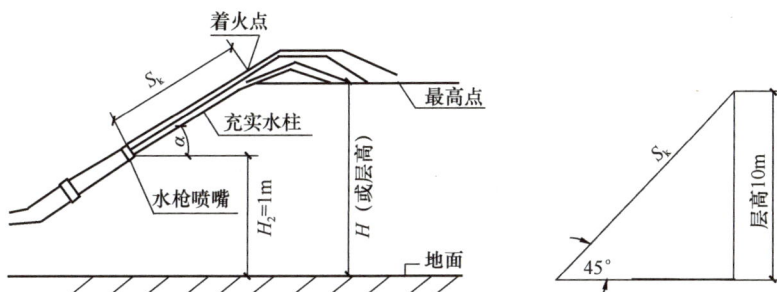

图 3-9　水枪的充实水柱长度

各类建筑要求的水枪充实水柱长度，设计时可参照表 3-2 选用。

表 3-2　各类建筑要求的水枪充实水柱长度

建筑物类别	充实水柱长度（m）
一般建筑	≥7
甲、乙类厂房、>6 层公共建筑、>4 层厂房（仓库）	≥10
高层厂房（仓库）、高架仓库、体积大于 25000m³ 的商店、体育馆、影剧院、会堂、展览建筑、车站、码头、机场建筑等	≥13
民用建筑高度≥100m	≥13
民用建筑高度<100m	≥10
高层工业建筑	≥13
人防工程内	≥10
停车库、修车库内	≥10

2. 消火栓的保护半径

消火栓的保护半径可按下式计算：

$$R = KL_d + L_s \tag{3-2}$$

式中　R——消火栓保护半径，m；

L_d——水带长度，m；

L_s——充实水柱水平投影长度，水枪射流上倾角按 $45°$ 计算，$L_s = S_k \cos 45°$，m；

K——水带弯曲折减系数，根据水带转弯数量取 $0.8 \sim 0.9$。

3. 室内消火栓的布置原则

（1）设置室内消火栓的建筑，包括设备层在内的各层均应设置消火栓。

（2）屋顶设有直升机停机坪的建筑，应在停机坪出入口处或非电气设备机房处设置消火栓，且距停机坪机位边缘的距离不应小于 5m。

（3）消防电梯前室应设置室内消火栓，并应计入消火栓使用数量。

（4）室内消火栓的布置应满足同一平面有 2 支消防水枪的 2 股充实水柱同时达到任何部位的要求，且楼梯间及其休息平台等安全区域可仅与一层视为同一平面。但当建筑高度≤24.0m 且体积≤5000m³ 的多层仓库，可采用 1 支水枪充实水柱到达室内任何部位。

室内消火栓宜按行走距离计算其布置间距，并应符合下列规定：

1）消火栓按 2 支消防水枪的 2 股充实水柱布置的高层建筑、高架仓库、甲乙类工业厂房等场所，消火栓的布置间距不应大于 30m。

2）消火栓按 1 支消防水枪的 1 股充实水柱布置的建筑物，消火栓的布置间距不应大于 50m。

消火栓的布置如图 3-10（a）所示，消火栓布置间距可按式（3-3）计算：

$$S_1 = 2\sqrt{R^2 - b^2} \tag{3-3}$$

式中　S_1——单排消火栓 1 股水柱时的消火栓间距，m；

　　　　R——消火栓保护半径，m；

　　　　b——消火栓最大保护宽度，m。

消火栓的布置如图 3-10（b）所示，消火栓布置间距可按式（3-4）计算：

$$S_2 = \sqrt{R^2 - b^2} \tag{3-4}$$

式中　S_2——单排消火栓 2 股水柱时的消火栓间距，m。

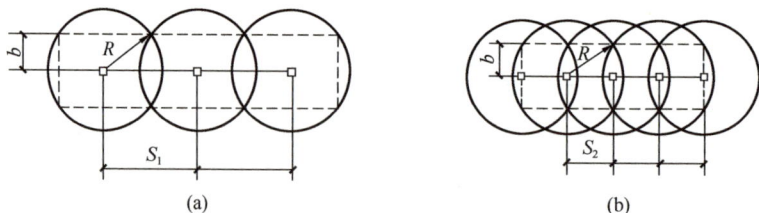

图 3-10　消火栓布置间距

（a）单排 1 股水柱到达室内任何一点；（b）单排 2 股水柱到达室内任何一点

4. 消防给水管道的布置

室内消防给水管道的布置，要保证消防用水的安全可靠性，应符合下列要求：

（1）室内消火栓系统管网应布置成环状，当室外消火栓设计流量不大于 20L/s（但建筑高度超过 50m 的住宅除外），且室内消火栓不超过 10 个时，可布置成枝状。

3-3

建筑室内消火栓系统管道的布置与敷设

（2）当由室外生产生活消防合用系统直接供水时，合用系统除应满足室外消防给水设计流量以及生产和生活最大小时设计流量的要求外，还应满足室内消防给水系统的设计流量和压力要求。

（3）室内消防管道管径应根据系统设计流量、流速和压力要求经计算确定；室内消火栓竖管管径应根据竖管最低流量经计算确定，但不应小于 $DN100$。

（4）消防给水管道的设计流速不宜大于 $2.5m/s$，自动喷水灭火系统管道设计流速应符合有关规定，但任何消防管道的给水流速不应大于 $7m/s$。

任务 3.3　室内消火栓给水系统的水力计算

任务目标

能依据规范查出所设计建筑的室内消防用水量与所要求使用的水枪数量、每根竖管的最小流量，求出水枪设计水量和水压，确定各管段流量与管径；能通过计算水枪喷嘴的压力与水带的水头损失求得消火栓口所需的水压，最后计算系统所需的水压，水池、水箱的容积和水泵的参数。

3-4

建筑室内消火栓给水系统水力计算

一、室内消火栓设计流量

室内消火栓设计流量，应根据建筑物的用途功能、体积、高度、耐火极限、火灾危险性等因素综合确定。

建筑物室内消火栓设计流量不应小于表 3-3 的规定。

表 3-3　建筑物室内消火栓设计流量

建筑物名称		高度 h(m)、体积 V(m³)、座位数 n(个)、火灾危险性		消火栓设计流量(L/s)	同时使用消防水枪数(支)	每根竖管最小流量(L/s)
工业建筑	厂房	$h \leqslant 24$	甲、乙、丁、戊	10	2	10
			丙	20	4	15
		$24 < h \leqslant 50$	乙、丁、戊	25	5	15
			丙	30	6	15
		$h > 50$	乙、丁、戊	30	6	15
			丙	40	8	15
	仓库	$h \leqslant 24$	甲、乙、丁、戊	10	2	10
			丙	20	4	15
		$h > 24$	丁、戊	30	6	15
			丙	40	8	15

续表

建筑物名称			高度 h(m)、体积 V(m³)、座位数 n(个)、火灾危险性	消火栓设计流量(L/s)	同时使用消防水枪数(支)	每根竖管最小流量(L/s)
民用建筑	单层及多层	科研楼、试验楼	$V \leqslant 10000$	10	2	10
			$V > 10000$	15	3	10
		车站、码头、机场的候车（船、机）楼和展览建筑（包括博物馆）等	$5000 < V \leqslant 25000$	10	2	10
			$25000 < V \leqslant 50000$	15	3	10
			$V > 50000$	20	4	15
		剧场、电影院、会堂、礼堂、体育馆等	$800 < n \leqslant 1200$	10	2	10
			$1200 < n \leqslant 5000$	15	3	10
			$5000 < n \leqslant 10000$	20	4	15
			$n > 10000$	30	6	15
		旅馆	$5000 < V \leqslant 10000$	10	2	10
			$10000 < V \leqslant 25000$	15	3	10
			$V > 25000$	20	4	15
		商店、图书馆、档案馆等	$5000 < V \leqslant 10000$	15	3	10
			$10000 < V \leqslant 25000$	25	5	15
			$V > 25000$	40	8	15
		病房楼、门诊楼等	$5000 < V \leqslant 25000$	10	2	10
			$V > 25000$	15	3	10
		办公楼、教学楼等其他建筑	$V > 10000$	15	3	10
		住宅	$21 < h \leqslant 27$	5	2	5
	高层	住宅 普通	$27 < h \leqslant 54$	10	2	10
			$h > 54$	20	4	10
		二类公共建筑	$h \leqslant 50$	20	4	10
			$h > 50$	30	6	15
		一类公共建筑	$h \leqslant 50$	30	6	15
			$h > 50$	40	8	15
国家级文物保护单位的重点砖木或木结构的古建筑			$V \leqslant 10000$	20	4	10
			$V > 10000$	25	5	15
汽车库/修车库（独立）				10	2	10
地下建筑			$V \leqslant 5000$	10	2	10
			$5000 < V \leqslant 10000$	20	4	15
			$10000 < V \leqslant 25000$	30	6	15
			$V > 25000$	40	8	20

建筑物名称		高度 h(m)、体积 V(m³)、座位数 n(个)、火灾危险性	消火栓设计流量(L/s)	同时使用消防水枪数(支)	每根竖管最小流量(L/s)
人防工程	展览厅、影院、剧场、礼堂、健身体育场所等	$V\leqslant1000$	5	1	5
		$1000<V\leqslant2500$	10	2	10
		$V>2500$	15	3	10
	商场、餐厅、旅馆、医院等	$V\leqslant5000$	5	1	5
		$5000<V\leqslant10000$	10	2	10
		$10000<V\leqslant25000$	15	3	10
		$V>25000$	20	4	10
	丙、丁、戊类生产车间、自行车库	$V\leqslant2500$	5	1	5
		$V>2500$	10	2	10
	丙、丁、戊类物品库房、图书资料档案库	$V\leqslant3000$	5	1	5
		$V>3000$	10	2	10

注：1. 丁、戊类高层厂房（仓库）室内消火栓的设计流量可按本表减少10L/s，同时使用消防水枪数量可按本表减少2支；

2. 当高层民用建筑高度不超过50m，室内消火栓用水量超过20L/s，且设有自动喷水灭火系统时，其室内外消防用水量可按本表减少5L/s；

3. 消防软管卷盘、轻便消防水龙及多层住宅楼梯间中的干式消防竖管，其消防给水设计流量可不计入室内消防给水设计流量。

二、消火栓管网的水力计算

1. 消火栓栓口所需的水压和水带水头损失

消火栓栓口所需水压按下式计算：

$$H_{xh}=H_q+h_d+H_k=A_dL_dq_{xh}^2+\frac{q_{xh}^2}{B}+H_k \qquad (3\text{-}5)$$

式中　H_{xh}——消火栓栓口的压力，kPa；

　　H_q——水枪喷嘴处的压力，$H_q=10\times\dfrac{q_{xh}^2}{B}$，kPa；

　　h_d——水带的水头损失，$h_d=10\times A_dL_dq_{xh}^2$，kPa；

　　H_k——消火栓栓口水头损失，可按20kPa计算；

　　A_d——水带的比阻，见表3-4；

　　L_d——水带的长度，m；

　　q_{xh}——水枪喷嘴射出的流量，L/s，见表3-5；

　　B——水枪水流特性系数，见表3-6。

表3-4　水带比阻

水带材料	水带直径(mm)		
	50	65	80
麻织	0.01501	0.00430	0.00150
衬胶	0.00677	0.00172	0.00075

表 3-5 $H_m - H_q - q_{xh}$ 技术数据

充实水柱 H_m(m)	水枪喷口直径(mm)					
	13		16		19	
	H_q(mH$_2$O)	q_{xh}(L/s)	H_q(mH$_2$O)	q_{xh}(L/s)	H_q(mH$_2$O)	q_{xh}(L/s)
6	8.1	1.7	7.8	2.5	7.7	3.5
8	11.2	2.0	10.7	2.9	10.4	4.1
10	14.9	2.3	14.1	3.3	13.6	4.5
12	19.1	2.6	17.7	3.8	16.9	5.2
14	23.9	2.9	21.8	4.2	20.5	5.7
16	29.7	3.2	26.5	4.6	24.7	6.2

注：1mH$_2$O＝9.8kPa。

表 3-6 水枪水流特性系数

水枪喷口直径(mm)	13	16	19	22	25
B	0.346	0.793	1.577	2.843	4.727

2. 消防管网水力计算

室内消防管网的水力计算可把消火栓管网简化成枝状管网来计算，在保证最不利点消火栓所需的消防流量和水枪所需的充实水柱的基础上确定管网的流量、管径及管路的水头损失，计算或校核消防水箱的设置高度，选择消防水泵。

（1）流量计算

消火栓系统的供水量按室内消火栓系统用水量达到设计秒流量时计算，当消防用水与其他用水合用系统时，其他用水达到最大流量时，应仍能供应全部消防用水量，淋浴用水量按计算用水量的 15% 计算，洗刷用水量可不计算在内。

系统的立管流量分配对于多层和高层建筑可按表 3-7 确定，但不得小于表 3-3 竖管最小流量规定。

表 3-7 消防立管流量分配

底层建筑				高层建筑			
室内消防流量=同时使用水枪支数×每支流量(L/s)	消防立管出水枪数(支)			室内消防流量=同时使用水枪支数×每支流量(L/s)	消防立管出水枪数(支)		
	最不利立管	次不利立管	第三不利立管		最不利立管	次不利立管	第三不利立管
5＝1×5	1						
5＝2×2.5	2						
10＝2×5	2			10＝2×5	2		
15＝3×5	2	1					
20＝4×5(1)	2	2		20＝4×5	2	2	
20＝4×5(2)	3	1					
25＝5×5	3	2					
30＝5×6	3	2		30＝6×5	3	3	
40＝5×8	3	3	2	40＝8×5	3	3	2

系统的横干管流量应为消火栓用水量。

（2）水头损失计算

消火栓管网的水头损失计算同给水管网的水力计算方法相同，但由于消防用水的特殊性，立管的上下管径不变，管道的局部水头损失可按沿程水头损失的 $10\%\sim20\%$ 计算，管道的流速不宜大于 2.5m/s。

室内消防给水管道的直径应通过计算确定。当计算出来的竖管直径小于 100mm 时，仍应采用 100mm。

（3）消防水池的有效容积

1）当市政给水管网能保证室外消防用水量时，消防水池的有效容积应满足在火灾持续时间内室内消防用水量要求。

2）当市政给水管网不能保证室外消防用水量时，消防水池的有效容积应能满足在火灾持续时间内室内消防用水量和室外消防用水量不足部分之和的要求。计算公式如下：

$$V_f = 3.6(Q_f - Q_L) \cdot T_x \tag{3-6}$$

式中　V_f——消防水池的有效容积，m^3；

　　　Q_f——室内消防用水量与室外给水管网不能保证的室外消防用水量不足部分之和，L/s；

　　　Q_L——市政管网可连续补水量，L/s；

　　　T_x——火灾持续时间，h。

各类建筑物的火灾持续时间如下：

居住区、工厂和戊类仓库的火灾持续时间按 2h 计算；甲、乙、丙类物品仓库、可燃气体储罐和煤、焦炭露天堆场的火灾持续时间应按 3h 计算；易燃、可燃材料露天、半露天堆场（不包括煤、焦炭露天堆场）应按 6h 计算；商业楼、展览馆、综合楼、一类建筑的财贸金融楼、图书馆、书库、重要的档案楼、科研楼和高级旅馆的火灾持续时间应按 3h 计算，其他按 2h 计算；自动喷水灭火系统按 1h 计算。

【案例导入 3-1】厂房室外消火栓用水量 30L/s，室内消火栓用水量 20L/s，火灾延续时间 3h；自动喷水灭火系统（全保护）用水量 30L/s，火灾延续时间 1h。宿舍室外消火栓用水量 25L/s，室内消火栓用水量 15L/s，火灾延续时间 2h。试设计消防水池容积。

【解】室内消防用水储存在消防水池内，消防水池采用一路消防供水，不考虑火灾时补水，消防水池容积如下确定：

本多层厂房设置有喷淋系统全保护，因此室内消火栓用水量可减少 50%，厂房一次灭火室内消防用水量：

$$V_1 = 20 \times 50\% \times 3.6 \times 3 + 30 \times 3.6 \times 1 = 216\text{m}^3$$

宿舍一次灭火室内消防用水量：

$$V_2 = 15 \times 3.6 \times 2 = 108\text{m}^3$$

消防水池有效容积取最大值，选为 216m^3。

（4）消防水箱的有效容积和设置要求

根据《消防给水及消火栓系统技术规范》GB 50974—2014，消防水箱的有效容积不用计算，直接套用下面相关规定的最小有效容积。

临时高压消防给水系统的高位消防水箱的有效容积应满足初期火灾消防用水量的要求，并应符合下列规定：

1）一类高层公共建筑不应小于 $36m^3$，但当建筑高度大于 100m 时不应小于 $50m^3$，当建筑高度大于 150m 时不应小于 $100m^3$。

2）多层公共建筑、二类高层公共建筑和一类高层居住建筑不应小于 $18m^3$，当一类住宅建筑高度超过 100m 时不应小于 $36m^3$。

3）二类高层住宅不应小于 $12m^3$。

4）建筑高度大于 21m 的多层住宅建筑不应小于 $6m^3$。

5）工业建筑室内消防给水设计流量当小于等于 25L/s 时不应小于 $12m^3$，大于 25L/s 时不应小于 $18m^3$。

6）总建筑面积大于 $10000m^2$ 且小于 $30000m^2$ 的商店建筑不应小于 $36m^3$，总建筑面积大于 $30000m^2$ 的商店不应小于 $50m^3$，当与上面的 1）规定不一致时应取其较大值。

高位消防水箱的设置位置应高于其所服务的水灭火设施，且最低有效水位应满足水灭火设施最不利点处的静水压力，并应符合下列规定：

1）一类高层民用公共建筑不应低于 0.10MPa，但当建筑高度超过 100m 时不应低于 0.15MPa。

2）高层住宅、二类高层公共建筑、多层民用建筑不应低于 0.07MPa，多层住宅确有困难时可适当降低。

3）工业建筑不应低于 0.10MPa。

4）当市政供水管网的供水能力在满足生产生活最大小时用水量后，仍能满足初期火灾所需的消防流量和压力时，可由市政给水系统直接供水，并应在进水管处设置倒流防止器，系统的最高处应设置自动排气阀。

5）自动喷水灭火系统等自动水灭火系统应根据喷头灭火需求压力确定，但最小不应小于 0.10MPa。

6）当高位消防水箱不能满足 1）～5）的静压要求时，应设稳压泵。

三、消火栓给水系统计算实例

【案例导入 3-2】有一栋 16 层高层塔式民用住宅楼，住宅楼层高 2.8m，考虑暖气走管，8 层和 6 层层高取 3.1m，室内外高差取 1.2m。每层 9 户，建筑面积为 $720m^2$。试设计室内消防给水系统。

1. 消防管的设置

该建筑为建筑高度≤54m 的普通住宅，属于二类民用高层建筑。由于每层住宅多于 8户，建筑面积超过 $650m^2$，故楼内至少设 2 条消防竖管。结合楼内平面布置，根据应保证同层相邻两个消火栓的水枪的充实水柱能同时达到被保护范围内的任何部位的规定，楼内每层平面设 2 条消防立管，同时在消防电梯前室另设 1 条消防立管，全楼共设 3 条消火栓消防立管。其消火栓消防给水系统如图 3-11 所示。

市政给水管网水压不能直接供至建筑物的最高处，所以在楼外与其他高层住宅楼一起设立区域集中临时高压消防给水系统，并在楼内设屋顶消防水箱。发生火灾后，在使用消火栓的同时，由消火栓水泵进水管上设置的压力开关或屋面消防水箱出水管上设置的流量开关直接启动消防泵，续供 10min 以后的消防用水。

2. 屋顶水箱的设计与计算

（1）水箱的容积：对于二类高层建筑，水箱的有效容积取 $12m^3$。

（2）水箱的设置高度：根据"当建筑物高度不超过 100m 时，高层住宅最不利点消火栓静水压力不应低于 0.07MPa"的规定，水箱箱底的设置高度取：43.4+7.0=50.4m。

3. 消火栓及管网的计算

（1）底层消火栓所承受的静水压力为 50.4-1.10=49.30m＜100m，因此该消火栓系统可不分区。

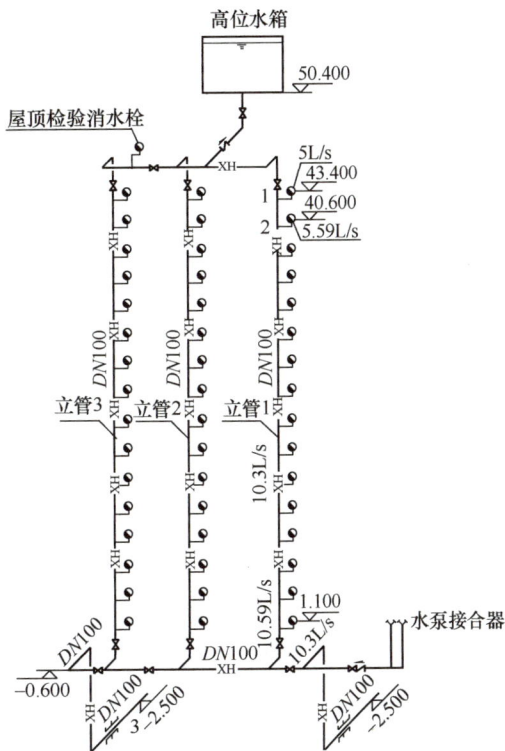

图 3-11 消火栓消防给水系统计算简图

（2）最不利点消火栓栓口的压力计算：设图 3-11 中 3 点为消防用水入口，那么立管 1 的顶层 1 号消火栓为最不利点；室内消火栓选用 SN65 型、水枪为 QZ19、衬胶水带 $DN65$ 长 25m，根据规范规定，1 号消火栓水枪充实水柱应按 13m 计算，查表 3-5，水枪喷嘴处的压力为 $20.5mH_2O=0.20MPa$，水枪流量为 5.7L/s，因此要提高压力，增大水枪流量 q_{xh} 至 5.7L/s；根据式（3-5）计算 1 号消火栓栓口最低水压，查表 3-4，$A_d=0.00172$，查表 3-6，$B=1.577$，水带长 $L_d=25m$。则：

$$H_{xh}=A_d L_d q_{xh}^2+\frac{q_{xh}^2}{B}+H_k$$

$$=10\times0.00172\times25\times5.7^2+\frac{10\times5.7^2}{1.577}+20$$

$$=239.99kPa=0.24MPa$$

所以 1 号消火栓栓口最低压力为 0.24MPa，现规范规定消火栓栓口动水压力为 0.35MPa。

（3）消防给水管网管径的确定：查表 3-3，楼内消火栓消防用水量为 10L/s。立管上出水枪数为 2 支。虽然对于用水量 10L/s，选用 $DN80$ 钢管即可（流速=2.01m/s），但根据规范规定高层建筑室内消防立管管径不应小于 100mm，故消防给水管及立管都选用 $DN100$ 钢管。

（4）消防给水管网入口压力计算：在图 3-11 系统图中，消防用水从 3 点供水时，16 层 1 号消火栓为最不利点。

该处的压力为 $H_1=350kPa$，流量 5.7L/s。

15 层 2 号消火栓的压力 H_2 应等于 $H_1 +$（层高 2.8m）+（15～16 层的消防竖管的水头损失）。

$DN100$ 钢管，当 $q_1 = 5.7$L/s 时，查附录 2-2 得 $i = 0.0955$kPa/m，则 15～16 层的消防竖管水头损失为：

$$0.0955 \times (1 + 20\%) \times 2.8 = 0.32 \text{kPa}$$

$$H_2 = 350 + 28 + 0.32 = 378.32 \text{kPa}$$

15 层消火栓的消防出水量为：

$$H_{xh} = A_d L_d q_{xh}^2 + \frac{q_{xh}^2}{B} + H_k$$

$$q_2 = \sqrt{\frac{H_{xh} - H_k}{A_d L_d + \frac{1}{B}}} = \sqrt{\frac{378.32 - 20}{0.00172 \times 10 \times 25 + \frac{10}{1.577}}} = 7.28 \text{L/s}$$

2 点与 3 点之间的流量：$q = q_1 + q_2 = 5.7 + 7.28 = 12.98$L/s，$DN100$ 钢管，每米管长损失 $i = 0.451$kPa/m，管长 65.5m。则 2～3 点之间水头损失为：

$$65.5 \times 0.451 \times (1 + 20\%) = 35.4 \text{kPa}$$

消防给水管网入口 3 点所需水压为：

$$[434 - (-25)] + 350 + (0.25 + 35.4) = 845 \text{kPa}$$

从以上计算可知，16 层消火栓栓口动水压力为 350kPa；15 层消火栓栓口压力为 378kPa。同理，14 层消火栓处的压力应等于 $H_2 +$（层高 2.8）+（14～15 层）消防立管的水头损失，应为：

$$378 + 28 + 2.8 \times (1 + 20\%) \times 0.451 = 408 \text{kPa}$$

同理，计算出从 13～1 层的消火栓栓口动水压力。各消火栓的剩余压力即为动水压力减去保证消火栓流量为 5L/s 时栓口的水压为 350kPa。则 1～5 层的消火栓动水压力会超过 500kPa，有必要设置减压装置，可采用减压稳压型消火栓。

（5）水泵接合器的选定：楼内消火栓消防用水量为 10L/s，每个水泵接合器的流量为 10～15L/s，故选用 1 个水泵接合器即可，采用外墙墙壁式，型号为 SQB 型，$DN100$。

任务 3.4 自动喷水灭火系统认知

任务目标

能够熟悉自动喷水灭火系统的分类、适用场合，能够掌握湿式自动喷水灭火系统及湿式报警阀组的工作原理，能够熟悉自动喷水灭火系统的组成及作用。

自动喷水灭火系统由洒水喷头、报警阀组、水流报警装置（水流指示器或压力开关）等组件，以及管道、供水设施组成，并能在发生火灾时喷水的自动灭火系统。

自动喷水灭火系统是当今世界在人们生活、生产和社会活动的各个主要场所中普遍采用的一种固定灭火设备，具有灭火效率高、不污染环境、寿命长、经济适用、维护简便等优点。

3-5

建筑室内自动喷水给水（灭火）系统的分类及组成

一、自动喷水灭火系统分类

根据喷头的开闭状态，可分为闭式系统和开式系统两类。采用闭式洒水喷头的为闭式系统；采用开式洒水喷头的为开式系统。

闭式自动喷水灭火系统采用闭式喷头，平时处于关闭状态，系统相对用水量较少，造成的水渍损失也比较小。

开式自动喷水灭火系统采用开式喷头，处于常开状态，出水量大，灭火及时。

1. 闭式自动喷水灭火系统

闭式系统的类型较多，基本类型包括湿式、干式、预作用及重复启闭预作用系统等。用量最多的是湿式系统。在已安装的自动喷水灭火系统中，有 70％以上为湿式系统。

（1）湿式自动喷水灭火系统

火灾发生时，闭式喷头破裂，水由喷头喷出，阀后压力下降使湿式报警阀开启，湿式报警阀发出声音报警信号，同时输出电报警信号，启动消防水泵，消防水泵给系统加压供水，进行灭火。湿式自动喷水灭火系统如图 3-12 所示，湿式自动喷水灭火系统原理如图 3-13 所示。

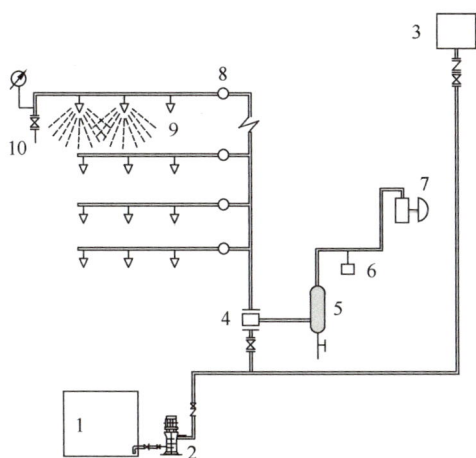

图 3-12　湿式自动喷水灭火系统示意图

1—水池；2—水泵；3—水箱；4—湿式报警阀；
5—延迟器；6—压力开关；7—水力警铃；
8—水流指示器；9—闭式喷头；10—试验装置

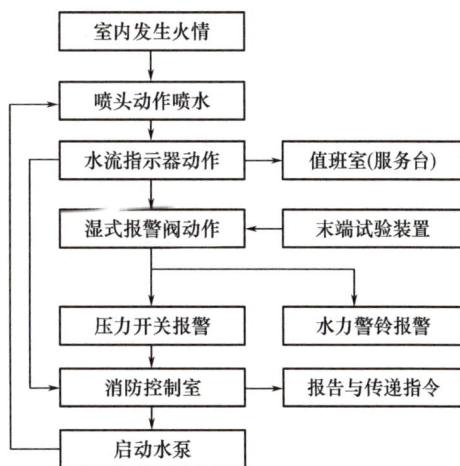

图 3-13　湿式自动喷水灭火系统原理框图

湿式自动喷水灭火系统使用可靠，灭火速度快，控制率高。系统简单，施工、管理方便，比较经济实用。但由于管网中充满压力水，当渗漏时会损坏建筑装饰和影响建筑的使用。适用于环境温度不低于 4℃和不高于 70℃的建筑物或场所，是使用最多的自动喷水灭火系统。

（2）干式喷水灭火系统

该系统是由闭式喷头、管道系统、干式报警阀、报警装置、充气设备、排气设备和供

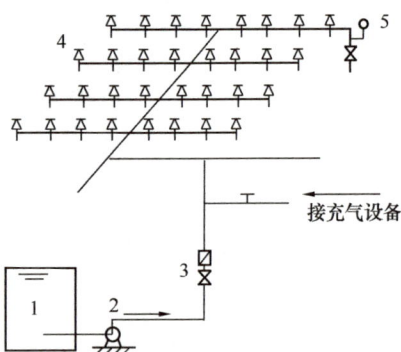

图 3-14 干式自动喷水灭火系统

1—水池；2—水泵；3—总控制阀；
4—闭式喷头；5—末端试水装置

水设备等组成，如图 3-14 所示。

为了满足寒冷和高温场所安装自动灭火系统的需要，是在湿式系统的基础上发展起来的。其管路和喷头内平时没有水，只处于充气状态，故称之为干式系统或干管系统。干式喷水灭火系统的主要特点是在报警阀之后的管路内无水，不怕冻结，不怕环境温度高。因此该系统适用于环境温度低于 4℃ 和高于 70℃ 的建筑物和场所。

干式喷水灭火系统与湿式喷水灭火系统相比，因增加一套充气设备，且要求管网内的气压要经常保持在一定范围内，因此管理比较复杂，投资较大。在喷水灭火速度上不如湿式系统快。

（3）预作用喷水灭火系统

该系统的喷水管网中平时不充水，而充以有压或无压的气体。发生火灾时，由感烟（或感温、感光）火灾探测器报警，同时发出信号开启报警信号，报警信号延迟 30s 证实无误后，自动启动预作用阀门向喷水管网中自动充水。当火灾温度继续上升，闭式喷头的闭锁装置脱落，喷头即自动喷水灭火，如图 3-15 所示，适用于室温低于 4℃ 高于 70℃ 或不允许有水渍损失的建筑物和构筑物。

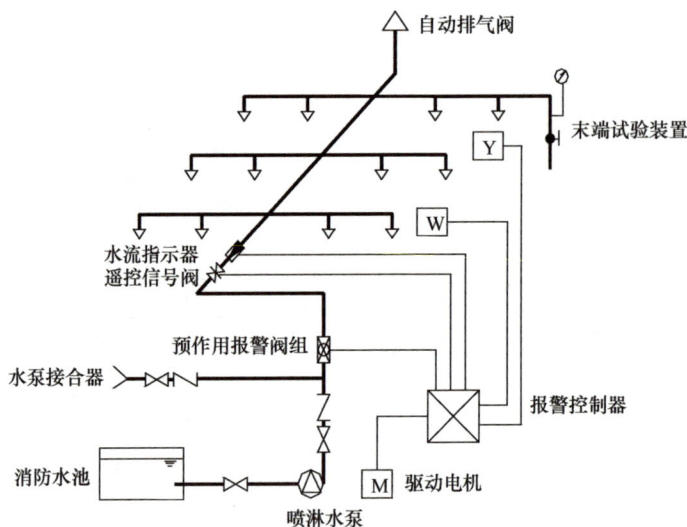

图 3-15 预作用喷水灭火系统

2. 开式自动喷水灭火系统

开式系统按其喷水方式的不同分为雨淋喷水灭火系统、水幕灭火系统、水喷雾灭火系统。

（1）雨淋喷水灭火系统

雨淋喷水灭火系统是由火灾探测系统、开式喷头、传动装置、喷水管网、雨淋阀等组成。

发生火灾时，探测器启动，并向控制柜发出报警信号。控制柜接到信号后，经过确认，发出指令，打开雨淋阀，使整个保护区内的开式喷头喷水冷却或灭火；同时，压力开关和水力警铃以声光警报作反馈指示（图 3-16）。

雨淋喷水灭火系统反应迅速、能大面积地喷水灭火，因此降温和灭火效果均十分显著；但其自动控制部分需有很高的可靠性，不允许误动作或不动作。

《建筑防火通用规范》GB 55037—2022 规定，下列建筑或部位应设置雨淋灭火系统：

1）火柴厂的氯酸钾压碾车间。

2）建筑面积大于 100m² 且生产或使用硝化棉、喷漆棉、火胶棉、赛璐珞胶片、硝化纤维的场所。

3）乒乓球厂的轧坯、切片、磨球、分球检验部位。

4）建筑面积大于 60m² 或储存量大于 2t 的硝化棉、喷漆棉、火胶棉、赛璐珞胶片、硝化纤维库房。

5）日装瓶数量大于 3000 瓶的液化石油气储配站的灌瓶间、实瓶库。

6）特等和甲等剧场的舞台葡萄架下部，座位数大于 1500 个的乙等剧场的舞台葡萄架下部，座位数大于 2000 个的会堂或礼堂的舞台葡萄架下部。

7）建筑面积大于或等于 400m² 的演播室，建筑面积大于或等于 500m² 的电影摄影棚。

（2）水幕灭火系统

水幕是由水滴或水雾组成的阻火幕帘。水幕系统不具备直接灭火的能力，一般情况下与防火卷帘或防火幕配合使用，起到防止火灾蔓延的作用。

（3）水喷雾灭火系统

水喷雾灭火系统利用水喷雾喷头把水粉碎成细小的水雾滴之后喷射到正在燃烧的物质表面，通过表面冷却、窒息以及乳化、稀释的同时作用实现灭火。

由于水喷雾具有多种灭火机理，使其具有适用范围广的优点，不仅可以提高扑灭固体火灾的灭火效率，同时由于水雾具有不会造成液体火飞溅、电气绝缘性好的特点，在扑灭可燃液体火灾、电气火灾中均得到了广泛的应用，如飞机发动机试验台、各类电气设备、石油加工储存场所等（图 3-17）。

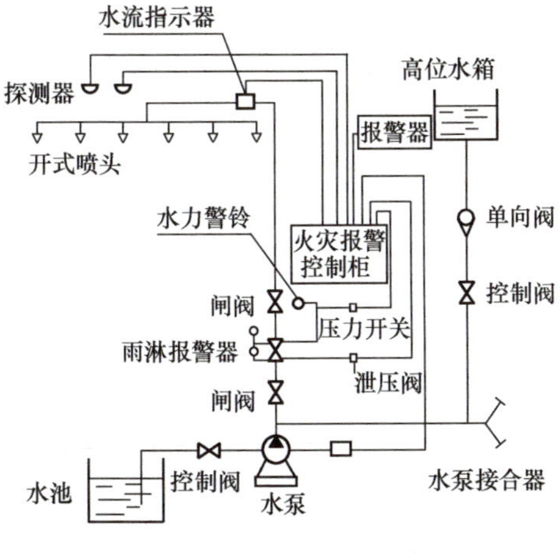

图 3-16　雨淋喷水灭火系统

图 3-17　水喷雾灭火在电气火灾中的应用实例

水喷雾灭火系统有固定式和移动式两种装置。固定式水喷雾灭火系统一般由高压给水设备、控制阀、水雾喷头、火灾探测自动控制系统等组成。

二、自动喷水灭火系统组成

1. 喷头

喷头是自喷系统的关键部件，当环境温度达到规定值时，能自动打开控制器喷水灭火。目前主要有闭式喷头、开式喷头和特殊喷头三类，各用于不同场所。

（1）闭式喷头

闭式喷头由喷水口、感温释放机构和溅水盘等组成。正常情况下，闭式喷头的喷水口由感温元件组成的释放机构封闭。当温度达到喷头的公称动作温度范围时，感温元件动作，释放机构脱落，喷头开启。

1）闭式喷头按感温元件可分为易熔合金闭式喷头（图3-18a）、玻璃球闭式喷头（图3-18b）。

2）按溅水盘形式分，根据喷头的应用范围不同有直立型喷头（图3-18a）、下垂型喷头（图3-18b）、边墙型喷头（图3-18c）、吊顶型喷头（图3-18d）等。

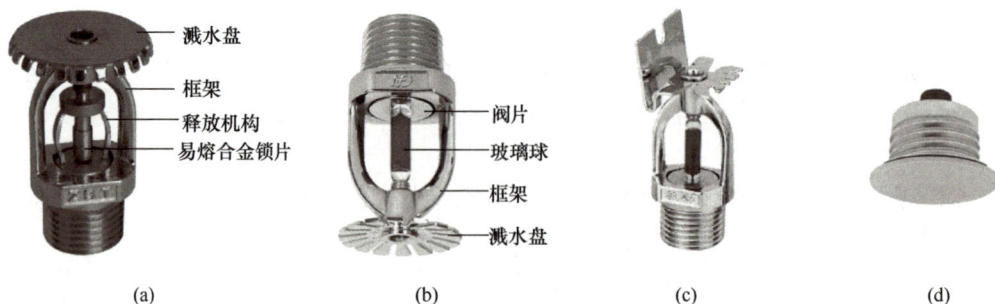

图 3-18 闭式喷头类型

（a）直立型易熔合金喷头；（b）下垂型玻璃球喷头；（c）边墙型喷头；（d）吊顶型喷头

3）按感温级别分，在不同环境温度场所内设置喷头时，喷头公称动作温度应比环境最高温度高30℃左右。各种喷头动作温度和色标，见表3-8。

表3-8 喷头的动作温度和色标

类别	公称动作温度（℃）	色标	接管直径 DN（mm）	最高环境温度（℃）	连接形式
易熔合金喷头	55～77	本色	15		螺纹
	79～107	白色	15	42	螺纹
	121～149	蓝色	15	68	螺纹
	163～191	红色	15	112	螺纹
玻璃球喷头	57	橙色	15	27	螺纹
	68	红色	15	38	螺纹
	79	黄色	15	49	螺纹
	93	绿色	15	63	螺纹
	141	蓝色	15	111	螺纹
	182	紫红色	15	152	螺纹

按特殊用途和结构划分还有自动启闭洒水喷头、快速反应洒水喷头、大水滴洒水喷头、扩大覆盖面洒水喷头和汽水喷头等特殊喷头。

（2）开式喷头

开式喷头无感温元件也无密封组件，喷水动作由阀门控制。工程上常用的开式喷头有开启式、水幕式及喷雾式三种。

1）开启式洒水喷头。这种喷头就是无释放机构的洒水喷头，与闭式喷头的区别在于没有感温元件及密封组件。它常用于雨淋灭火系统，如图 3-19（a）所示。

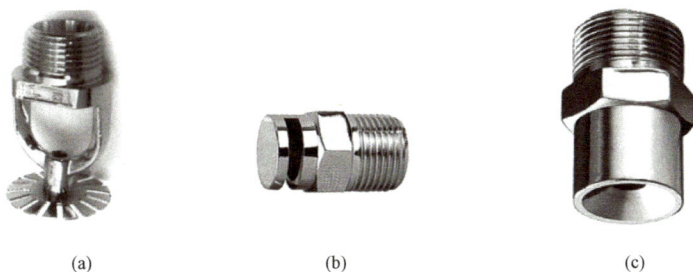

（a）　　　　　　　　　　　　（b）　　　　　　　　　　　　（c）

图 3-19　开式喷头类型

（a）开启式洒水喷头；（b）水幕喷头；（c）喷雾喷头

2）水幕喷头。这种喷头喷出的水呈均匀的水帘状，起阻火、隔火作用，如图 3-19（b）所示。

3）喷雾喷头。这种喷头喷出水滴细小，其喷洒水的总面积比一般的洒水喷头大几倍，因吸热面积大，冷却作用强，同时由于水雾受热汽化形成的大量水蒸气对火焰也有窒息作用。喷雾喷头主要用于水雾灭火系统，如图 3-19（c）所示。

2. 报警阀

发生火灾时，随着闭式喷头的开启喷水，报警阀也自动开启发出水流信号报警，其报警装置有水力警铃和电动报警器两种。前者用水力推动打响警铃，后者用水压启动压力继电器或水流指示器发出报警信号。

（1）湿式报警阀组（充水式报警阀）

1）湿式报警阀组主要包括：湿式报警阀、延时器、压力开关、水力警铃、水源控制阀和压力表等。

2）湿式报警阀组的工作原理如图 3-20 所示。湿式报警阀装置长期处于伺应状态，系统侧充满工作压力的水，自动喷水灭火系统控制区内发生火警时，系统管网上的闭式洒水喷头中的热敏感元件受热爆破自动喷水，湿式报警阀系统侧压力下降，在压差的作用下，阀瓣自动开启，供水侧的水流入系统侧对管网补水，整个管网处于自动喷水灭火状态。同时，少部分水通过座圈上的小孔流向延迟器和水力警铃，在一定压力和流量的情况下，水力警铃发出报警声响，压力开关将压力信号转换成电信号，启动消防水泵和辅助灭火设备进行补水灭火，装有水流指示器的管网也随之动作，输出电信号，使系统控制终端及时发现火灾发生的区域，达到自动喷水灭火和报警的目的。

（2）干式报警阀（充气式报警阀）

充气式报警阀适用于在干式自动喷水灭火系统立管上安装。

71

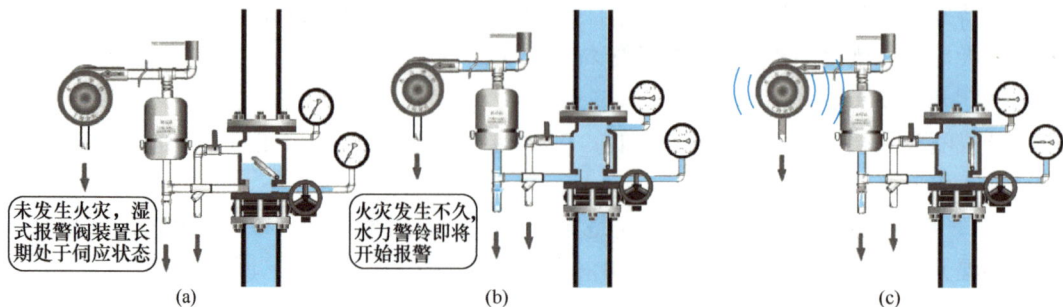

图 3-20 湿式报警阀工作原理

（a）未发生火灾；（b）火灾发生不久；（c）火灾持续中

（3）预作用阀

一般将雨淋阀出水口上端接配一套同规格的湿式报警阀构成一套预作用系统。

（4）水流指示器

1）水流指示器由膜片组件、调节螺钉、延迟电路、微动开关及连接部件等组成。

2）工作原理：当湿式报警阀灭火系统中的某区发生火警使洒水喷头感温玻璃球胀破后开启灭火，配水管中水流推动叶片通过膜片组件使微动开关闭合，导通有关电路，一般都装有延迟功能确定水流有效后给出水流信号，传至报警控制器显示出该分区火警信号，如图 3-21 所示。

（5）水流动作阀

可用于任何自动喷水灭火系统，火灾时喷头开启，喷水管道内水流动，引起阀板动作发出电信号。

（6）末端试水装置

为了检验报警阀水流指示器等在某个喷头作用下是否正常工作，自动喷水灭火系统在管网末端设置试水装置，末端试水装置由试水阀、压力表以及试水接头组成，如图 3-22 所示。

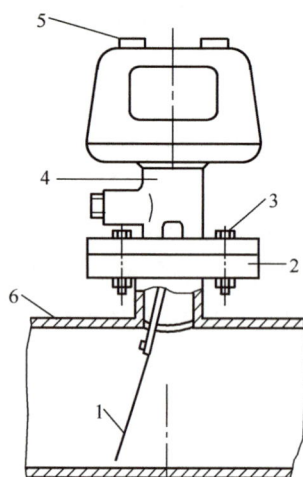

图 3-21 桨式水流指示器

1—桨片；2—法兰底座；3—螺栓；4—本体；
5—接线孔；6—喷水管道

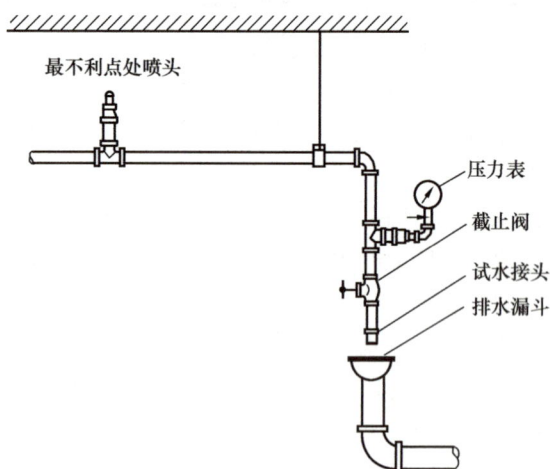

图 3-22 末端试水装置

（7）信号蝶阀控制阀

该阀门一般放在各报警阀入水口下端。具有开启速度快、密封性能好（密封垫为防水橡胶）等特点，并还特别设计了驱动装置和安装了信号控制盒，当阀门开启和关闭时均能发出报警信号。控制阀的电信号装置应连接到消防控制中心。

（8）火灾探测器

火灾探测器接到火灾信号后，能通过电气自控装置进行报警和启动消防设备。火灾探测器有感烟式、感温式、火焰探测器和可燃气体探测器。

（9）管网：自动喷水灭火系统的给水管网由引入管、配水立管、配水干管、配水管和配水支管组成（图 3-23）。配水干管、配水管应做红色或红色环圈标识。

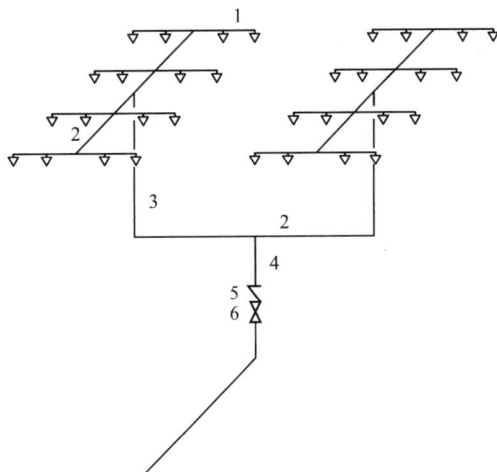

图 3-23　自动喷水灭火系统管段名称
1—配水支管；2—配水干管；3—立管；
4—总干管；5—报警阀；6—信号阀

任务 3.5　自动喷水灭火系统的设计计算

任务目标

能够熟悉自动喷水灭火系统的水力计算步骤，完成水力计算。

一、火灾危险等级

自动喷水灭火系统设置场所的火灾危险等级，是根据建筑物的用途、容纳物品的火灾荷载及室内空间条件等因素，在分析火灾特点和热气流驱动喷头开放、喷水到位的难易程度以及疏散和外部增援条件后划分的。设置场所的火灾危险等级划分见表 3-9。

表 3-9　设置场所火灾危险等级划分表

火灾危险等级		设置场所举例
轻危险级		建筑高度为 24m 及以下的旅馆、办公楼
中危险级	Ⅰ 级	(1)高层民用建筑：旅馆、办公楼、综合楼、邮政楼、金融楼 (2)公共建筑(含单、多、高层)：医院、疗养院、图书馆、档案馆、影视院、音乐厅、礼堂等 (3)文化遗产建筑：木结构古建筑、国家文物保护单位 (4)工业建筑：食品、家用电器、玻璃制品等
	Ⅱ 级	(1)民用建筑：书库、舞台、汽车停车场等 (2)工业建筑：棉毛麻丝及化纤纺织、织物及织品、谷物加工、烟草、饮用酒、皮革制品厂、造纸及纸制品、制药等

续表

火灾危险等级		设置场所举例
严重危险级	Ⅰ级	印刷厂、酒精制品、可燃液体制品厂等
	Ⅱ级	易燃液体喷雾操作区、固体易燃物品、可燃气溶胶制品、溶剂、油漆、沥青制品厂等
仓库危险级	Ⅰ级	食品、烟酒、木箱纸箱包装的不燃难燃物品、仓库式商场的货架
	Ⅱ级	木材、纸、皮革、谷物及制品、棉毛麻丝化纤制品、电缆、B组塑料与橡胶及其制品
	Ⅲ级	A组塑料与橡胶及其制品、沥青制品等

二、喷头布置

1. 喷头的布置原则

喷头的布置原则是使被保护房间、场所的任何部位发生火灾时都受到设计喷水强度的喷头保护。该原则包括以下几个方面的含义：

（1）喷头应布置在顶板或吊顶下易于接触到火灾热气流的部位，使喷头的热敏元件在最短时间内受热动作。

（2）使喷头的洒水能够均匀分布，不出现未被覆盖的空白，也不出现过多的重复覆盖面积。

（3）按规定处理障碍物的遮挡，若满足不了与障碍物的距离要求，应增设喷头，补偿因喷头的洒水受阻挡而不能到位灭火的水量。

3-6

建筑室内自动喷水给水（灭火）系统给水管道布置与敷设

2. 喷头的间距

喷头的布置形式有正方形、长方形和菱形三种形式，如图3-24所示。

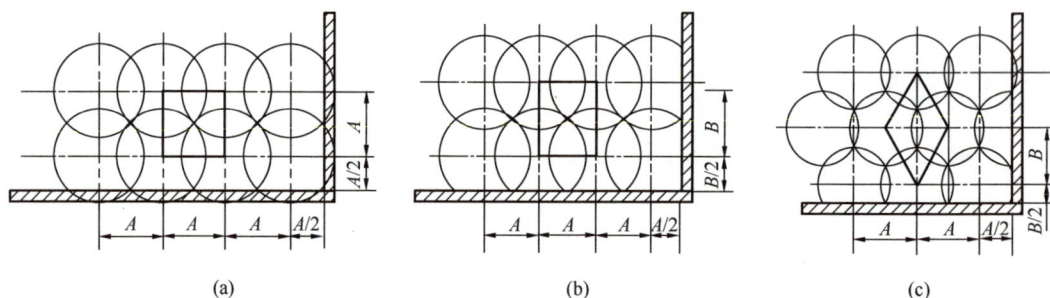

图3-24　喷头的布置形式
（a）正方形布置；（b）长方形布置；（c）菱形布置

（1）正方形布置（图3-24a）时喷头间距为：

$$A = 2R \cdot \cos45° \tag{3-7}$$

（2）长方形布置（图3-24b）时喷头间距为：

$$\sqrt{A^2 + B^2} \leqslant 2R \tag{3-8}$$

（3）菱形布置（图3-24c）时喷头间距为：

$$A = 4R \cdot \cos30° \cdot \sin30° \tag{3-9}$$

$$B = 2R \cdot \cos30° \cdot \cos30°$$

式中　A、B ——不同方向上喷头的布置间距，m；

R——喷头的最大保护半径，m。

直立型、下垂型喷头的布置，包括同一根配水管上的喷头的间距及相邻配水支管的间距，应根据不同的火灾危险等级、系统的喷水强度、喷头的流量系数和工作压力确定，并不应大于表 3-10 规定，且不宜小于 2.4m。其布置形式可采用正方形、长方形或菱形。

表 3-10　同一根配水支管上喷头的间距及相邻配水支管的间距

喷水强度 [L/(min·m²)]	正方形布置的边长 (m)	矩形或平行四边形布置 的长边边长(m)	一支喷头的最大 保护面积(m²)	喷头与墙端的最大 距离(m)
4	4.4	4.5	20.0	2.2
6	3.6	4.0	12.5	1.8
8	3.4	3.6	11.5	1.7
≥12	3.0	3.6	9.0	1.5

注：1. 仅在走道内设置单排喷头的闭式系统，其喷头间距应按走道地面不留漏喷空白点确定；
　　2. 喷头强度大于 8L/(min·m²) 时，宜采用流量系数 $K > 80$ 的喷头；
　　3. 货架内喷头的间距不应小于 2m，并不大于 3m。

除吊顶型喷头及吊顶下安装的喷头外，直立型、下垂型标准喷头，其溅水盘与顶板的距离不应小于 75mm，且不应大于 150mm。

净空高度大于 800mm 的闷顶和技术夹层内有可燃物时，应设喷头；当局部场所设置自动喷水灭火系统时，与相邻不设自动喷水灭火系统场所连通的走道或连通开口的外侧，应设喷头。

装饰通透性吊顶的场所，喷头应布置在顶板下；顶板或吊顶为斜面时，喷头应垂直于斜面，并应按斜面距离确定喷头间距；尖屋顶的屋脊处应设一排喷头。喷水溅水盘至屋脊的垂直距离，屋顶坡度不小于 1/3 时，不应大于 0.8m；屋顶坡度小于 1/3 时，不应大于 0.6m。

边墙型标准喷头的最大保护跨度与间距，应符合表 3-11 的规定。

表 3-11　边墙型标准喷头的最大保护跨度与间距（m）

设置场所火灾危险等级	轻微等级	中危险级 I 级
配水支管上喷头的最大间距	3.6	3.0
单排喷头的最大保护跨度	3.6	3.0
两排相对喷头的最大保护跨度	7.2	6.0

注：1. 两排相对喷头应交错布置；
　　2. 室内跨度大于两排相对喷头的最大保护跨度时，应在两排相对喷头中间增设一排喷头。

边墙型扩展覆盖喷头的最大保护跨度、配水支管上的喷头间距、喷头与两侧端墙的距离，应按喷头工作压力下能够喷湿对面墙和邻近墙距溅水盘 1.2m 高度下的墙面的规定设计。

直立式边墙型喷头，其溅水盘与顶板之间的距离不应小于 100mm，且不宜大于 150mm，与背墙的距离不应小于 50mm，且不应大于 100mm。

水平式边墙型喷头溅水盘与顶板的距离不应小于 150mm，且不应大于 300mm。

防火分隔水幕的喷头布置，应保证水幕的宽度不小于 6m。采用水幕喷头时，喷头不应少于 3 排；采用开式喷头洒水时，喷头不应少于 2 排。防护冷却水幕的喷头宜布置成单排。

喷头与其他障碍物的距离见《自动喷水灭火系统设计规范》GB 50084—2017。

三、管道的布置

1. 管道布置

湿式自动喷水灭火系统报警阀前的供水干管可布置成环状管网与枝状管网。环状管网的一条进水管发生故障时，另一条进水管仍能保证全部自喷系统的水量和水压。枝状管网的一条进水管发生故障时，此管网无法正常供水。当自动喷水灭火系统中设有两个及以上报警阀组时，报警阀前应设置成环状管网。

报警阀后的管网可分为枝状管网、环状管网和格栅状管网。一般轻危险级采用枝状管网，中危险级采用环状，严重危险级采用环状及格栅状。报警阀前可采用枝状、环状，报警阀后可采用枝状、环状和格栅状。

为了控制配水支管的长度避免水头损失过大，配水支管控制的标准喷头数不应超过表 3-12 的规定。

表 3-12　轻危险级、中危险级场所中配水支管、配水管控制的标准喷头数

公称直径(mm)	控制的标准喷头数（只）	
	轻危险级	中危险级
25	1	1
32	3	3
40	5	4
50	10	8
65	48	12
80		32
100		64

湿式自动喷水灭火系统配水管道工作压力不应大于 1.2MPa，不应设置其他用水设施。配水管道的布置应使配水管入口的压力平衡，轻危险级、中危险级场所中各配水管入口处压力均不大于 0.04MPa。

配水管道应采用内外壁热镀锌钢管。当报警阀入口前管道采用内壁不防腐的钢管时，应在该管道的末端设过滤器。管道的连接，应采用卡槽式连接（卡箍），或丝扣、法兰连接。报警阀前采用内壁不防腐钢管时，可焊接连接。

2. 组件的布置

自动喷水灭火系统的水平管道应有不小于 0.2% 的坡度，坡向泄水阀。

系统中需要减静压的区段，可设减压阀；需要减动压的区段宜设减压孔板或节流管。系统中的立管顶部应设置自动排气阀。

自动喷水灭火系统在每个报警阀组的最不利点喷头处，应设置末端试水装置，末端试水装置的出水应采用孔口出流的方式排入排水管道。其他防火分区、楼层的最不利点喷头处均应设置直径 25mm 的试水阀。

规范规定除报警阀组控制的喷头只保护不超过防火分区面积的同层场所外，每个防火分区、每个楼层、每个不同功能区的区域均应设置水流指示器。水流指示器应安装在便于

检修的地点。报警阀组应设置在经常有人通行的地点。为了便于报警阀的日常维护和检修，报警阀前应有 1.2m 的空间，侧面应有 0.6m 的间距，距地面高度宜为 1.2m，报警阀附近应有排水管道。当报警阀服务于不同楼层时，其系统的最低喷头和最高喷头的高度差不应大于 50m。连接报警阀进出口的控制阀宜采用信号阀，湿式自动喷水灭火系统一个报警阀组控制的喷头数不宜超过 800 个，干式系统不宜超过 500 个。

　　水力警铃的工作压力不应小于 0.05MPa，并应设在有人值班的地点附近；水力警铃与报警阀连接的管道，其管径应为 20mm，总长不宜大于 20m。

四、水力计算

　　闭式自动喷水灭火系统的水力计算的目的与消火栓系统相同，但采用的基本数据和计算方法不同。

3-7

建筑室内自动
喷水灭火系统
水力计算

1. 水量与水压

　　闭式自动喷水灭火系统的设计水量与水压应保证建筑物的最不利点喷头有足够的喷水强度，以有效地扑灭火灾。各危险等级的建筑物的设计喷水强度、作用面积和喷头设计压力见表 3-13。

表 3-13　民用建筑和工业厂房的自动喷水灭火系统设计基本参数

火灾危险等级		喷水强度[L/(min·m²)]	作用面积(m²)	喷头工作压力(MPa)
轻危险级		4	160	0.10
中危险级	Ⅰ级	6	160	0.10
	Ⅱ级	8	160	0.10
严重危险级	Ⅰ级	12	260	0.10
	Ⅱ级	16	260	0.10

注：1. 系统最不利点处的工作压力，不应低于 0.05MPa；
　　2. 仅在走道设置单排喷头的闭式系统的作用面积按最大疏散距离对应的走道面积确定；
　　3. 消防用水量＝（设计喷水强度/60）×作用面积；
　　4. 作用面积指一次火灾中系统按喷水强度保护的最大面积。

2. 喷头出水量

　　喷头的出水量与喷头处的水压有关，其计算公式如下：

$$q = K\sqrt{10P} \tag{3-10}$$

式中　q——喷头出水量，L/min，见表 3-14；

　　　K——喷头流量特性系数，标准玻璃球喷头 $K=80$；

　　　P——喷头的工作压力，MPa。

表 3-14　玻璃球喷头各种水压下喷头的出水量

喷头工作压力(×10⁴Pa)	4.90	5.88	5.93	6.37	6.86	7.35	7.84	8.33	8.82	9.31	
喷头出水量(L/min)	56.57	61.97	62.22	64.50	66.92	69.28	71.55	73.76	75.89	77.69	
喷头工作压力(×10⁴Pa)	9.80	10.29	10.78	11.27	11.76	12.25	12.74	13.23	13.72	14.21	14.70
喷头出水量(L/min)	80.00	81.98	83.90	85.79	87.64	89.44	91.21	92.95	94.66	96.33	97.98

3. 系统的设计流量

系统的设计流量，应保证任意作用面积内的平均喷水强度不低于表 3-13 的规定值。最不利点处作用面积内任意 4 个喷头范围内的平均喷水强度，轻危险级、中危险级不应低于表 3-13 规定的 85%；严重危险级不应低于表 3-13 的规定。按最不利点处作用面积内喷头的总流量计算，其计算公式如下：

$$Q_s = \frac{1}{60}\sum_{i=1}^{N} q_i \tag{3-11}$$

式中　Q_s——系统的设计流量，L/s；

　　　q_i——最不利点作用面积内各喷头节点的流量，L/min；

　　　N——最不利点作用面积内的喷头数。

在自动喷水灭火系统计算管网流量中，由于各喷头的出流量不同，故其水力计算不同于给水。轻、中危险级可按作用面积法计算，其假定作用面积内各喷头出水量相等，即将作用面积内各喷头均按最不利点喷头的出水量（按表 3-13、表 3-14 和式 3-10 确定，标准玻璃球喷头在 0.01MPa 工作压力下的喷头出水量为 1.33L/s）计算。

严重危险级应按特性系数法进行水力计算，即作用面积内各喷头出水量按实际喷头处工作压力下的喷头出水量计算，计算步骤如下：

（1）假定最不利点喷头 1 号处水压为 P_1，求出该喷头流量为：

$$q_1 = K\sqrt{10P_1}$$

（2）以此流量求喷头 1 号与后面 2 号喷头之间的 1～2 管段水头损失 h_{1-2}，喷头 2 号处压力为 $P_2 = P_1 + h_{1-2}$，则喷头 2 号处的流量为 $q_2 = K\sqrt{10(P_1 + h_{1-2})}$。

（3）以 1 号、2 号两个喷头流量之和为喷头 2 号与后面 3 号喷头之间 2～3 管段的管段流量，求得 2～3 管段的水头损失 h_{2-3}，喷头 3 号处的流量为 $q_3 = K\sqrt{10(P_2 + h_{2-3})}$，以此类推，计算作用面积内所有喷头和管段流量及压力损失。

（4）当有分支喷头时，从分支末端喷头计算到同一节点的压力将小于从最不利点喷头 1 号计算而来的节点压力，则低压方向（分支管段）上的管段流量应按下式修正：

$$\frac{P_1}{P_2} = \frac{Q_1^2}{Q_2^2}, \qquad Q_2 = Q_1\sqrt{\frac{P_2}{P_1}} \tag{3-12}$$

式中　P_1——低压方向（分支管段）的管段计算至此点的压力，MPa；

　　　P_2——最不利点喷头计算至此点的压力（高压方向，即主计算管段），MPa；

　　　Q_1——低压方向（分支管段）的管段计算至此点的流量，L/s；

　　　Q_2——所求低压方向（分支管路）的管段实际流量（修正后流量），L/s。

4. 管道的水头损失计算

管道内的水流速度，宜采用经济流速，一般不大于 5m/s，必要时可超过 5m/s，但不应大于 10m/s。

（1）管道的沿程水头损失，可按下式计算：

$$h = i \cdot L \tag{3-13}$$

式中　h——沿程水头损失，MPa；

　　　i——管道单位长度的水头损失，MPa/m；

L——计算管道长度，m。

对水力计算表中无法查到的高速管道可按式（3-9）计算。

（2）管道的局部水头损失宜按表 3-15 用当量长度法计算，或按沿程水头损失的 20%取用。

表 3-15　阀门与螺纹钢管管件当量长度表

管件名称	管件直径(mm)								
	25	32	40	50	70	80	100	125	150
45°弯头	0.3	0.3	0.6	0.6	0.9	1.2	1.2	1.5	2.1
90°弯头	0.6	0.9	1.2	1.5	1.8	2.1	3.1	3.7	4.3
三通、四通	1.5	1.8	2.4	3.1	3.7	4.6	6.1	7.6	9.2
异径接头	32—25	40—32	50—40	70—50	80—70	100—80	125—100	150—125	200—150
	0.2	0.3	0.3	0.5	0.6	0.8	1.1	1.3	1.6
蝶阀				1.8	2.1	3.1	3.7	2.7	3.1
闸阀				0.3	0.3	0.3	0.6	0.6	0.9
止回阀	1.5	2.1	2.7	3.4	4.3	4.9	6.7	8.3	9.8

5. 系统所需的水压

水泵的扬程或系统入口的供水压力按下式计算

$$H = H_1 + H_2 + H_3 + H_p \tag{3-14}$$

式中　H——自动喷水灭火系统所需水压，MPa；

　　　H_1——最不利点处喷头与消防水箱的最低水位或系统入口管的高程差，MPa，当系统入口或消防水池最低水位高于最不利点处喷头时，应取负值；

　　　H_2——计算管路总水头损失，MPa；

　　　H_3——最不利点处喷头的工作压力，MPa；

　　　H_p——湿式报警阀和水流指示器的水头损失，取 0.02MPa。

五、水力计算步骤

自动喷水灭火系统的水力计算，可按下述步骤进行：

（1）在管网系统图上，选定最不利区，并根据建筑物的危险等级确定喷头的作用面积及选出最不利计算管路。水力计算确定的作用面积宜为矩形，其长边应平行于配水支管，其长度不宜小于作用面积平方根的 1.2 倍。

（2）在假定所选最不利区喷头全部开放的情况下，计算出各个洒水喷头及各管段的流量。要求在整个作用面积内的消防用水量为规定消防用水量的 1.15～1.3 倍，否则可扩大计算范围。当满足要求时，以后管段计算流量不再增加。在求得各管段流量的同时，管网管径一般可根据其所负担的喷头数直接按表 3-12 选定，管网各管段中流速不宜大于 5m/s，否则应进行适当调整。在确定管段的直径后可计算出各管段的水头损失。

（3）确定系统所需水压，可按式（3-14）求得。

（4）选择增压设备并确定贮水设备容器。

消防泵的选择应根据消防用水量及所需水压来进行。

消防贮水池容积不小于 1h 自动喷洒水量。火灾时连续进水时，水池容积可减去连续补充的水量。

若设有消防水箱时，其容积按不小于 10min 消防用水量计算。

任务 3.6　灭火器及其配置

任务目标

能够熟悉灭火器的种类，能够掌握各种灭火器的适用场合，能够完成灭火器的配置计算。

一、灭火器的型号和种类

灭火器是一种可携式灭火工具。灭火器内放置化学物品，用以救灭火灾。灭火器通常存放在公众场所或可能发生火灾的地方，不同种类的灭火器内装填的成分不一样，是专为不同的火警而设的。在建筑物内正确选择灭火器的类型，确定灭火器的配置规格与数量，合理定位及设置灭火器，保证足够的灭火能力，并注意定期检查和维护灭火器，就能在被保护场所着火时，迅速地用灭火器扑灭初起小火，减少火灾损失，保障人身和财产安全。

灭火器的种类很多，按其移动方式可分为手提式和推车式；按驱动灭火剂的动力来源可分为贮气瓶式、贮压式、化学反应式；按所充装的灭火剂则又可分为泡沫、干粉、卤代烷、二氧化碳、清水等灭火器。

灭火器的型号由类、组、特征代号和主要参数四部分组成。其中类、组、特征代号是用有代表性的汉字拼音字母的字头表示，主要参数是指灭火器中灭火剂的充装量和单位，单位用"kg"或"L"。如图 3-25 所示。

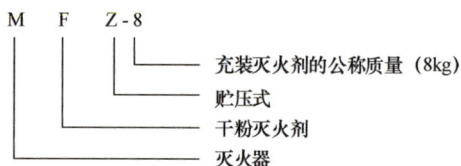

图 3-25　灭火器的型号

1. 干粉灭火器

干粉灭火器是利用二氧化碳气体或氮气作动力，将瓶内的干粉喷出灭火的灭火器。

碳酸氢钠干粉灭火器适用于易燃、可燃液体、气体及带电设备的初起火灾；磷酸铵盐干粉除可用于上述几类火灾外，还可扑救固体类物质的初起火灾。但都不能扑救金属燃烧火灾。

2. 泡沫灭火器

泡沫灭火器内有两个容器，分别盛放两种液体，它们是硫酸铝和碳酸氢钠溶液，两种溶液互不接触，不发生任何化学反应。当需要泡沫灭火器时，把灭火器倒立，两种溶液混合在一起，就会产生大量的二氧化碳气体（图 3-26）：

$$Al_2(SO_4)_3 + 6NaHCO_3 = 3Na_2SO_4 + 2Al(OH)_3 \downarrow + 6CO_2 \uparrow$$

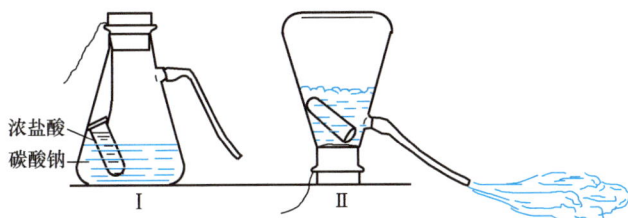

浓盐酸
碳酸钠

Ⅰ　　　　Ⅱ

图 3-26　泡沫灭火器原理

除了两种反应物外，灭火器中还加入了一些发泡剂。打开开关，泡沫从灭火器中喷出，覆盖在燃烧物品上，使燃着的物质与空气隔离，并降低温度，达到灭火的目的。

泡沫灭火器适用于扑救一般 B 类火灾，如油制品、油脂等火灾，也可适用于 A 类火灾，但不能扑救 B 类火灾中的水溶性可燃、易燃液体的火灾，如醇、酯、醚、酮等物质火灾；也不能扑救带电设备及 C 类和 D 类火灾。

3. 二氧化碳灭火器

二氧化碳具有较高的密度，约为空气的 1.5 倍。在常压下，液态的二氧化碳会立即气化，一般 1kg 的液态二氧化碳可产生约 $0.5m^3$ 的气体。因而，灭火时二氧化碳气体可以排除空气而包围在燃烧物体的表面或分布于较密闭的空间中，降低可燃物周围或防护空间内的氧浓度，产生窒息作用而灭火。另外，二氧化碳从储存容器中喷出时，会由液体迅速气化成气体，而从周围吸收部分热量，起到冷却的作用。

二氧化碳灭火器适用于扑救易燃液体及气体的初起火灾，也可扑救带电设备的火灾，常应用于实验室、计算机房、变配电所以及对精密电子仪器、贵重设备或物品维护要求较高的场所。

4. 清水灭火器

清水灭火器中的灭火剂为清水。水在常温下具有较低的黏度、较高的热稳定性、较大的密度和较高的表面张力，是一种古老而又使用范围广泛的天然灭火剂，易于获取和储存。

它主要依靠冷却和窒息作用进行灭火。因为每千克水自常温加热至沸点并完全蒸发汽化，可以吸收 2593.4kJ 的热量。因此，它利用自身吸收显热和潜热的能力发挥冷却灭火作用，是其他灭火剂所无法比拟的。此外，水被汽化后形成的水蒸气为惰性气体，且体积将膨胀 1700 倍左右，阻碍新鲜空气进入燃烧区，使燃烧区内的氧浓度大大降低，从而达到窒息灭火的目的。

5. 简易式灭火器

简易式灭火器是近几年开发的轻便型灭火器。它的特点是灭火剂充装量在 500g 以下，压力在 0.8MPa 以下，而且是一次性使用，不能再充装的小型灭火器。

简易式灭火器有 1211 灭火器、干粉灭火器、空气泡沫灭火器。简易式灭火器适用于家庭使用，简易式 1211 灭火器和简易式干粉灭火器可以扑救液化石油气灶及钢瓶上角阀或煤气灶等处的初起火灾，也能扑救火锅起火和废纸篓等固体可燃物燃烧的火灾。简易式空气泡沫灭火器适用于油锅、煤油炉、油灯和蜡烛等引起的初起火灾，也能对固体可燃物燃烧的火进行扑救。

二、灭火器的选择与配置

建筑物内灭火器的设置是为了迅速扑灭初期火灾，减少火灾损失。故规范要求建筑灭火器配备的设置场所如下：

（1）新建、改建、扩建和已建成的生产、使用、储存可燃物的各类工业与民用建筑。

（2）已安装消火栓和灭火系统（包括水喷淋、水喷雾、水幕、泡沫、干粉、卤代烷、二氧化碳、氮气、水蒸气等固定式、半固定式、悬挂式、柜箱式的有管网或无管网灭火装置）的各类建筑，仍需灭火器做早期防护。

（3）《建筑设计防火规范（2018 年版）》GB 50016—2014 允许不设室内消防给水的建筑物。

（4）有条件的 9 层及 9 层以下的用户的普通住宅，包括集体宿舍和单位公寓等同类同层建筑。

1. 灭火器的类型选择

（1）火灾危险场所可能发生的火灾种类

火灾种类分 A、B、C、D、E 五类，不同火灾种类可选用的灭火器类型见表 3-16。

表 3-16　不同火灾种类可选用的灭火器类型

火灾种类	可选用的灭火器类型
A 类:固体物质火灾	水型、磷酸铵盐干粉（即 ABC 干粉）、泡沫
B 类:液体火灾或可熔化固体物质火灾	泡沫（油类可选普通泡沫，极性溶剂如酒精、丙酮、甲醛等应选抗溶泡沫）、碳酸氢钠干粉（即 BC 干粉）、ABC 干粉、二氧化碳、灭 B 类火灾的水型
C 类:气体火灾	ABC 干粉、BC 干粉、二氧化碳
D 类:金属火灾	灭金属火灾的专用灭火器
E 类:物体带电燃烧的火灾	ABC 干粉、BC 干粉、二氧化碳（600V 以下）

注：假若带电设备在起火后或开始喷射灭火剂之前切断电源，则视为不带电火灾，可按与之同时存在的 A 或 B 类火灾进行灭火器的配置设计。

同一场所宜选用相同类型和操作方法的灭火器。同一场所可能发生不同种类的火灾时，应选用通用型灭火器。例如有 A 类和 B 类火灾危险的，应选 ABC 干粉灭火器。同一场所不能同时配置 BC 干粉灭火器和 ABC 干粉灭火器，或同时配置 BC 干粉灭火器和泡沫灭火器。因 BC 干粉和 ABC 干粉、BC 干粉和泡沫灭火剂属不相容不能共用的灭火剂，若共用则因性质相抵触，而相互抵消灭火效能。

（2）灭火器配置场所的危险等级

民用建筑灭火器配置场所的危险等级，应根据其使用性质、人员密集程度、用电用火情况、可燃物数量、火灾蔓延速度、扑救难易程度等因素，划分为严重危险级、中危险级和轻危险级。

民用建筑灭火器配置场所危险等级划分举例见附录 3-1。

（3）灭火级别和需保护面积

灭火级别是指灭火器扑灭不同种类火灾的效能，由表示灭火效能的数字和灭火种类的字母表示（如 3A、21B），数字越大，灭火能力越强，字母 A、B 分别表示扑灭火灾的种类，灭火器铭牌上都标注有灭火器的灭火级别（表 3-17）。

需保护面积是指有发生火灾的危险，需配置灭火器保护场所的面积。

表 3-17　A、B 类火灾灭火器配置场所的主要配置基准

火灾种类	A 类			B 类		
危险等级	严重危险级	中危险级	轻危险级	严重危险级	中危险级	轻危险级
每 A(或 B)最大保护面积(m²)	10	15	20	5	7.5	10
单具灭火器最小配置灭火级别	3A	2A	1A	89B	55B	21B
单位灭火级别最大保护面积 (m²/A 或 m²/B)	50	75	100	0.5	1.0	1.5
灭火器的最大保护距离(m) (手提式灭火器)	15	20	25	9	12	15

注：C 类火灾特性与 B 类火灾有所近似，C 类配置场所灭火器配置可参照 B 类配置基准执行。

单个各种规格的手提式灭火器对不同危险等级的 A 类或 B、C 类火灾场所（普通）能保护的最大面积见表 3-18。

表 3-18　单个手提式灭火器对不同危险等级的 A 类或 B、C 类火灾场所（普通）能保护的最大面积

灭火器			对 A 类火灾场所(普通)的最大保护面积(m²)		
序号	1	2	3	4	5
类型	规格(kg)	灭火级别	严重危险级	中危险级	轻危险级
ABC 干粉	1 或 2	1A	不能配 1～4kg 的，应配 5kg 或以上的	不能配 1 或 2kg 的， 应配 3kg 或以上的	100
	3 或 4	2A		150	200
	5 或 6	3A	150	225	300
	8	4A	200	300	400
	10	6A	300	450	600
			对 B、C 类火灾场所(普通)的最大保护面积(m²)		
ABC 干粉 或 BC 干粉	1 或 2	21B	不能配 1～4kg 的， 应配 5kg 或以上的	不能配 1～3kg 的， 应配 4kg 或以上的	31.5
	3	34B			51
	4	55B		55	82.5
	5 或 6	89B	44.5	89	133.5
	8 或 10	144B	72	144	216
二氧化碳	2 或 3	21B	不能配手提式的， 应配 30 或 50kg 的 推车式灭火器	不能配 2、3、5kg 的， 应配 7kg 或推车式的	31.5
	5	34B			51
	7	55B		55	82.5

（4）灭火器设置点的环境温度

灭火器设置点的环境温度对灭火器的喷射性能和安全性能均有明显影响。若环境温度过低则灭火器的喷射性能显著降低，若环境温度过高则灭火器的内压剧增，灭火器则会有

爆炸伤人的危险（表 3-19）。

表 3-19　灭火器适用温度范围

灭火器类型		适用温度范围(℃)
清水灭火器、酸碱灭火器、化学泡沫灭火器		+4~+55
干粉灭火器	贮瓶式	-10~+55
	贮压式	-20~+55
卤代烷灭火器		-20~+55
二氧化碳灭火器		-10~+55

2. 灭火器的配置计算

（1）灭火器的配置原则

1）灭火器的配置必须符合不同火灾种类和危险等级的最小配置规格要求。

2）一个灭火器配置场所内的灭火器不小于 2 具，每个设置点的灭火器不宜多于 5 具。

3）灭火器的灭火剂充装量和灭火级别是不连续的，计算时出现两种规格的计算值时，应上靠选用配置较大规格的灭火器。

4）选择灭火器的规格应考虑使用人员的体能。如钢铁厂可以选用较大规格的灭火器，纺织厂可以选用较小规格的灭火器。

（2）灭火器的配置计算

灭火器的配置计算应包括以下几个内容：计算配置场所所需灭火级别；每个灭火器设置点的灭火级别以及各计算单元、设置点实际配置灭火器灭火级别的验算。

1）灭火器配置场所计算单元所需灭火级别的计算公式如下：

$$Q = K \cdot S / U \qquad (3-15)$$

式中　Q——计算单元的最小需配灭火级别，A 或 B；

　　　S——计算单元的保护面积，m^2；

　　　U——A 类火灾或 B 类火灾的灭火器配置场所相应危险等级的灭火器配置基准，m^2/A 或 m^2/B；

　　　K——修正系数，按表 3-20 规定取值。

表 3-20　修正系数 K 值

计算单元	K
未设室内消火栓系统和灭火系统	1.0
设有消火栓系统	0.9
设有灭火系统	0.7
设有消火栓和灭火系统	0.5
可燃物露天堆垛，甲、乙、丙类液体贮罐，可燃气体贮罐	0.3

歌舞、娱乐、放映、游乐场所，网吧、商场、寺庙以及地下场所等应在上式计算结果的基础上增配 30% 的灭火器。

2）每个灭火器设置点的灭火级别计算公式如下：

$$Q_e = Q/N \tag{3-16}$$

式中 Q_e——灭火器配置场所每个设置点的灭火级别，A 或 B；

N——灭火器配置场所中设置点的数量。

3）灭火器配置单元和设置点实际配置灭火器的灭火级别验算，要使得实际配置级别高于计算要求的灭火级别。

【案例导入 3-3】某单层学生宿舍长 84m，宽 3.5m，床位 40 张，未设室内消火栓系统和灭火系统，请配置灭火器。

【解】（1）从附录 3-1 中查得属中危险级火灾场所，通常为 A 类火灾，查表 3-17，U 取 75m²/A，查表 3-20，K 取 1，则最小需配灭火级别为：

$$Q = K \cdot \frac{S}{U} = 1 \times \frac{84 \times 3.5}{75} = 3.92A$$

（2）由表 3-17 可知，A 类火灾单具灭火器最小配置灭火级别为 2A，则需配灭火器的最少个数为：

$$N = \frac{3.92A}{2A} = 1.96 = 2（取整数）$$

（3）放置点位置及数量。

按表 3-17 规定 A 类火灾中危险级场所，单具灭火器的最大保护距离为 20m，若只配 2 具满足不了要求（84m÷4＝21m＞20m），故最少应配 3 具。设 3 个放置点，将走廊三等份（每等份长 84m÷3＝28m），每等份的中间点放一具。

所以，根据附录 3-2，选 MF/ABC3 磷酸铵盐干粉灭火器，共 3 具。

复习思考题 🔍

1. 什么是火灾？火灾的必要条件有哪些？

2. 灭火的基本原理是什么？

3. 室内消火栓给水系统由哪几部分组成？消火栓的布置原则是什么？

4. 何谓充实水柱？它与建筑物的类型有什么关系？

5. 如何解决火灾初期建筑物上层水压不足问题？

6. 常用的自动喷水灭火系统有哪些种类？

7. 什么情况下应采用湿式自动喷水灭火系统，闭式系统对管网布置和主要组件的布置有什么要求？

8. 开式自动喷水灭火系统和闭式系统在系统组成上有什么不同？使用场合有什么不同？

9. 闭式自动喷水灭火系统的水力计算与给水系统的水力计算有何异同？

10. 民用建筑哪些场所需要配置灭火器？灭火器的配置是如何计算的？

11. 已知某市 12 层办公楼，室内消火栓用水量为 30L/s，室外消火栓用水量为 20L/s，市政给水管网可连续补充水量为 80m³/h，火灾延续时间为 3h，则消防水池有效容积应为多少？

项目4

建筑排水系统设计

项目目标

掌握建筑排水系统的组成和排水体制，熟悉排水管道的布置与敷设要求，熟悉建筑排水定额与水力计算方法，了解卫生器具和冲洗设备的类型与作用，了解新型单立管排水系统。

素质目标

培养学生对中国古代建筑文化的传承和保护的意识。故宫的排水系统体现了中国古代建筑师的智慧，为现代的建筑工程提供了宝贵的经验和启示，强调构建布局合理、设计完善的排水系统的重要性。

任务 4.1　建筑排水系统认知

任务目标

掌握排水系统的分类，排水体制及排水系统各部分的作用和设置要求。

4-1

建筑室内排水系统的分类及组成

一、建筑排水系统的分类

建筑内部排水系统的任务就是把室内的生活污水、工业废水和屋面雨、雪水等及时畅通无阻地排至室外排水管网或水处理构筑物，为人们提供良好的生活、生产、工作和学习环境。

建筑内部排水系统按排水的来源可分为：

1. 生活排水系统

生活排水系统是指排除民用建筑、公共建筑以及工业企业生活间的生活污废水。

（1）生活污水

生活污水一般指冲洗便器以及类似的卫生设备所排出的、含有大量粪便、纸屑、病原菌等被严重污染的水。

（2）生活废水

生活废水一般指厨房、食堂、洗衣房、浴室、盥洗室等处卫生器具所排出的洗涤废水。生活废水一般可作为中水的原水，经过适当处理作为杂用水，用于冲洗厕所、浇洒绿地、冲洗汽车等。

根据污、废水水质的不同，以及污、废水处理等情况的不同，生活排水系统又可分为生活污水排水系统和生活废水排水系统。

2. 工业废水排水系统

工业废水可分为生产污水和生产废水。

（1）生产污水

生产污水是指在生产过程中被化学杂质污染而改变了性质，按照我国环保法规，需经过技术较强的工艺处理达到国家的排放标准以后，才可回用或排放的污水。如含氰污水、含酚污水和酸、碱污水等；或被机械杂质（悬浮物及胶体物）污染的水，如滤料冲洗污水、水力除灰污水等。

（2）生产废水

生产废水是指在生产过程中形成，但未直接参与生产工艺、未被生产原料、半成品或成品污染，仅受到轻度污染或水温升高，只需经过简单处理即可循环或复用的较洁净的工业废水，如冷却废水、洗涤废水等。

3. 建筑雨水排水系统

用于排除降落在建筑物屋面的雨、雪水。一般建筑雨水排水系统需单独设置，新建小区应采用生活排水和雨水排水分流系统，以利于雨水的回收利用。

二、排水体制选择

1. 排水体制

排水体制是指污废水（生活污水、工业废水、雨水等）的收集、输送和处置的系统方式。采用一种方式对待所有污废水的体制称合流制，它只有一个排水系统，称合流系统，其排水管道称合流管道；采用不同方式对待不同性质的污废水的体制称分流制，它一般有两个排水系统。一个称为雨水系统，收集雨水和冷却水等污染程度很低的、不经过处理直接排放水体的工业废水，其管道称雨水管道。另一个称为污水系统，收集生活污水和需要处理后才能排放的工业废水，其管道称污水管道。

合流的优点是造价较低、维护费用较低，缺点是使污水处理设备处理量增加；分流的优点是水力条件较好，有利于污水和废水的处理和再利用，缺点是工程造价较高，维护费用较多。

建筑物内部排水系统也分为合流制和分流制两种。

（1）污废合流制。建筑物内的污水和废水合流后排出建筑物或排入处理构筑物。

（2）污废分流制。建筑物内的污水和废水分别设置管道系统，排出建筑物或排入处理构筑物。

选择分流制还是合流制，应综合考虑到各种因素，排放的污水、废水的性质、污染程度、污水量并结合室外市政排水系统体制、处理要求及有利于综合利用等要求合理确定。小区生活排水与雨水系统应采用分流制。

2. 建筑物内下列情况宜采用生活污水与生活废水分流的排水系统

（1）当政府有关部门要求污水、废水分流且生活污水需经化粪池处理后才能排入城镇排水管道时。

（2）生活废水需回收利用时。

3. 下列建筑排水应单独排水至水处理或回收构筑物处

（1）职工食堂、营业餐厅的厨房含有油脂的废水。

（2）洗车冲洗水。

（3）含有致病菌、放射性元素等超过排放标准的医疗、科研机构的污水。

（4）水温超过40℃的锅炉排污水。

（5）用作中水水源的生活排水。

（6）实验室有害有毒废水。

如小区或建筑物要建立中水系统，应优先采用优质生活废水，这些生活废水应用单独的排水系统收集作为中水的水源。

建筑物雨水管道应单独排出。

三、建筑排水系统的组成

建筑内部排水系统一般由污（废）水收集器、排水管道系统、通气管道系统、清通设备及某些特殊设备等部分组成（图4-1）。

1. 污（废）水收集器

污（废）水收集器包括各种卫生设备、排放生产污水的设备和雨水斗等，负责收集和

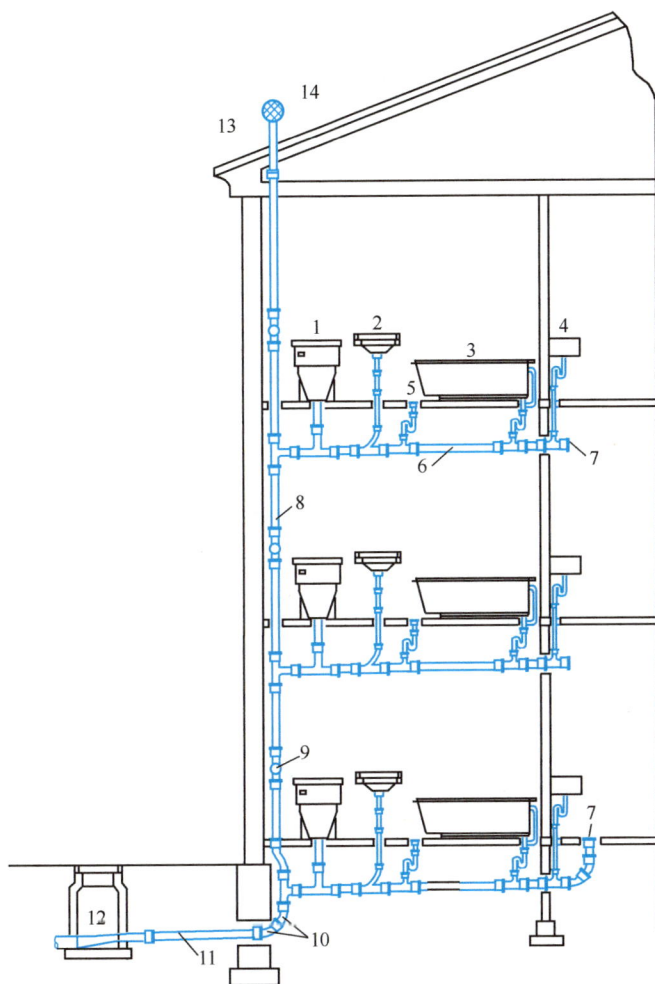

图 4-1 建筑内部排水系统的组成

1—大便器；2—洗脸盆；3—浴盆；4—洗涤盆；5—地漏；6—横支管；7—清扫口；8—立管；
9—检查口；10—45°弯头；11—排出管；12—检查井；13—通气管；14—通气帽

接纳各种污（废）水，是室内排水系统的起点。

2. 排水管道系统

排水管道系统包括器具支管、横支管、立管、排出管等。

（1）器具支管。是连接卫生器具和排水横支管之间的一段短管。大部分卫生器具的排水支管上都设有存水弯，存水弯的作用是阻止室外管网中的臭气、有害气体、害虫及鼠类通过卫生器具进入室内，以保证室内环境不受污染。

存水弯有 S 式、P 式和 U 式三类，如图 4-2 所示。

（2）横支管。是连接各卫生器具支管与立管之间的水平管道，横支管应具有一定的坡度。

（3）立管。接受各横支管流来的污水，然后再排至排出管。

（4）排出管。是室内排水立管与室外排水检查井之间的连接管段，它接受一根或几根立管流来的污水并排至室外排水管网。

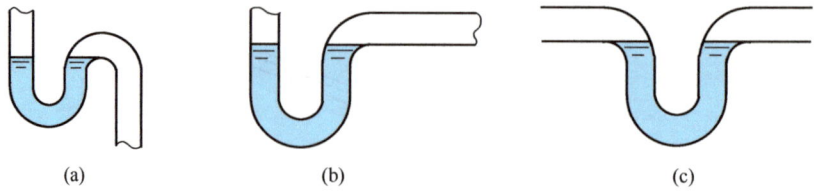

图 4-2　存水弯的种类
(a) S 式存水弯；(b) P 式存水弯；(c) U 式存水弯

3. 通气管

通气管是为了使排水系统内空气流通，压力稳定，防止水封破坏设置的与大气相通的管道。在正常的情况下，每根排水立管应延伸至屋顶之上。通气管的形式如图 4-3 所示。

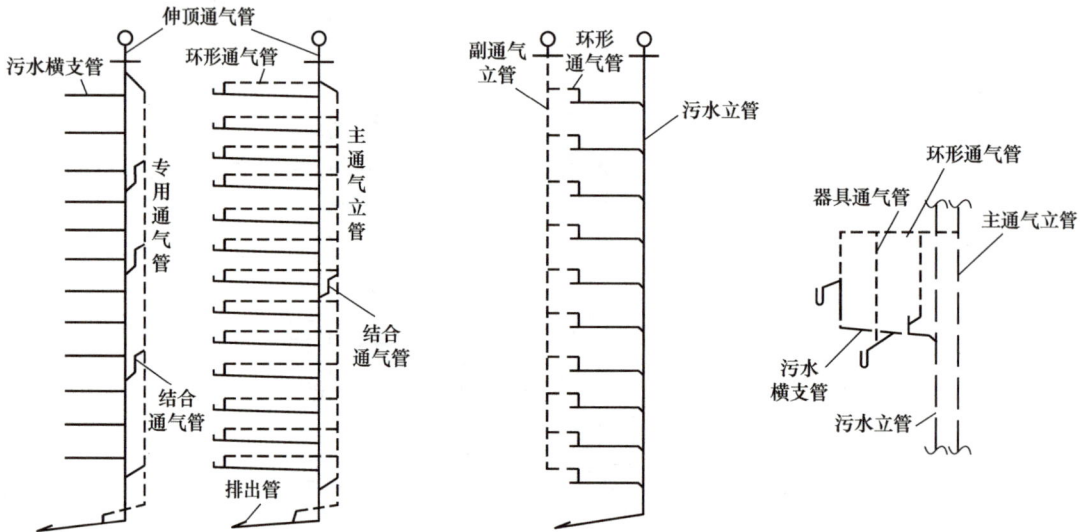

图 4-3　通气管的形式

（1）伸顶通气管：排水立管与最上层排水横支管连接处向上延伸至室外通气的管段。

（2）专用通气管：仅与排水立管连接，为排水立管内空气流通而设置的垂直通气管道。

（3）汇合通气管：连接数根通气立管或排水立管顶端通气部分，并延伸至室外接通大气的通气管段。

（4）主通气立管：设置在排水立管同侧，连接环形通气管和排水立管，为排水横支管和排水立管内空气流通而设置的垂直管道。

（5）副通气立管：设置在排水立管不同侧，仅与环形通气管连接，为使排水横支管内空气流通而设置的通气立管。

（6）环形通气管：从多个卫生器具的排水横支管上最始端的两个卫生器具之间接出至主通气立管或副通气立管的通气管段，或连接器具通气管至主通气立管或副通气立管的通气管段。

（7）器具通气管：卫生器具存水弯出口端接至环形通气管的管段。

（8）结合通气管：排水立管与通气立管的连接管段。

4. 清通设备

清通设备包括检查口、清扫口、室内检查井以及带有清扫口的管配件等，用于对排水系统进行清扫和检查，在管道出现堵塞现象时，在清通设备处疏通，保障排水畅通。有些地漏也可以具备清通设备的功能。

（1）检查口

检查口是带有可开启检查盖的配件，装设在排水立管上，作检查和清通之用（图4-4）。

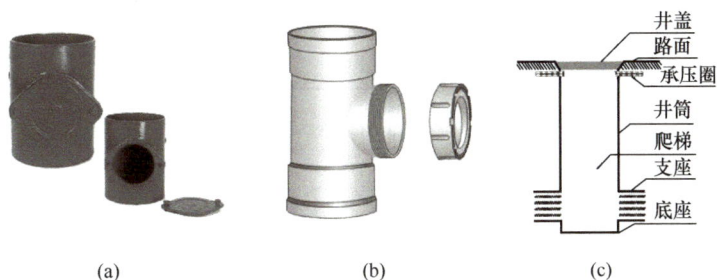

图 4-4　检查口和检查井
（a）铸铁管检查口；（b）PVC管检查口；（c）检查井结构图

（2）检查井

检查井俗称"窨井"，通常设置在埋地横干管的交汇、转弯和管径、坡度及高程变化处（图4-4c）。小区生活排水检查井宜采用塑料排水检查井。室外生活排水管道管径小于等于160mm时，检查井间距不宜大于30m；管径大于等于200mm时，检查井间距不宜大于50m。检查井的内径应根据所连接的管道管径、数量和埋设深度确定。生活排水管道的检查井内应有导流槽或顺水构造。

（3）清扫口

清扫口一般装在横管道尽头，相当于一个堵头，当管道被堵时打开清扫口，可以疏通管道（图4-5）。

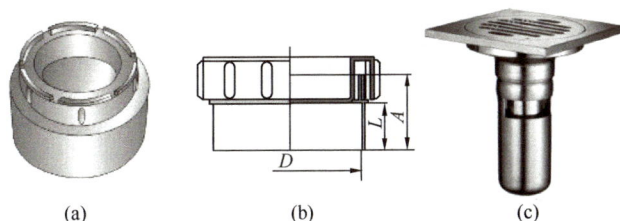

图 4-5　清扫口
（a）清扫口；（b）清扫口结构图；（c）带清扫口地漏

5. 其他设备

（1）防壅水设备

在强降雨、排水渠高水位、地下管线堵塞或由于工业企业突然排出大量的污水时，市政管网不再能容纳或不能快速排除流入的污水时，就会产生壅水。此时，完全充满的市政管道有可能将污水压入室内排出管，倒灌到地下室或室内。因此，在壅水面以下的所有排出口应该设置防壅水倒灌的装置。防壅水设备安装在污水排出口，正常情况时必须始终开启（图 4-6）。

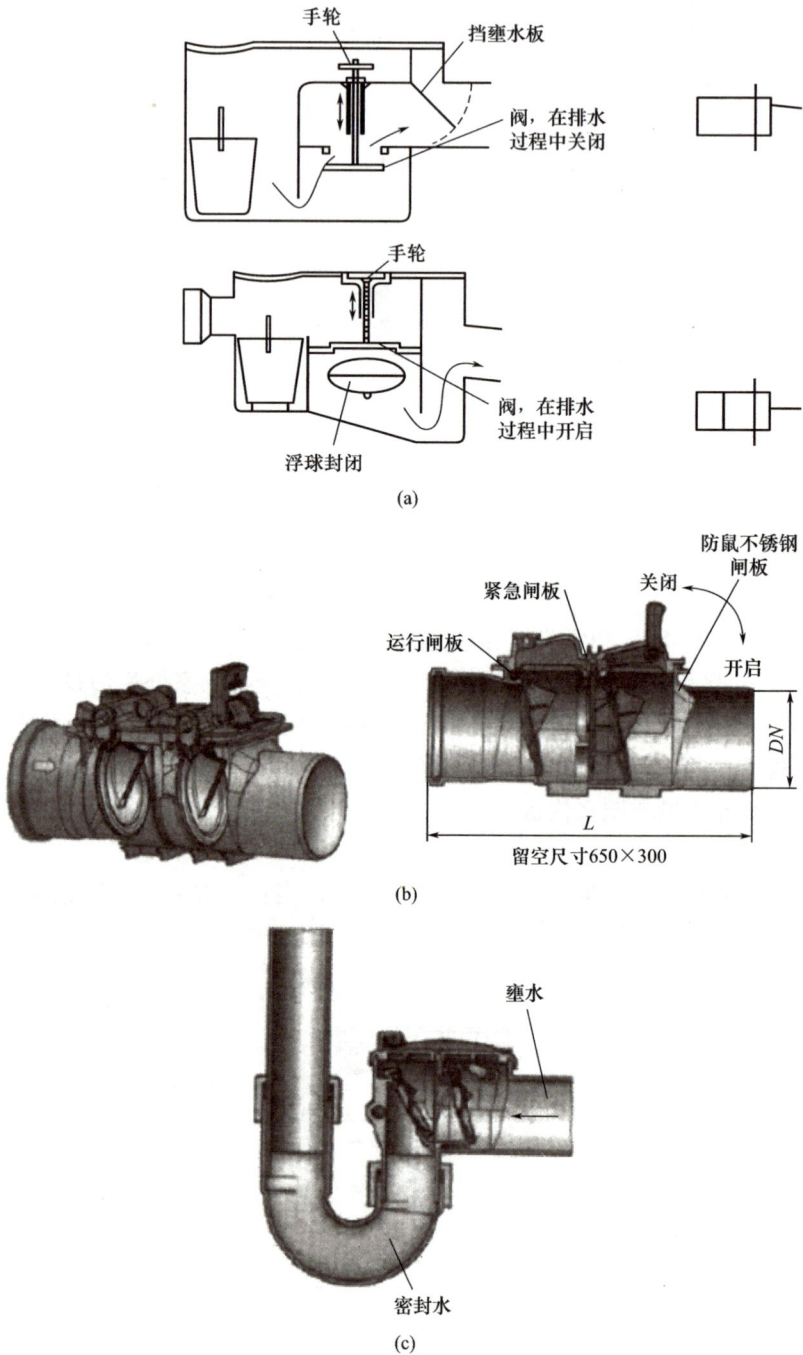

图 4-6　防壅水装置结构
（a）安装在地下室出口的防壅水装置；（b）敷设在粪便污水管道中的双闸板防壅水装置；
（c）地下室洗脸盆带防壅水装置的管式存水弯

（2）污水提升设备

地下室、人防工程、地下铁道等处常常会有若干排出口位于壅水面以下，造成污水无法自流到室外。当排水管道不能以重力自流排入市政排水管道时，应设置排水泵房。因此必须设有集水池，将这些排出口排出的污水收集起来，再通过排水泵提升到壅水面之上，然后流入总干管或地下管线（图 4-7）。

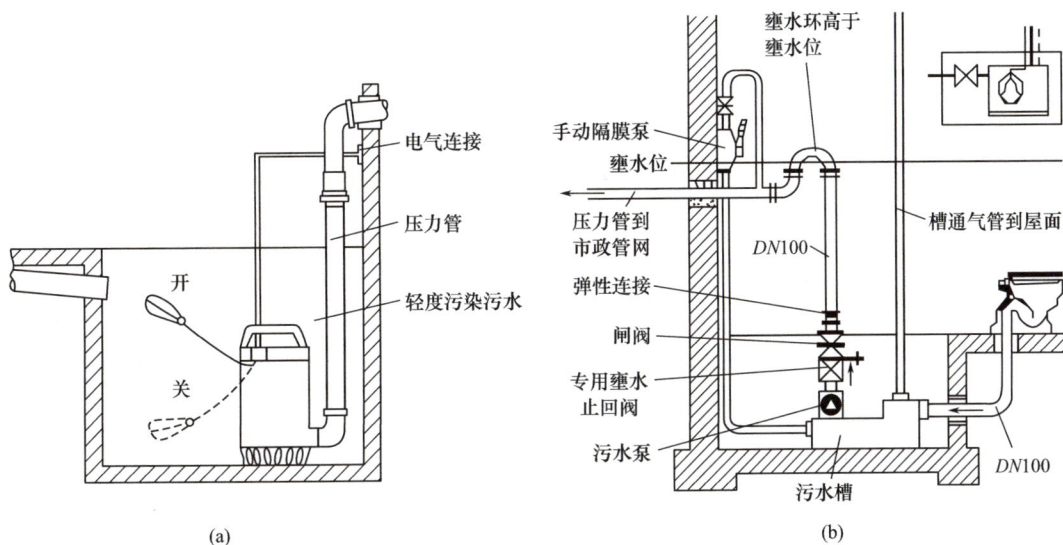

图 4-7 用于不同排水系统的成品提升设备

（a）生活废水提升设备；（b）生活污水提升设备

6. 污水局部处理构筑物

当建筑内部污水未经处理不能排入其他管道或市政排水管网和水体时，需设污水局部处理构筑物。

🔍 **知识拓展**

我国故宫排水系统

故宫的排水有明暗两套系统。明排水是通过各种排水口、吐水嘴排到周边河中；暗排水是通过地下排水道将水排到河里，这条河就是内外金水河。

故宫北高南低，形成坡度，高度差约为 1.22m，重力会让水沿斜面流下，便达到了排水的功能；故宫内所有的宫殿都设计成坡屋顶，中间高、两侧低，斜坡的屋顶分为一条条沟壑，让雨水呈直线状下落。

故宫的地面上布置了许多明沟、暗渠。每一座房屋周围都有石水沟，称之为明沟，从瓦檐滴落到地面的水大部分流入明沟，再几经辗转，经过"钱眼"流入暗沟，暗沟的设计更为复杂，埋在地下，纵横交错，干线与支线众多，贯穿各个房屋、宫殿，形成完善的排水系统。

故宫使用了青石砖，这种砖十分厚实，坚硬度很好，而且青石砖更利于雨水渗透。雨水落到地上，一部分透过青石板，被泥土吸收，另一部分顺着明沟、暗渠流涡，逐渐积累起来，流入内金水河，水经由内金水河最终排入护城河。

在故宫几百年的历史中，从未遭受过一次水患，这乃是内部精巧设计的排水系统的作用。在没有先进科技的时代，工匠们凭借着自身丰富的经验和先进的意识，才建造了如此恢宏壮丽的中国传统建筑。

任务4.2　排水管道中水气流动的物理现象认知

任务目标

了解排水管道中水、气流动的物理现象，掌握排水流动的特点、水封的作用及横管、立管中的水流状态。

一、建筑内部排水特点

建筑内部的污废水中可能含有各种固体杂质，管道内实际上是气、水、固三相流动。一般情况下，固体杂质所占的排水体积较小，为简化分析，可认为排水管道内为非满流气水两相流动。建筑内部排水管道中的水流现象复杂，排水管道系统的主要特点如下：

（1）间断排水、水量变化大，气压不稳定。

（2）流速变化剧烈。

（3）事故危害大。

排水管道的水流运动很不稳定，压力变化大，排水管中的水流物理现象对于排水管的正常工作影响很大，因此，需要深入了解建筑内部排水管道中的水气流动现象，以保证合理设计室内排水管道系统。

二、排水横管中的水流现象

排水横管包括横支管和横干管，横支管和横干管所处位置不同，管中的水流现象也不同。

1. 水封作用及破坏原因

（1）水封

水封是指弯管内存有一定高度的水，其作用是利用这一高度水的静水压力来抵抗排水管内气压变化，防止管内气体进入室内（图4-8）。

水封深度通常为50～100mm。水封深度过大，则抵抗管道内压力波动的能力强，自清作用减小，水中固体杂质不易排入排水横管；水封深度过小，则固体杂质不易沉积，抵抗管道内压力波动的能力差。卫生

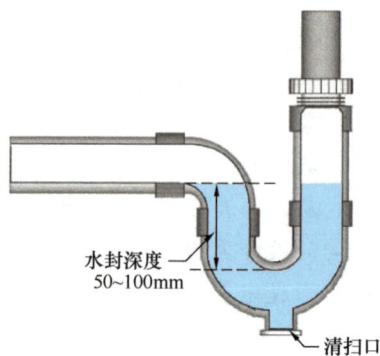

图 4-8　水封及水封深度

器具排水管段上不得重复设置水封。

（2）水封破坏

排水系统中水封是比较薄弱的环节，常常因静态和动态的原因造成存水弯内水封高度减少，不足以抵抗管道内允许的压力变化值（$\pm 25\text{mmH}_2\text{O}$），管道内气体进入室内的现象叫做水封的破坏。

水封破坏的主要原因有自虹吸破坏、负压抽吸破坏、正压喷溅破坏、毛细管破坏和蒸发破坏等，如图 4-9 所示。

1）自虹吸破坏：卫生器具在排水时由于自身的排水引起的虹吸作用，迫使存水弯的水封流出，造成水封流失现象；器具和存水弯的组合及配管不协调时，容易产生这种现象。

2）负压抽吸破坏：在靠近排水立管设置器具时，或横支管连接着几个器具时，由于其他器具的排水生成的管内负压而产生吸引作用，迫使存水弯内的水封流出的现象。

3）正压喷溅破坏：在排水立管底部附近的管内水流速度随着排水不断流入横管而急剧降低，因此在立管底部附近产生滞流，排水管内的气压急剧上升，致使立管最近的器具存水弯的水封向室内一侧喷出。

4）毛细管破坏：线头、布头、毛发等挂在存水弯溢流口处，并沿弯管向下悬垂，这样，就会产生毛细管现象，使水封遭到破坏。

5）蒸发破坏：通过蒸发潜热，液体在其表面变成蒸汽并排放到空气中的现象。卫生器具长时间不用，有时会产生自然蒸发，引起水封消失。

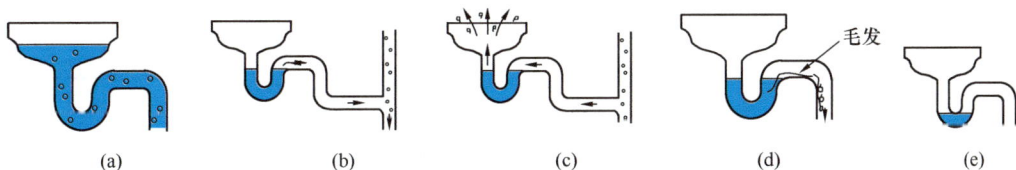

图 4-9　水封破坏现象
（a）自虹吸破坏；（b）负压抽吸破坏；（c）正压喷溅破坏；（d）毛细管破坏；（e）蒸发破坏

为了防止水封的破坏，存水弯的形式不断被改进，出现了很多新型的存水弯，如管式、瓶式、筒式、钟罩式、间壁式和阀式等存水弯，在设计时应根据不同的使用条件，合理选择存水弯的类型。

2. 横支管中的水流现象

排水横支管承接各种卫生器的排水，直接与各个卫生器具的器具排水管连接，当卫生器具排水时，横支管内压力变化情况如图 4-10 所示。

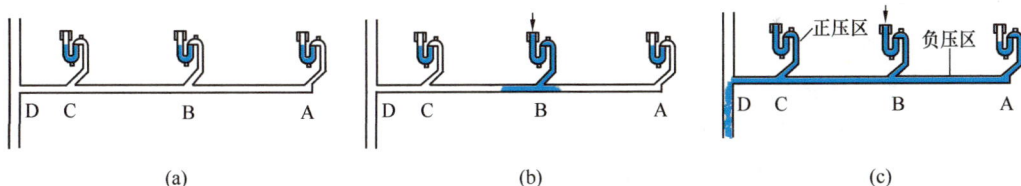

图 4-10　横支管内压力变化
（a）卫生器具未排水；（b）卫生器具 B 排水初期；（c）卫生器具 B 排水末期

当中间卫生器具 B 排水时，瞬间形成大流量，水流进入排水横支管时，呈八字形向两侧流动，在其前后管内形成水跃，在局部、短时间内充满管道。使 AB 和 BC 段管内气体受到压缩，管道内形成正压，如果此时压力波动较大，有可能出现正压喷溅，引起水封破坏，如图 4-10（b）所示。

当排水卫生器具 B 的排水量减小，横支管向 D 点单向流动，A 点处形成负压抽吸，存水弯中的水面下降，如图 4-10（c）所示。

在卫生设备瞬时大量排水时，会在管道内形成水跃使水面壅起，产生强烈的冲激流，冲激流水流速度快、能量大，冲刷力强，有利于发挥排水横管的功能。但冲激流能引起横管中的压力增大，破坏水封，因此设计生活污水排水管道时要保证有足够的充满度，使排水管道有足够的空间能容纳高峰负荷。

3. 横干管中的水流现象

横干管在立管和室外排水检查井之间，接纳的卫生器具多，存在着多个卫生器具同时排水的可能性，室内污水排放的特点是时间短、流量大，因而流速大、能量大。

污水由竖直下落进入横管后，横管中的水流状态可分为急流段、水跃段、跃后段及逐渐衰减段，如图 4-11 所示。当形成水跃时，产生冲激流，易使混掺在水流中的气体运动受阻，形成正压区，造成回压。回压有时能使污水从底层卫生器的存水弯中喷溅出来，冲激流过后，卫生器具的水封可能被破坏。因此，在排水系统中没有通气立管时，在设计中最低排水横支管与立管连接处至立管管底的垂直距离，不得小于表 4-1 的规定。

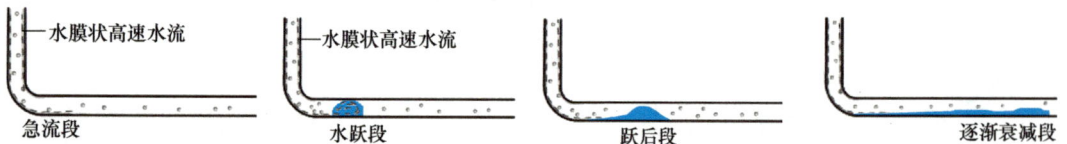

图 4-11　横管中的水流状态

表 4-1　最低横支管与立管连接处至立管管底的最小垂直距离（m）

立管连接卫生器具的层数	垂直距离	
	仅设伸顶通气	设通气立管
≤4	0.45	按配件最小安装尺寸确定
5～6	0.75	
7～12	1.20	
13～19	底层单独排出	0.75
≥20		1.20

三、立管中的水流现象

污水由横支管排入立管时，初期的水流逐渐增大，达到高峰后水量逐渐减少。排水立管水流状态的基本特点是断续的、非均匀的、水流掺有空气，水流下落时是气水混合的两相不稳定流，因而造成管内压力是波动的，正压和负压交替出现。

立管中水流现象的具体变化过程可分为三个阶段，如图 4-12 所示。

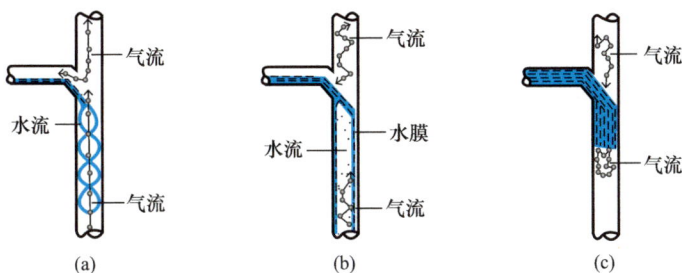

图 4-12 立管中的水流现象

（a）附壁螺旋流；（b）水膜流；（c）水塞流

（1）附壁螺旋流

当立管中流量较小时，水流沿着管壁周边作螺旋运动，此时立管中气流正常、气压稳定。

（2）水膜流

当流量进一步增大时，水流由于受阻力和管壁的摩擦作用而形成有一定厚度的附壁环状水膜流。

在附壁螺旋流和水膜流之间，会有一个过渡阶段，该阶段的水流称之为薄膜流，表现为：随着立管中水量增加，螺旋运动开始被破坏，水流改作附着于管壁呈有一定厚度的片状薄膜下落。这种薄膜流是过渡性的，历时很短。

（3）水塞流

当水量更大时，水膜流很容易地变为较稳定的水塞流。水塞可造成有压冲激流，水塞前端为大于大气压的正压，后端为小于大气压的负压。这种水塞运动的冲击和抽引所引起的立管内力的激烈波动，对卫生器具的水封层稳定性产生严重影响，对整个排水系统的工况极为不利。

任务 4.3 室内排水系统的布置与敷设

任务目标

了解同层排水的设置特点；熟悉卫生器具、存水弯、地漏的设置要求；掌握排水管道的布置原则和敷设方式。

一、卫生器具、存水弯和地漏的设置

1. 卫生器具的设置

卫生器具的设置位置、数量以及造型，应根据使用要求、建筑标准、节约用水原则以及相关的设计规定等因素确定。应大力推广节水设备和器具，选用节水型大便器，公共场所小便器应采用延时自闭式冲洗阀或自动冲洗装置，公共场所洗手盆宜采用限流节水型装置等。

2. 存水弯的设置

当构造内无存水弯的卫生器具或无水封地漏与生活污水管道或其他可能产生有害气体的排水管道连接时，必须在排水口以下设存水弯。存水弯的水封深度不得小于50mm。严禁采用活动机械活瓣替代水封，严禁采用钟式结构地漏。医疗卫生机构内的门诊、病房、化验室、试验室等处不在同一房间内的卫生器具不得共用存水弯。存水弯应能有效隔断排水管道中的有毒有害气体进入室内。

3. 地漏的设置

地漏的设置是为了及时排除地面的积水。厕所、盥洗室、卫生间及其需经常从地面排水的房间，应设置地漏，通常设置在易溅水的卫生器具如洗脸盆、小便器（槽）附近地面的最低处。住宅内应按洗衣机位置设置洗衣机排水专用地漏或洗衣机排水存水弯，排水管道不得接入室内雨水管道。

地漏的选择应符合下列要求：

（1）食堂、厨房和公共浴室等排水宜设置网筐式地漏。

（2）不经常排水的场所设置地漏时，应采用密闭地漏。

（3）事故排水地漏不宜设水封，连接地漏的排水管道应采用间接排水。

（4）设备排水应采用直通式地漏。

（5）地下车库如有消防排水时，宜设置大流量专用地漏。

二、室内排水管道的布置与敷设

1. 排水管材的选择

（1）小区室外排水管道，宜采用埋地排水塑料管。

（2）建筑内部排水管道应采用建筑排水塑料管及管件或柔性接口机制排水铸铁管及相应管件，通气管材宜与排水管材一致。

（3）当连续排水温度大于40℃时，应采用金属排水管或耐热塑料排水管。

（4）压力排水管道可采用耐压塑料管、金属管或钢塑复合管。

2. 布置原则

（1）自卫生器具排至室外检查井的距离应最短，管道转弯应最少。

（2）排水立管宜靠近排水量最大或水质最差的排水点。

（3）排水管道不得敷设在食品和贵重商品仓库、通风小室、电气机房和电梯机房内。

（4）排水管道不得穿过变形缝、烟道和风道；当排水管道必须穿过变形缝时，应采取相应技术措施。

（5）排水埋地管道不得布置在可能受重物压坏处或穿越生产设备基础。

（6）排水管、通气管不得穿越住户客厅、餐厅，排水立管不宜靠近与卧室相邻的内墙。

（7）排水管道不宜穿越橱窗、壁柜，不得穿越贮藏室。

（8）排水管道不应布置在易受机械撞击处；当不能避免时，应采取保护措施。

（9）塑料排水管不应布置在热源附近；当不能避免，并导致管道表面受热温度大于60℃时，应采取隔热措施；塑料排水立管与家用灶具边净距不得小于0.4m。

4-2

建筑室内排水管道的布置与敷设

（10）当排水管道外表面可能结露时，应根据建筑物性质和使用要求，采取防结露措施。

排水管道宜在地下或楼板填层中埋设或在地面上、楼板下明设。当建筑有明确要求时，可在管槽、管道井、管窿、管沟或吊顶、架空层内暗设，但应便于安装和检修。在气温较高、全年不结冻的地区，可沿建筑物外墙敷设。

立管与横管连接时应采用顺水三通或88°三通（图4-13）。

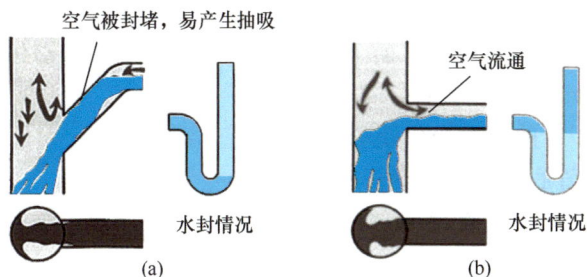

图 4-13　立管与水平支管的连接比较

（a）45°斜三通；（b）88°三通

3. 同层排水的设置

当住宅卫生间的卫生器具排水横支管要求不穿越楼板进入他户时，或按上述的布置原则规定受条件限制时，卫生器具排水横支管应设置同层排水。

水平支管异层敷设是一种传统的敷设方式，不占用使用空间，但安装、维修不方便，噪声较大，卫生设备的布局受到限制。

水平支管同层敷设具有设计自由、产权明晰、合理布局、打扫方便、安装方便、在采用污水废水合流系统时节省立管数量等优点（图4-14）。但同层敷设系统也存在管道占用一定的空间或必须敷设在专门的技术槽内，对管道连接质量要求较高，总造价较高等缺点（图4-15）。

图 4-14　同层敷设系统

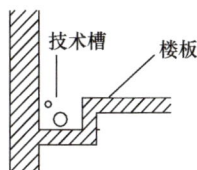

图 4-15　同层系统的管道敷设在技术槽内

因此，住宅卫生间同层排水形式应根据卫生间空间、卫生器具布置、室外环境、气温等因素，经技术经济比较后确定。

4. 排水管道的敷设与安装

（1）室内管道连接的规定

1）卫生器具排水管与排水横支管垂直连接，宜采用90°斜三通。

2）横支管与立管连接，宜采用 45°斜三通或 45°斜四通和顺水三通或顺水四通。

3）排水立管与排出管端部的连接，宜采用两个 45°弯头、弯曲半径不小于 4 倍管径的 90°弯头或 90°变径弯头。

4）排水立管应避免在轴线偏置；当受条件限制时，宜用乙字管或两个 45°弯头连接。

5）当排水支管、排水立管接入横干管时，应在横干管管顶或其两侧 45°范围内采用 45°斜三通接入。

6）横支管、横干管的管道变径处应管顶平接。

（2）靠近排水立管底部的排水支管连接要求

1）排水立管最低排水横支管与立管连接处距排水立管管底垂直距离不得小于表 4-1 的规定。

由表 4-1 可以看出，高层建筑中的底层排水横支管一般要单独排放。

2）排水支管连接在排出管或排水横干管上时，连接点距立管底部下游水平距离不得小于 1.5m。

3）排水支管接入横干管竖直转向管段时，连接点应距转向处以下不得小于 0.6m。

4）下列情况下底层排水横支管应单独排至室外检查井或采取有效的防反压措施：

① 当靠近排水立管底部的排水支管的连接不能满足第 1）、2）的要求时；

② 在距排水立管底部 1.5m 距离之内的排出管、排水横管有 90°水平转弯管段时。

排水管道在穿越楼层设套管且立管底部架空时，应在立管底部设支墩或其他固定措施。地下室立管与排水横管转弯处也应设置支墩或固定措施。

（3）排出管

1）排出管可以连接一根立管单独排出，也可以连接几根立管后排出。为避免阻塞，立管与排出管的连接，三层以下可采用 88°弯头或采用 2 个 45°弯头，三层以上采用 2 个 45°弯头加一段中间节。

2）排出管通常埋地敷设或悬吊在地下室的顶棚下。排出管应尽可能短地排至室外，以减少排出管的堵塞，便于清通检修，避免坡降大而造成室外管网埋深过大。

3）排出管穿越基础或承重墙处应预留孔洞，管顶上部的净空不得小于建筑物的沉降量，一般不小于 0.15m。预留孔洞的尺寸见项目 2 的表 2-2。

4）小区排水管道最小覆土深度应根据道路的行车等级、管材受压强度、地基承载力等因素经计算确定，并应符合：小区干道和小区组团道路下的管道，其覆土深度不宜小于 0.70m；生活污水接户管道埋设深度不得高于土壤冰冻线以上 0.15m，且覆土深度不宜小于 0.30m；当采用埋地塑料管道时，排出管埋设深度可不高于土壤冰冻线以上 0.50m。

（4）通气管

生活排水管道系统应根据排水系统的类型、管道布置、管道长度、卫生器具设置数量等因素设置通气管。

1）通气管和排水管的连接应符合下列规定：

① 器具通气管应设在存水弯出口端；在横支管上设环形通气管时，应在其最始端的

4-3

建筑室内排水系统试验与质量验收

两个卫生器具之间接出，并应在排水支管中心线以上与排水支管呈垂直或 45°连接。

② 器具通气管、环形通气管应在最高层卫生器具上边缘 0.15m 或检查口以上，按不小于 0.01 升坡度敷设与通气立管连接。

③ 专用通气立管和主通气立管的上端可在最高层卫生器具上边缘 0.15m 或检查口以上与排水立管通气部分以斜三通连接，下端应在最低排水横支管以下与排水立管以斜三通连接；或者下端应在排水立管底部距排水立管底部下游 10 倍立管直径长度距离范围内与横干管或排出管以斜三通连接。

④ 结合通气管宜每层或隔层与专用通气立管、排水立管连接，与主通气立管连接；结合通气管下端宜在排水横支管以下与排水立管以斜三通连接，上端可在卫生器具上边缘 0.15m 处与通气管以斜三通连接。

⑤ 当采用 H 管件替代结合通气管时，其下端宜在排水横支管以上与排水立管连接。

⑥ 当污水立管与废水立管合用一根通气立管时，结合通气管配件可隔层分别与污水立管和废水立管连接；通气立管底部分别以斜三通与污废水立管连接。

⑦ 特殊单立管当偏置管位于中间楼层时，辅助通气管应从偏置横管下层的上部特殊管件接至偏置管上层的上部特殊管件；当偏置管位于底层时，辅助通气管应从横干管接至偏置管上层的上部特殊管件或加大偏置管管径。

2）自循环通气系统

自循环通气系统，当采取专用通气立管与排水立管连接时，应符合：顶端应在最高卫生器具上边缘 0.15m 处或检查口以上采用两个 90°弯头相连；通气立管应每层按上面的第④、⑤款的规定与排水立管相连；通气立管下端应在排水横干管或排出管上采用倒顺水三通或倒斜三通相接（图 4-16）。

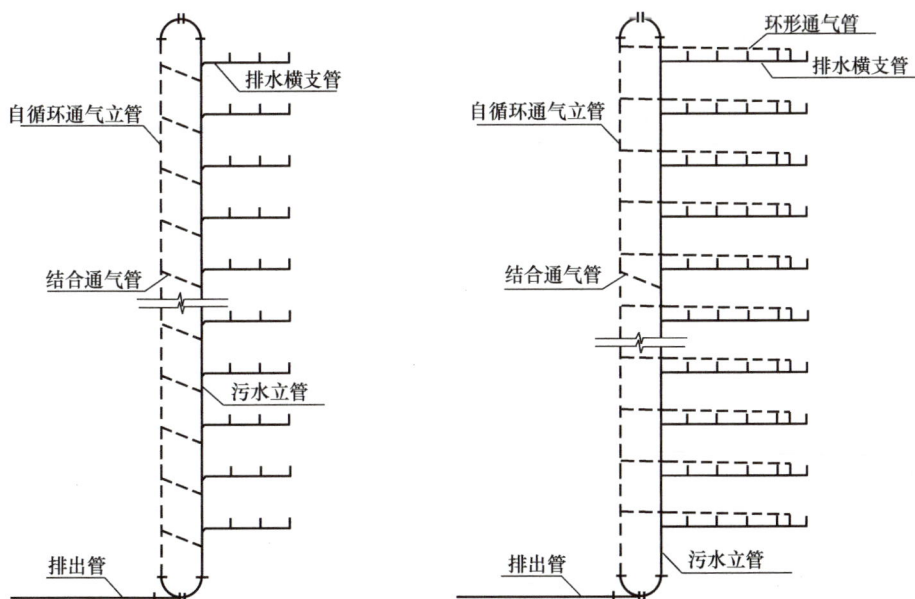

图 4-16 自循环通气形式

3）高出屋面的通气管设置应符合下列要求

① 通气管高出屋面不得小于 0.3m，且应大于最大积雪厚度，通气管顶端应装设风帽或网罩，屋顶有隔热层时，应从隔热层板面算起。

② 在通气管口周围 4m 以内有门窗时，通气管口应高出窗顶 0.6m 或引向无门窗一侧。

③ 在经常有人停留的平屋面上，通气管口应高出屋面 2m，当伸顶通气管为金属管材时，应根据防雷要求设置防雷装置。

④ 通气管口不宜设在建筑物挑出部分（如屋檐檐口、阳台和雨篷等）的下面。

⑤ 为了改善通气效果，可以使用球形三通、球形四通，可同时连接 2 根横支管，用于 8 层以下建筑的污废水合流系统，每层装 1 个（图 4-17）。

（5）伸缩节的设置

由于现在的室内排水管大多采用 PVC 管，而屋面 PVC 材料的膨胀系数约是钢的 7 倍，因此，塑料排水管道应根据其管道的伸缩量设置伸缩节，伸缩节宜设置在汇合配件处。排水横管应设置专用伸缩节。当排水管道采用橡胶密封配件时，可不设伸缩节；室内外埋地管道可不设伸缩节。伸缩节的设置如图 4-18 所示。

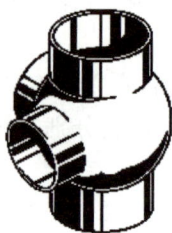

图 4-17　球形四通

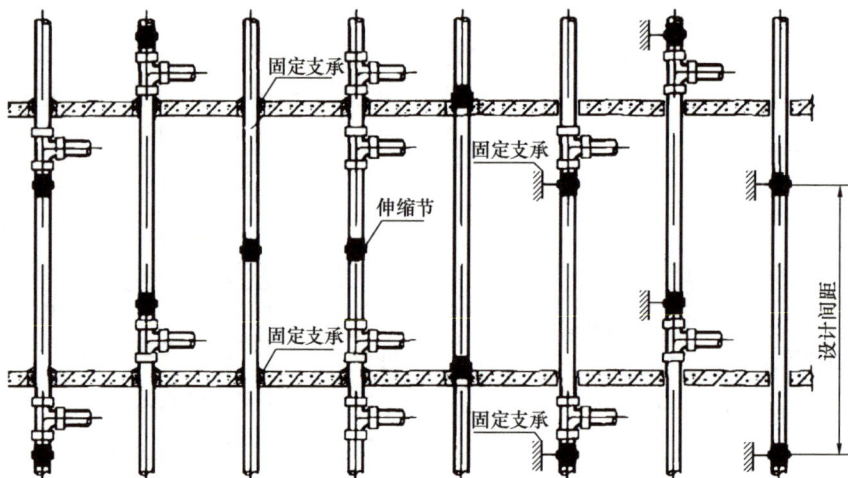

图 4-18　伸缩节设置位置

（6）阻火装置的设置

建筑塑料排水管穿越楼层设置阻火装置的目的是防止火灾蔓延，是根据我国模拟火灾试验和塑料管道贯穿孔洞的防火封堵耐火试验成果确定的。穿越楼层塑料排水管同时具备下列条件时才设阻火装置：

1）高层建筑；

2）管道外径大于或等于 110mm 时；

3）立管明设，或立管虽暗设但管道井内不是每层防火封隔。

横管穿越防火墙时，不论高层建筑还是多层建筑，不论管径大小，不论明设还是暗设（一般暗设不具备防火功能），必须设置阻火装置。

阻火装置设置位置：

1）立管穿越楼板处的下方；

2）管道井内是隔层防火封隔时，支管接入立管穿越管道井壁处；

3）横管穿越防火墙的两侧。

建筑阻火圈的耐火极限应与贯穿部位的建筑构件的耐火极限相同（图 4-19）。

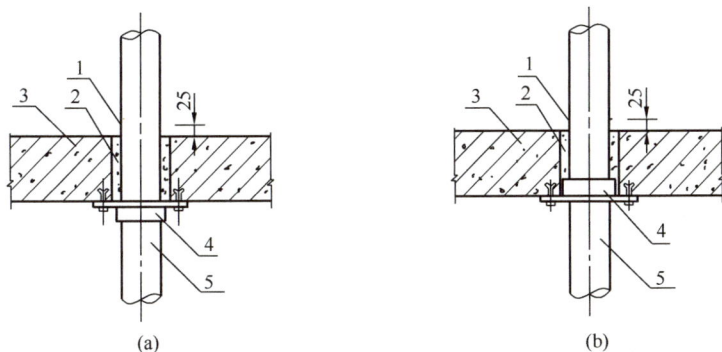

图 4-19　阻火圈和防火套管

（a）明装；（b）暗装

1—热电偶；2—防火套管；3—楼板；4—阻火圈；5—PVC 管

（7）清扫口的设置

1）在排水横管上设清扫口，宜将清扫口设置在楼板或地坪上，且与地面相平。排水横管起点的清扫口与其端部相垂直的墙面的距离不得小于 0.2m。当排水横管悬吊在转换层或地下室顶板下设置清扫口有困难时，可用检查口替代清扫口。

2）排水管起点设置堵头代替清扫口时，堵头与墙面应有不小于 0.4m 的距离。可利用带清扫口弯头配件代替清扫口。

3）在管径小于 100mm 的排水管道上设置清扫口，其尺寸应与管道同径；管径大于或等于 100mm 的排水管道上设置清扫口，应采用 100mm 直径清扫口。

4）铸铁排水管道设置的清扫口，其材质应为铜质；硬聚氯乙烯管道上设置的清扫口应与管道相同材质。

5）排水横管连接清扫口的连接管及管件应与清扫口同径，并采用 45°斜三通和 45°弯头或由两个 45°弯头组合的管件。

（8）生活排水管道应按下列规定设置检查口

1）排水立管上连接排水横支管的楼层应设检查口，且在建筑物底层必须设置。

2）当立管水平拐弯或有乙字管时，在该层立管拐弯处和乙字管的上部应设检查口。

3）检查口中心高度距操作地面宜为 1.0m，并应高于该层卫生器具上边缘 0.15m；当排水立管设有 H 管时，检查口应设置在管件的上边。

4）当地下室立管上设置检查口时，检查口应设置在立管底部之上。

5）立管上检查口的检查盖应面向便于检查清扫的方向。

任务4.4　卫生设备

任务目标

了解卫生设备的种类、材料和功能，掌握卫生设备的作用和设置要求。

4-4

卫生器具的
种类

卫生设备是作为洗涤、收集和排除生活和生产中产生的污（废）水或污物的器具。常用的洗涤卫生设备有洗涤盆、污水盆、化验盆等，盥洗、沐浴的卫生设备有洗脸盆、浴缸、淋浴器、盥洗槽、坐洗盆等，便溺卫生设备有大便器、小便器等及其附件。现在，卫生间和厨房中的一些常用设施，例如镜子、橱柜、衣物存放架、毛巾架、手纸卷筒架等也都归类为卫生设备。

卫生设备的总要求是功能恰当、实用，外形美观，内外表面光滑，便于清洗，应避免卫生死角，坚固耐用。

卫生器具的设置数量应符合现行的有关设置标准、规范或者规定的要求。

卫生器具的材质和技术要求，均应符合《卫生陶瓷》GB/T 6952—2015 和《非陶瓷类卫生洁具》JC/T 2116—2012 的规定。

卫生器具安装高度可按照表4-2确定。

表4-2　卫生器具安装高度

序号	卫生器具名称		卫生器具边缘离地高度（mm）	
			居住和公共建筑	幼儿园
1	架空式污水盆（池）（至上边缘）		800	800
2	落地式污水盆（池）（至上边缘）		500	500
3	洗涤盆（池）（至上边缘）		800	800
4	洗手盆（至上边缘）		800	500
5	洗脸盆（至上边缘）		800	500
	残障人用洗脸盆（至上边缘）		800	—
6	盥洗槽（至上边缘）		800	500
7	浴盆（至上边缘）		480	—
	残障人用浴盆（至上边缘）		450	—
	按摩浴盆（至上边缘）		450	—
	淋浴盆（至上边缘）		100	—
8	蹲、坐式大便器（从台阶面至高水箱底）		1800	1800
9	蹲式大便器（从台阶面至低水箱底）		900	900
10	坐式大便器（至低水箱底）	外露排出管式	510	—
		虹吸喷射式	470	—
		冲落式	510	270
		旋涡连体式	250	—

续表

序号	卫生器具名称		卫生器具边缘离地高度(mm)	
			居住和公共建筑	幼儿园
11	坐式大便器 (至上边缘)	外露排出管式	400	—
		旋涡连体式	360	—
		残障人用	450	—
12	蹲便器 (至上边缘)	2 踏步	320	—
		1 踏步	200~270	—
13	大便槽(从台阶面至冲洗水箱底)		≥2000	—
14	立式小便器(至受水部分上边缘)		100	—
15	挂式小便器(至受水部分上边缘)		600	450
16	小便槽(至台阶面)		200	150
17	化验盆(至上边缘)		800	—
18	净身器(至上边缘)		360	—
19	饮水器(至上边缘)		1000	—

一、大便器

大便器由便器本体、冲洗设备和水封装置组成。便器本体是收集和排除粪便的卫生器具，冲洗设备一般有高位水箱、低位水箱和手动冲洗阀。为了减少臭气和阻止排水系统内的秽气进入卫生间，大便器一般都设有水封装置（S 式存水弯）。坐便器由陶瓷制成，冲洗水箱由陶瓷、塑料或玻璃钢制成。大便器设备还设有坐垫、盖子、手纸架、清洗刷和放置刷子的架子等。

大便器的选用应根据使用对象、设置场所、建筑标准等因素确定，且均应选用节水型大便器。大便器主要分为坐式大便器、蹲式大便器和大便槽三类，如图 4-20 所示。

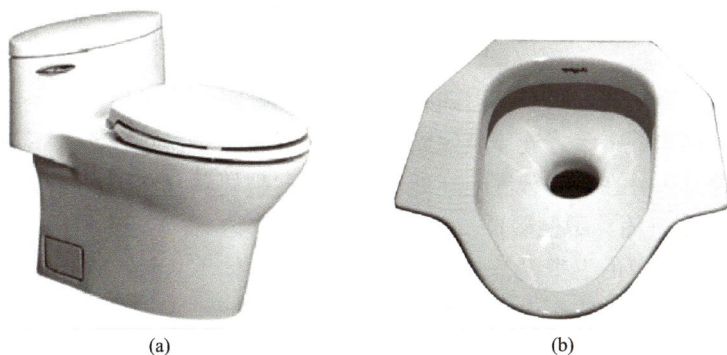

图 4-20　坐式大便器、蹲式大便器
（a）坐式大便器；（b）蹲式大便器

1. 坐式大便器（简称坐便器）

（1）根据冲洗装置的位置分类

1）分体式坐式大便器：坐便器与冲洗设备是分开制造的。

2）整体式坐便器：俗称连体式，坐便器与冲洗水箱合为一体。这种坐便器外形美观，但由于水箱位置较低，冲洗耗水量较大，总体尺寸较大，占地面积大，后部有卫生死角。

（2）根据坐便器排水口的位置分类

1）下排水坐便器：坐便器排出口在下方，安装时坐便器排出口直接放在楼板预埋的管口内。

2）后排水坐便器：坐便器排出口在后方，这种坐便器又分为立式后排水和墙挂式后排水坐便器两种。

（3）按冲洗方式分类

1）冲落式坐便器：就是利用水的重力和加速度直接冲洗污物，坐便器管道较粗，不太容易堵，跟虹吸式马桶比较因为存水面比较小，比较节水。其主要特点是在冲水、排污过程中只形成正压，没有负压，如图 4-21 （a）所示。

2）虹吸式坐便器：主要借冲洗水在排水道所形成的虹吸作用将污物排出的便器。冲洗时正压对排污起配合作用。虹吸式马桶内有一个完整的管道，形状呈侧倒状的"S"，池壁坡度较缓，噪声问题有所改善；具有排污能力强，冲水噪声小，容易冲掉黏附在马桶表面脏物的优点。缺点是池底存水面积增大（图 4-21b）。

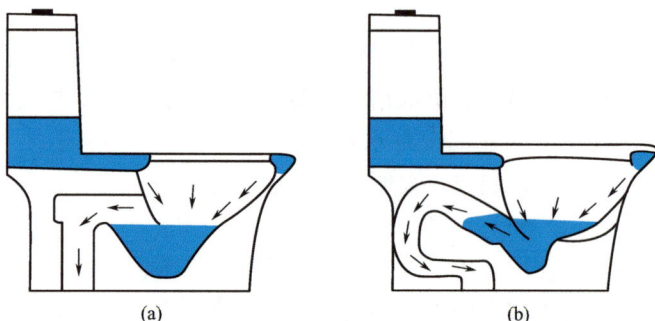

图 4-21　冲落式坐便器和虹吸式坐便器
（a）冲落式坐便器；（b）虹吸式坐便器

虹吸式中又分漩涡式虹吸和喷射式虹吸。漩涡式虹吸连体坐便器是利用冲洗水流形成的漩涡加速污物排出的虹吸式连体坐便器。喷射虹吸式坐便器是在水封下设有喷射道，借喷射水流而加速排污并在一定程度上降低冲水噪声的坐便器（利用水封隔声）。

2. 蹲式大便器（简称蹲便器）

蹲便器是一种简单的卫生设备，由于人体与便器本体不接触，多用于公共场所，一般采用高位水箱、低位水箱或压力冲洗阀进行冲洗。

3. 大便槽

可供多人同时使用的长条形沟槽，用隔板隔成若干小间。多用于学校、火车站、汽车站、码头、游乐场等人员较多的场所，代替成排的蹲式大便器。大便槽一般采用混凝土或钢筋混凝土浇筑而成，槽底有坡度，坡向排出口。为及时冲洗，防止污物黏附、散发臭气，大便槽采用集中自动冲洗水箱和红外线数控冲洗装置。

二、小便器

小便器是公共建筑中男子使用的卫生器具，每个小便器上面有冲洗水进口，冲洗水沿内壁均匀下流。根据安装位置，小便器有挂式小便器、立式小便器和小便槽，如图 4-22 所示。根据冲洗方式，小便器有自动冲洗和手动冲洗两类。小便器比小便槽节约水，因为它只需要很少的冲洗水量，而且清洁方便。

1. 挂式小便器（简称小便斗）

带存水弯虹吸式小便斗外观简洁，排水快，清扫方便。若小便斗设 P 式、瓶式存水弯，可暗装；若小便斗设 S 式存水弯，虽然占空间较大，但发生堵塞时清通比较方便。

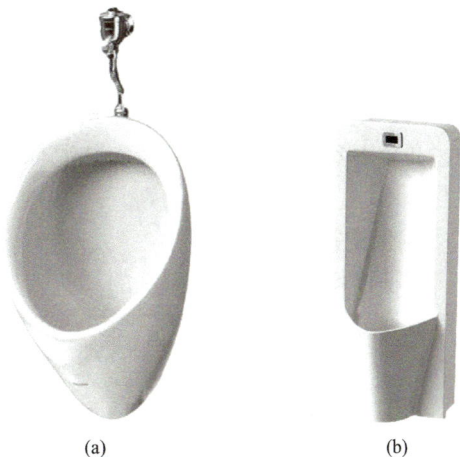

图 4-22　小便器
（a）挂式小便器；（b）立式小便器

2. 立式小便器

立式小便器靠墙立放在地面上，由于它占地面积大，清洗困难，现在使用越来越少。

3. 小便槽

小便槽是用瓷砖沿墙砌筑的浅槽。这种卫生设施建造简单、造价低，但卫生条件较差、清洗困难，只用于人流量较多的场所和公共建筑。

冲洗水箱或冲洗阀与多孔管连接的冲洗管及多孔管管径 $DN \geqslant 20$mm。多孔管又称为雨淋管，两端应封死，管的喷水孔径为 2mm，孔的出水方向与墙面成 45°夹角，管中心距瓷砖墙面约 30mm。

三、盥洗器具

盥洗器具用于洗脸、洗手或洗涤，安装在卫生间、盥洗室、浴室等处，如图 4-23 所示。

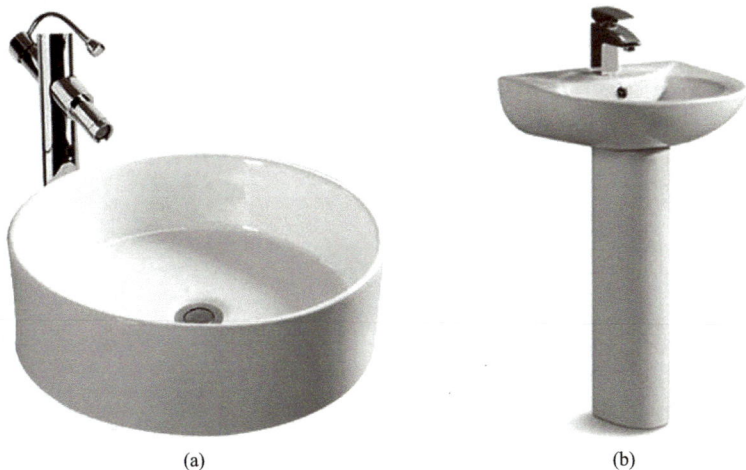

图 4-23　洗脸盆
（a）台式洗脸盆；（b）立式洗脸盆

107

1. 洗脸盆

洗脸盆的形式多种多样，根据形状有长方形、椭圆形、三角形等；根据固定的形式有墙架式、墙挂式、柱脚式、台盆式等；根据盆安放在盥洗台的上方或下方，台盆又分为台上盆和台下盆。洗脸盆上一般安装混合水龙头或冷热水龙头各一只。洗脸盆一般设有排水口与溢水口。

2. 盥洗槽

盥洗槽用于多人同时盥洗的场所，呈长槽形，一般用钢筋混凝土、水磨石或贴瓷砖砌筑而成，如图 4-24 所示。

图 4-24　盥洗槽

四、沐浴器具

沐浴器具是用于洗澡的卫生设备，根据洗涤形式分为浴盆和淋浴设备，后者又分为淋浴盆和淋浴器。

1. 浴盆

根据材料分类，浴盆有陶瓷、铸铁搪瓷、塑料等，尺寸规格多种多样。

浴盆设备由浴盆、浴盆腿或浴盆支架、浴盆注水和淋浴转换混合水龙头、排水和溢水附件等组成。浴盆一般设置在住宅、宾馆、医院住院部等卫生间或公共浴室。按照使用功能分为普通浴盆、坐浴盆和按摩浴盆三种。按形状有方形、椭圆形、圆形、三角形和人体形等，如图 4-25 所示。按有无裙边分为无裙边和有裙边两类。

(a)　　　　　　　　　　　　(b)

图 4-25　浴盆
(a) 椭圆形浴盆；(b) 圆形浴盆

2. 淋浴设备

淋浴设备是用流动的水清洗身体, 比浴缸干净、节水。

（1）淋浴盆

制造淋浴盆的材料与浴盆相同, 尺寸主要有 900mm×900mm 与 800mm×800mm, 也有规格 1000mm×1000mm 的; 形状有正方形、矩形、扇形等。供水附件有混合水龙头和温控式混合水龙头。

（2）淋浴器

淋浴器是一种由莲蓬头、出水管和控制阀组成, 喷洒水流供人沐浴的卫生器具, 如图 4-26 所示。成组的淋浴器多用于工厂、学校、机关、部队、集体宿舍、体育馆的公共浴室。与浴盆相比淋浴器有占地面积小、设备费用低、耗水量小、清洁卫生, 避免疾病传染的优点。按照供水方式分为单管式和双管式。按照出水管的形式可分为固定式和软管式。按照控制阀的控制方式分为手动式、脚踏式和自动式。按莲蓬头形式分为分流式、充气式和按摩式等。

五、其他卫生设备

1. 污水盆

设置在公共建筑的厕所、盥洗室内, 供洗涤清扫用具、倾倒污废水的卫生器具。污水盆多为陶瓷、不锈钢或玻璃钢制品。污水池以水磨石制造。分类: 按照设置高度污水盆有落地式和挂墙式两类, 如图 4-27 所示。

图 4-26 淋浴器

(a)

(b)

图 4-27 污水盆

(a) 落地式污水盆; (b) 挂墙式污水盆

2. 洗涤盆

洗涤盆安装在住宅、食堂和餐馆的厨房内, 用于洗涤食物和碗碟, 由不锈钢、陶瓷或水磨石制成。洗涤盆分类：单格、双格和三格。有的还带搁板和背衬。双格洗涤盆的一格用于洗涤，另一格泄水。如图 4-28 所示。

3. 化验盆

化验盆用于洗涤化验器皿、供给化验用水、倾倒化验排水用的洗涤用卫生器具。设置在工厂、科研机关和学校的化验室或实验室内。盆体本身常带有存水弯。材质：陶瓷、玻璃钢、搪瓷。如图 4-29 所示。

图 4-28　双格洗涤盆

图 4-29　化验盆

六、冲洗设备

为了保持大、小便器的清洁，清除厕所的臭气，需用冲洗设备将便器中的污物冲走。对冲洗设备的要求是有足够的冲洗压力、节水，防止给水管道受到污水回流的污染。常用的冲洗设备有冲洗水箱和冲洗阀。

1. 冲洗水箱

冲洗水箱是冲洗便溺用卫生器具的专用水箱。按照安装位置，冲洗水箱有高位水箱和低位水箱；按冲洗原理，冲洗水箱有冲洗式和虹吸式；按启动方式有手动和自动；按制造材料，有陶瓷、塑料、玻璃、铸铁等。其作用是贮存足够的冲洗用水、保证一定冲洗强度，并起流量调节和空气隔断作用，防止给水系统被污染。冲洗水箱的容积有 4.5L、6L、9L 等。如图 4-30 所示。

(a)　　　　　　　　　　　　　(b)

图 4-30　冲洗水箱
（a）带高位冲洗水箱的蹲便器；（b）带低位冲洗水箱的坐便器

2. 节能水箱

水箱的开关分为两挡，两种冲洗水量可供用于分别冲洗粪便和尿液，如图 4-31 所示。按照操作方式分为杠杆式、按钮式和手拉式。

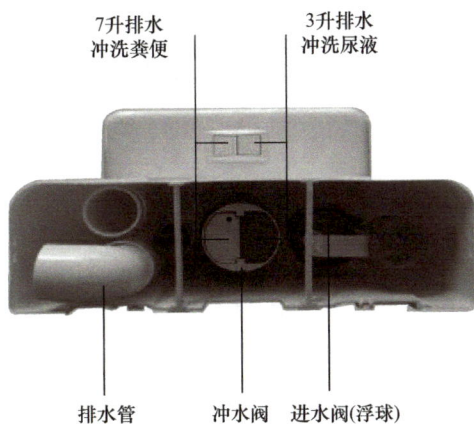

图 4-31　两挡节能冲洗水箱

3. 自动冲洗水箱

不需要人工操作，依靠流入水箱的水量自动作用。当水箱内水位达到一定高度时，形成虹吸造成压差，使自动冲洗阀开启，将水箱内存水迅速排出进行冲洗。缺点是耗水量大，如图 4-32 所示。

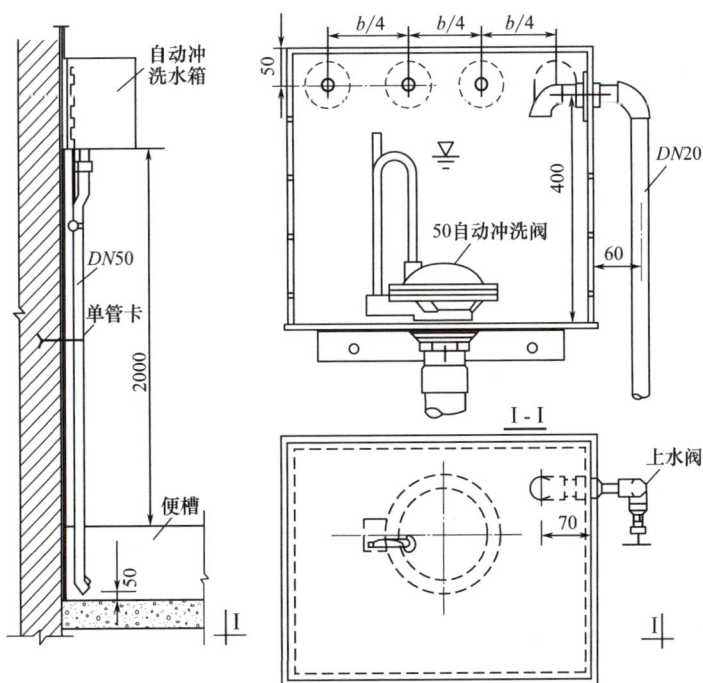

图 4-32　自动冲洗水箱

111

4. 冲洗阀

冲洗阀可以安装在大便器、小便器上，由于省去了水箱，外表简洁美观、使用方便。冲洗阀有手动按键式、脚踏式冲洗阀和自动冲洗阀（非触摸式附件）。多用于公共建筑、工业企业生活间及大车上的厕所内。

延时自闭式冲洗阀：由使用者控制冲洗时间（5～10s）和冲洗水量（1～2L）的冲洗阀。可以用手、脚或光控开启冲洗阀。特点是体积小、占空间少，外观洁净美观，使用方便，节约水量、流出水头较小，冲洗设备与大、小便器之间有空气隔断，如图 4-33 所示。

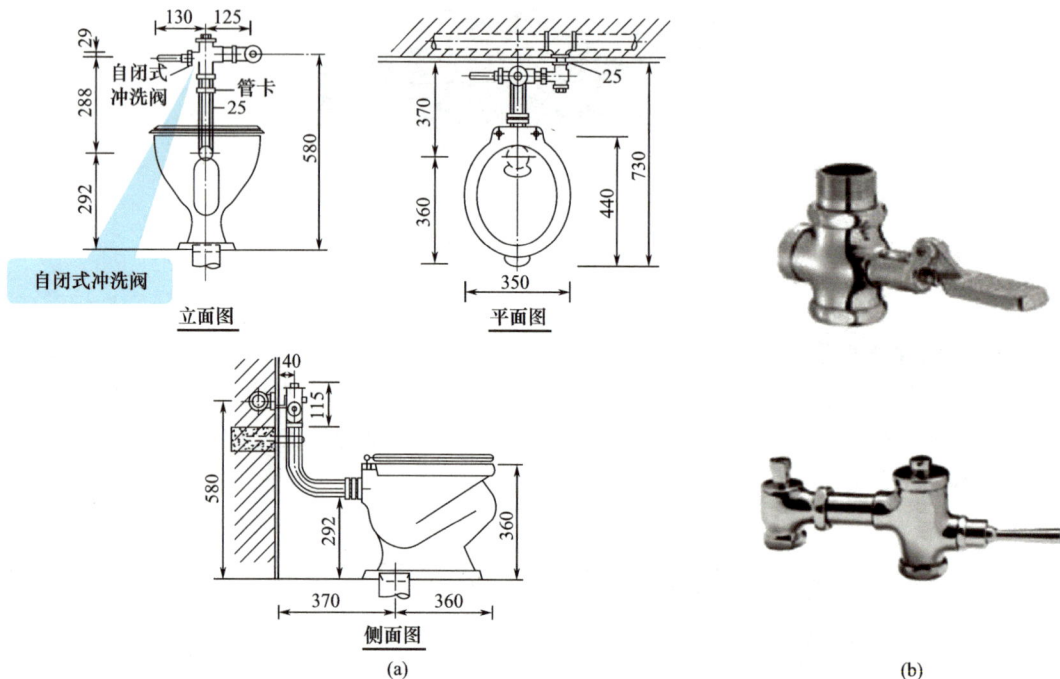

图 4-33　自闭式冲洗阀坐式大便器安装图
（a）自闭式冲洗阀坐式大便器安装图；（b）自闭式冲洗阀

任务 4.5　高层建筑排水系统的敷设

任务目标

了解高层建筑新型单立管排水系统，掌握高层建筑排水特点及排水管道的敷设要求。

一、高层建筑排水的特点

高层建筑的排水立管长、连接的用户多，因而污水流量大、流速高；污水从卫生器具排出后在管道中流动时会引起较大的气压波动，并可能形成水塞，破坏存水弯中的水封；而且在流动时会产生较大的噪声和冲击力。立管长而重，容易造成管道下沉、位移和漏水，因此高层建筑对排水系统的管道设置要求有良好的水力条件，特别是通气管的设置要合理，使管内气压稳定，防止水封被破坏；管道和设备要采取防振、隔声措施；安装要牢固。

二、高层建筑排水管道的敷设安装

1. 高层建筑排水系统的类型

按管道组成形式，高层建筑排水系统可分为传统排水系统和新型单立管排水系统。

（1）传统排水系统

传统排水系统由排水管道和通气管道组成，这种系统又分为二管制（一根污水立管和一根专用通气立管）和三管制（一根粪便污水立管、一根洗涤废水立管和一根专用通气立管）。

（2）新型单立管排水系统

高层建筑新型单立管排水系统由一根排水立管和两种特殊的连接配件组成。系统中的一种配件安装在立管与横支管的连接处，称为上部特制配件。另一种配件是立管转弯处的特制弯头配件，称为下部特制配件。

这种系统具有良好的排水性能和通气性能。与普通排水系统相比，该系统管道简单、占地及空间小、造价低等。但是，该系统的配件较大、构造较复杂、安装质量要求严格。

新型单立管排水系统具有多种形式，其中较典型的有混流式排水系统（苏维托单立管排水系统）、漩流式排水系统（塞克斯蒂阿单立管排水系统）和环流式排水系统（高马奇排水系统）三种。

1）混流式排水系统。在立管的上部使用混流式配件，在下部使用泄压管。苏维托可以使气和水产生混合，有效减缓下降速度，减少了在下降过程中因重力原因产生的负压。泄压管的使用是为了将正压区中的压力释放到负压区中，使两个区间的压力保持平衡，保证排水管道的整体稳定。

苏维托单立管排水系统与传统排水系统及管件的比较如图4-34、图4-35所示。

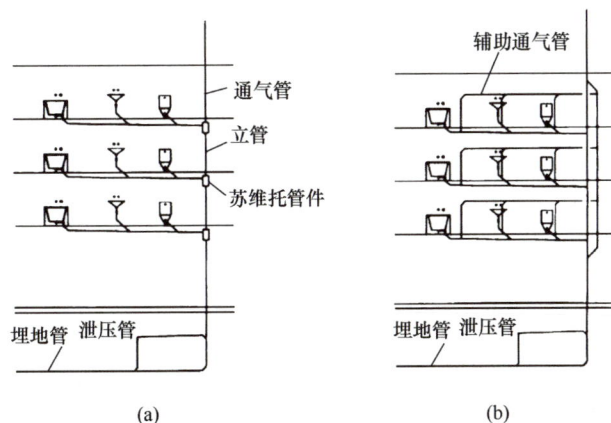

图 4-34　混流式排水系统和传统排水系统的比较

（a）混流式排水系统；（b）传统排水系统

2）漩流式排水系统。漩流降噪特殊管件和加强型内螺旋管材的导流作用使水流沿管材内壁螺旋状下落时形成通畅的空气柱，显著地降低了立管内的压力波动，保证了管道内压力平衡，消除了普通排水系统中存在的汇流水塞、负压抽吸、正压喷溅等影响系统排水能力的问题，从而大大提高了系统的排水能力（图4-36）。

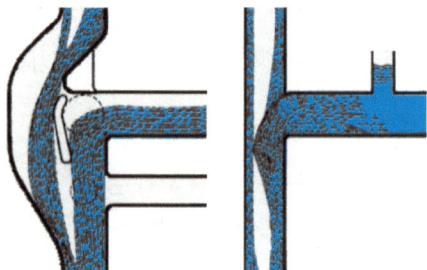

图 4-35　苏维托管件与普通管件排水的比较

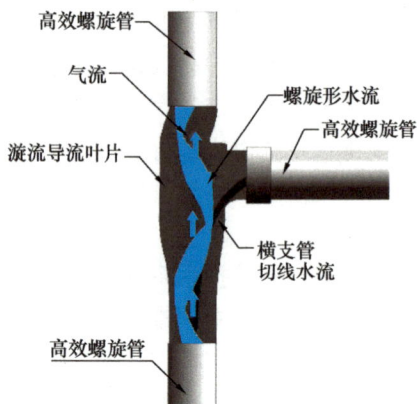

图 4-36　漩流式排水系统

2. 高层建筑排水管道的敷设

高层建筑排水管道的布置与敷设类似于多层建筑。

（1）高层建筑排水系统一般不分区设置，立管由最高层贯穿至底层。管材强度要求高，一般选用高密度聚乙烯（HDPE）管、加厚聚氯乙烯（PVC）管、铸铁管等。

（2）通气管伸出屋面400～500mm，砌筑通气室将通气管与其他构件分隔开来，在通气室的二侧或四侧安有百叶窗，与大气相通。

（3）为了改善通气效果，节省空间，如使用苏维托单立管排水系统，它可同时连接6根横支管，连接50个大便器，适用于8层以上建筑的污废水合流或分流系统，一般每层设1个苏维托管件。

任务 4.6　排水系统的计算

任务目标

熟悉排水量标准，设计计算规定，掌握水力计算方法与步骤。

建筑内部排水系统的计算，主要是根据排水系统中污水管道、通气管道以及卫生器具的布置，通过计算确定各排水管段的管径、横向管道的坡度和通气管的管径以及各个控制点的标高。

一、排水定额及设计秒流量

1. 排水定额

4-5
建筑排水定额及排水设计秒流量

由于蒸发损失、小区埋地管道渗漏等原因，生活排水最大小时排水流量应按住宅生活给水最大小时流量与公共建筑生活给水最大小时流量之和的 85%～95% 确定。

每人每日的生活污水量与气候、建筑物内卫生设备的完善程度以及生活习惯有关。建筑物内部的排水定额有两种，一种是以每人每日的排水量为标准，另一种是以卫生器具的排水量为标准。

（1）以每人每日排水量为标准

公共建筑生活排水定额和小时变化系数应与公共建筑生活给水用水定额和小时变化系数相同，按项目 2 的表 2-10、表 2-11 规定确定。工业污（废）水排放系统的排水定额及变化系数应按工艺要求确定。

（2）以卫生器具的排水量为标准

为了确定排水系统的管径，首先应计算出通过各管段的流量。排水管段中某个管段的设计流量和接纳的卫生器具类型、数量及同时使用数量有关。为了方便计算，与给水系统一样，将每个卫生器具的排水量折算成当量。以污水盆排水量 0.33L/s 为一个排水当量，将其他卫生器具的排水量与 0.33L/s 的比值作为该卫生器具的排水当量。因为卫生器具排水特点表现为突然、迅速、变化幅度大，所以一个排水当量是一个给水当量的 1.65 倍。各卫生器具排水的流量、当量和排水管的管径应按表 4-3 确定。

表 4-3　卫生器具排水的流量、当量和排水管的管径

序号	卫生器具名称		排水流量(L/s)	当量	排水管管径(mm)
1	洗涤盆、污水盆(池)		0.33	1.00	50
2	餐厅、厨房洗菜盆(池)	单格洗涤盆(池)	0.67	2.00	50
		双格洗涤盆(池)	1.00	3.00	50
3	盥洗槽(每个水嘴)		0.33	1.00	50～75
4	洗手盆		0.10	0.30	32～50
5	洗脸盆		0.25	0.75	32～50
6	浴盆		1.00	3.00	50
7	淋浴器		0.15	0.45	50
8	大便器	冲洗水箱	1.50	4.50	100
		自闭式冲洗阀	1.20	3.60	100
9	医用倒便器		1.50	4.50	100
10	小便器	自闭式冲洗阀	0.10	0.30	40～50
		感应式冲洗阀	0.10	0.30	40～50
11	大便槽	≤4 个蹲位	2.50	7.50	100
		>4 个蹲位	3.00	9.00	150

续表

序号	卫生器具名称		排水流量(L/s)	当量	排水管管径(mm)
12	小便槽 (每米长)	自动冲洗水箱	0.17	0.50	—
13	化验盆(无塞)		0.20	0.60	40～50
14	净身器		0.10	0.30	40～50
15	饮水器		0.05	0.15	25～50
16	家用洗衣机		0.50	1.50	50

注：家用洗衣机下排水软管直径为30mm，上排水软管直径为19mm。

2. 设计秒流量

建筑内部排水管道的设计流量是确定各管段管径的计算依据，因此排水设计流量的确定应符合建筑内部排水规律。建筑内部排水流量与卫生器具的排水特点和同时排放的卫生器具数量有关，具有历时短、瞬时流量大、两次排水时间间隔长、排水不均匀的特点。为保证最不利时刻的最大排水量能迅速、及时、安全排放，某管段的排水设计流量应为该管段的瞬时最大排水流量，又称为排水设计秒流量。

建筑内部排水管道的设计秒流量有三种计算方法：经验法、概率法和平方根法。目前我国使用的两个设计秒流量计算公式与生活给水计算公式的形式一致，都属于平方根法的范畴，即设计秒流量与卫生器具排水当量的平方根成正比。

（1）住宅、宿舍（居室内设卫生间）、旅馆、宾馆、酒店式公寓、医院、疗养院、幼儿园、养老院、办公楼、商场、图书馆、书店、客运中心、航站楼、会展中心、中小学教学楼、食堂或营业餐厅等建筑

该类建筑用水设备使用不集中，用水时间较长，同时排水百分数随着卫生器具的数量增加而减少，设计秒流量应按下式计算：

$$q_p = 0.12\alpha\sqrt{N_p} + q_{max} \tag{4-1}$$

式中　　q_p——计算管段排水设计秒流量，L/s；

　　　　N_p——计算管段卫生器具排水当量总数；

　　　　q_{max}——计算管段上排水量最大的1个卫生器具的排水流量，L/s；

　　　　α——根据建筑物用途而定的系数，见表4-4。

表4-4　根据建筑物用途而定的系数 α 值

建筑物名称	宿舍(居室内设卫生间)、住宅、宾馆、医院、疗养院、 幼儿园、养老院的卫生间	旅馆和其他公共建筑的盥洗室和厕所间
α 值	1.5	2.0～2.5

当计算所得流量值大于该管段上按卫生器具排水流量累加值时，应按卫生器具排水流量累加值计。

（2）宿舍（设公用盥洗卫生间）、工业企业生活间、公共浴室、洗衣房、职工食堂或营业餐厅的厨房、实验室、影剧院、体育场（馆）等建筑

该类建筑用水设备使用比较集中，用水时间比较集中，同时排水百分数高，其建筑生活排水管道设计秒流量应按下式计算：

$$q_{\mathrm{p}} = \sum q_{\mathrm{p0}} n_0 b_{\mathrm{p}} \tag{4-2}$$

式中　q_{p0}——计算管段上同类型的卫生器具中 1 个卫生器具的排水流量，L/s；

　　　n_0——计算管段上同类型的卫生器具的个数；

　　　b_{p}——卫生器具同时排水百分数（同给水），见项目 2 的表 2-14，冲洗水箱大便器按照 12% 计算。

按式（4-2）计算的排水流量小于 1 个大便器的排水流量时，应按 1 个大便器的排水流量作为该管段的排水设计秒流量。

二、排水管道的水力计算

1. 排水管道中的几个水力要素设计规定

（1）充满度和坡度

充满度是指管道内水深 h 与管径 D 的比值，是排水横管的一个重要参数（图 4-37）。排水管道应按非满流设计，重力流的管道上部保持一定的空间，目的是能自由排出管道内的有害气体，调节系统内的压力波动，容纳超设计的高峰流量。

为满足管道充满度和流速的要求，排水管道应有一定的坡度。按非满流管道坡度有通用坡度和最小坡度，通用坡度为正常情况下应予以保证的坡度，最小坡度为必须保证的坡度。一般情况下应采用通用坡度，当横管过长或建筑空间、标高受限制时，可采用最小坡度。

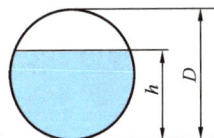

图 4-37　充满度

小区室外生活排水管道最小管径、最小设计坡度和最大设计充满度宜按表 4-5 确定。

表 4-5　小区室外生活排水管道最小管径、最小设计坡度和最大设计充满度

管别	最小管径(mm)	最小设计坡度	最大设计充满度
接户管支管	160(150)	0.005	0.5
干管	200(200)	0.004	
	≥315(300)	0.003	

注：接户管管径不得小于建筑物排出管管径。

建筑排水塑料管粘接、熔接连接的排水横支管的标准坡度应为 0.026。胶圈密封连接排水横管的坡度可按表 4-6 调整。

表 4-6　建筑排水塑料管排水横管的最小坡度、通用坡度和最大设计充满度

外径(mm)	通用坡度	最小坡度	最大设计充满度
110	0.012	0.0040	0.5
125	0.010	0.0035	

外径(mm)	通用坡度	最小坡度	最大设计充满度
160	0.007		
200		0.0030	0.6
250	0.005		
315			

注：胶圈密封接口的塑料排水横支管可调整为通用坡度。

（2）自清流速

为了使污废水中的杂质不致沉淀在管底，并使满流有冲刷管壁污物的能力，管道必须有一个最小流速，这个流速称之为自清流速。管道的自清流速与管径、充满度、污水性质等因素有关，见表 4-7。

表 4-7　管道自清流速

污水管道类别	生活粪便污水排水管			明渠（沟）	雨水管道及合流制下水道
	$D>150mm$	$D=150mm$	$D=100mm$		
自清流速（m/s）	0.6	0.65	0.7	0.4	0.75

为防止管壁因污水流动的摩擦及水流冲击而损坏，不同材质排水管道的最大流速也应符合相关规定。各类不同材料的排水管道最大允许流速见表 4-8。

表 4-8　各类不同材料的排水管道最大允许流速

管道材料	排 水 类 型	
	生活污水	含有杂质的工业废水、雨水
	允许流速（m/s）	
金属管道	7.0	10.0
陶土及陶瓷管道	5.0	7.0
混凝土、钢筋混凝土及石棉水泥管、塑料管	4.0	7.0

管道中的设计流速应大于自清流速，小于最大允许流速。

2. 计算方法

（1）排水横管的水力计算

当计算管段上卫生器具比较多、排水当量总数很大时，必须通过水力计算来确定管径。建筑内部排水横管按明渠均匀流公式计算：

$$q_p = A \cdot v \tag{4-3}$$

$$v = \frac{1}{n} R^{2/3} \cdot I^{1/2} \tag{4-4}$$

式中　　q_p——计算管段排水横管设计秒流量，L/s；

A——管道在设计充满度的过水断面面积，m^2；

v——流速，m/s；

R——水力半径，m；

I——水力坡度；

n——管渠粗糙系数，铸铁管取 0.013，混凝土管、钢筋混凝土管取 0.013～0.014，塑料管取 0.009，钢管取 0.012。

（2）排水立管的水力计算

生活排水立管的最大设计排水能力应按表 4-9 确定。立管管径不得小于所连接的横支管管径。

当建筑底层无通气的排水支管与其楼层管道分开单独排出时，其排水横支管管径可按表 4-9 确定。

表 4-9　生活排水立管最大设计排水能力

排水立管系统类型				最大设计排水能力(L/s)		
				排水立管管径(mm)		
				75	100 (110)	150 (160)
伸顶通气			厨房	1.00	4.00	6.40
			卫生间	2.00		
专用通气	专用通气管 75mm	结合通气管每层连接		—	6.30	—
		结合通气管隔层连接			5.20	
	专用通气管 100mm	结合通气管每层连接			10.00	
		结合通气管隔层连接			8.00	
	主通气立管+环形通气管					
自循环通气	专用通气形式				4.40	
	环形通气形式				5.90	

当公共食堂厨房内的污水采用管道排出时，其管径应比计算管径大一级，但干管管径不得小于 100mm，支管管径不得小于 75mm；医院污物洗涤盆（池）和污水盆（池）的排水管管径不得小于 75mm；小便槽或连接 3 个及 3 个以上的小便器，其污水支管管径不宜小于 75mm；浴池的泄水管宜采用 100mm。

（3）通气管管径的确定

1）通气管的最小管径不宜小于排水管管径的 1/2，并可按表 4-10 确定。

表 4-10　通气管最小管径（mm）

通气管名称	排水管管径			
	50	75	100	150
器具通气管	32	—	50	—
环形通气管	32	40	50	—
通气立管	40	50	75	100

注：1. 表中通气立管系指专用通气立管、主通气立管、副通气立管；
　　2. 根据特殊单立管系统确定偏置辅助通气管管径。

2）通气立管长度小于等于 50m 且两根及两根以上排水立管同时与一根通气立管相

连，应以最大一根排水立管按表 4-10 确定通气立管管径，且其管径不宜小于其余任何一根排水立管管径。

3）结合通气管的管径不宜小于与其连接的通气立管管径。

4）伸顶通气管管径应与排水立管管径相同。但在最冷月平均气温低于 $-13℃$ 的地区，应在室内平顶或吊顶以下 0.3m 处将管径放大一级。

【案例导入 4-1】某六层住宅楼，排水采用合流制。其中一个卫生间（图 4-38）内设一根排水立管，卫生间内设有一个浴盆、一个地漏、一个大便器、一个洗脸盆、一台洗衣机和一个清扫口。试进行连接在排水立管上的所有排水管段的水力计算。

【解】

1. 横支管计算

计算简图如图 4-39 所示，按式（4-1）计算排水设计秒流量，其中取 $\alpha = 1.5$，卫生器具的排水当量可查表 4-3 选取，计算出各个管段的设计秒流量后查水力计算附录 4-1，可确定管径和坡度。计算结果见表 4-11。

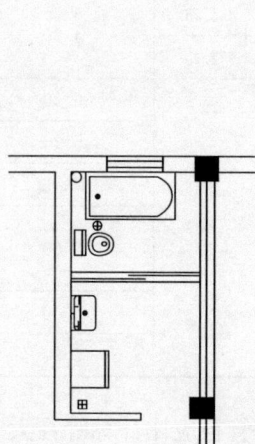

图 4-38　卫生间平面图　　　　　图 4-39　计算简图

表 4-11　各层排水横支管水力计算表

| 管段编号 | 卫生器具名称数量 | | | | | 当量总数 N_p | 排水流量 q_{max}(L/s) | 设计秒流量 q_p(L/s) | 管径 (mm) | 坡度 i |
	洗衣机 $N_p=1.50$	洗脸盆 $N_p=0.75$	坐便器 $N_p=4.5$	地漏 —	浴盆 $N_p=3$					
0-1	1					1.50	0.50	0.7205	50	0.030
1-2	1	1				2.25	0.25	0.7700	50	0.030
2-3	1	1	1			6.75	1.5	1.968	110	0.030
2-4	1	1	1	1		6.75	—	1.968	110	0.030
4-5	1	1	1	1	1	9.75	1.0	2.062	110	0.030

2. 立管计算

立管接纳的排水当量总数为：

$$N_p = 9.75 \times (6-1) = 48.75$$

立管最下部管段的排水设计秒流量

$$q_p = 0.12 \times 1.5 \times \sqrt{48.75} + 1.5 = 2.757 \text{L/s}$$

查表，选用立管管径 $d_e = 110\text{mm}$，流量 $q = 2.90\text{L/s}$，流速 $v = 0.69\text{m/s}$。因设计秒流量小于表 4-9 中排水塑料管最大允许排水流量 5.4L/s，所以不需要设置专用的通气管。

3. 立管底部和排出管计算

立管底部和排出管的管径放大一号，取 $d_e = 125\text{mm}$，查表取标准坡度 0.026，充满度为 0.5，最大流量为 9.48L/s，流速为 1.72m/s，符合要求。

复习思考题 🔍

1. 建筑内部污水按其性质不同，可分为哪几类？各有什么特点？

2. 建筑内部排水系统由哪几部分组成？各有什么作用？

3. 什么是排水体制？确定排水体制的原则是什么？

4. 排水管道的敷设与安装有何要求？

5. 通气管系统分哪几种？其设置的要求和条件是什么？

6. 卫生器具按用途可分为几类？每类包括哪些种？各适用于哪些场所？

7. 冲洗设备种类有哪些？各适用于什么场合？

8. 高层建筑排水系统有什么特点？新型单立管排水系统与传统排水系统相比有何优点？

9. 排水管道为什么设定必须有最小保证流速和最大允许流速？

10. 什么是排水当量？为什么卫生器具的排水当量比相应的给水当量大？

11. 排水横管的计算规定有哪些？各有什么具体要求？

12. 排水和通气管道的计算方法和步骤是什么？

13. 一栋三层高的集体宿舍，每层设有自闭式冲洗阀大便器 4 个，设有 5 个水龙头的盥洗槽，自闭挂式小便器 3 个，淋浴器 2 个，普通水龙头的污水池 1 个，管道采用塑料管，试确定该宿舍楼的总排出管的设计流量。（集体宿舍：$\alpha = 1.5$）

项目5

Project 05

建筑热水供应系统设计

项目目标

了解热水供应系统的分类与组成，了解热水供应系统的管材和附件及热水管道的布置与敷设，熟悉热水水质、热水用水定额和热水水温，掌握热水量、耗热量、热媒耗量的计算及热水制备设备和贮热设备的选型计算。

素质目标

培养学生绿色低碳的意识。热泵热水器是一种将低位热源的热能转移到高位热源的装置，是我国实现"双碳"目标的缩影，强调"节能产品"在热水工程中的重要作用。

任务 5.1　热水供应系统的分类与组成

任务目标

了解热水供应系统的分类与组成，能够从节能、经济适用性出发选择加热设备。

建筑内部热水供应系统是指热水制备、输配和贮存的总称，其任务是按水量、水温和水质的要求，将冷水加热并贮存于热水贮水器中，通过输配管网供应至热水用户，满足人们生活和生产中对热水的需求。

一、热水供应系统的分类

热水供应系统按热水的供应范围可分为局部热水供应系统、集中热水供应系统和区域热水供应系统等。

1. 局部热水供应系统

采用小型加热器在用水点就地加热，供小范围内一个至几个配水点或供应一至两户人家或一层用户的热水供应系统称为局部热水供应系统，又称独立热水供应系统。常用的加热设备有燃气热水器、燃气壁挂炉、太阳能热水器及空气能热水器等。

局部热水供应系统的主要特点是：

（1）加热设备分散布置，在用水点或用水点附近就地加热，热水管道短或无热水管道，热损失小。

（2）加热设备由使用者自己控制，使用灵活，容易得到所需温度的热水。

（3）加热器的热媒，通常是燃气或电力，设备紧凑，体积小。

（4）当加热器设置数量多时，造价较高，维修管理困难，且应有可靠的安全措施。

局部热水供应系统，适用于建筑内用水量小、用水点分散或对热水水温有特殊要求的场所，以及无集中热水供应系统，但有足够的燃气或电力供应的建筑物。如一般单元式居住建筑的厨房和浴室，公共建筑的饮水处等，如图 5-1 所示。

2. 集中热水供应系统

冷水在锅炉房或热交换站集中加热后，通过热水管网输送到单幢或几幢建筑的热水供应系统称为集中热水供应系统。

集中热水供应系统的特点是：

5-1

建筑室内热水系统的分类

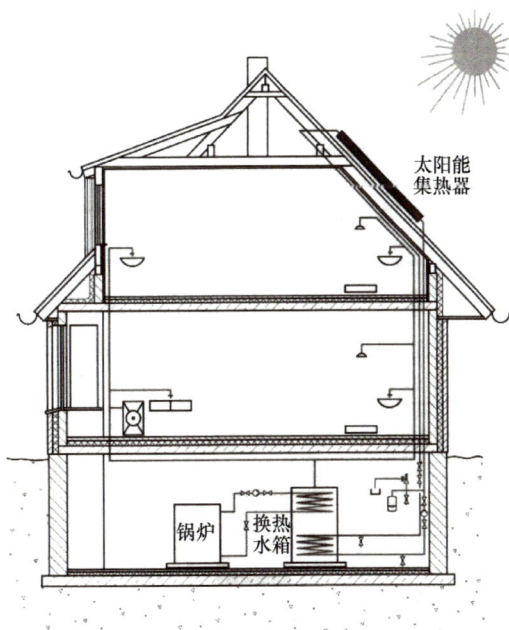

太阳能集热器

锅炉

换热水箱

图 5-1　局部热水供应系统

（1）供水范围大，加热器及其他设备集中设置，方便统一管理。

（2）加热效率高，热水制备成本低。

（3）采用管道向用水点供应热水，使用较为方便、舒适。

（4）系统复杂，管线长，热损失大，投资较大。

（5）需要专门维护管理人员，建成后改建、扩建较困难。

集中热水供应系统适用于热水用量较大、用水点比较集中的建筑，如星级酒店、高级宾馆、医院、公共浴室、疗养院、体育馆等公共建筑和用水点布置较集中的工业建筑等。

3. 区域热水供应系统

在热电厂或区域锅炉房将水集中加热后，通过城市热力管网输入到居住小区、生产企业及单位的热水供应系统称为区域热水供应系统。

区域热水供应系统的特点是：

（1）便于热能的综合利用和集中维护管理，有利于减少环境污染。

（2）可提高热效率和自动化程度，热水成本低，使用方便、舒适。

（3）供水范围大，加热源远离使用者，安全性高。

（4）热水在区域锅炉房中的热交换站制备，管网复杂，热损失大。

（5）设备多，自动化程度高，一次性投资大。

区域热水供应系统一般用于城市片区、居住小区的人口密集建筑群，目前在发达国家应用较多。

二、热水供应系统的组成

热水供应系统的组成因建筑类型和规模、热源情况、用水要求、加热和贮存设备的供应情况、建筑对美观和安静的要求等不同情况而异。图 5-2 所示为一个典型的集中热水供应系统，其主要由热媒系统、热水供水系统、附件三部分组成。

5-2

建筑室内热水系统的组成

1. 热媒系统（第一循环系统）

热媒系统由热源、水加热器和热媒管网组成。由锅炉生产的蒸汽（或高温热水）通过热媒管网送到水加热器加热冷水，经过热交换蒸汽变成冷凝水，靠余压经疏水器流到冷凝水池，冷凝水和新补充的软化水经冷凝循环泵再送回锅炉生产蒸汽，如此循环完成热的传递作用。对于区域性热水系统不需设置锅炉，水加热器的热媒管道和冷凝水管道直接与热力网连接。

2. 热水供水系统（第二循环系统）

热水供水系统由热水配水管网和回水管网组成。被加热到一定温度的热水，从水加热器出来经配水管网送至各个热水配水点，而水加热器的冷水由高位水箱或给水管网补给。为保证备用水点随时都有规定水温的热水，在立管和水平干管甚至支管设置回水管，使一定量的热水经过循环水泵流回水加热器以补充管网所散失的热量。

3. 附件

附件包括蒸汽、热水的控制附件及管道的连接附件。控制附件如温度自动调节器、疏水器、减压阀、安全阀、自动排气阀、膨胀罐，管道连接附件如管道伸缩器、闸阀、水嘴等。

图 5-2 集中热水供应系统

三、热水供水方式

1. 按热水加热方式分类

按热水加热方式的不同可分为直接加热和间接加热两种，分别如图 5-3 和图 5-4 所示。

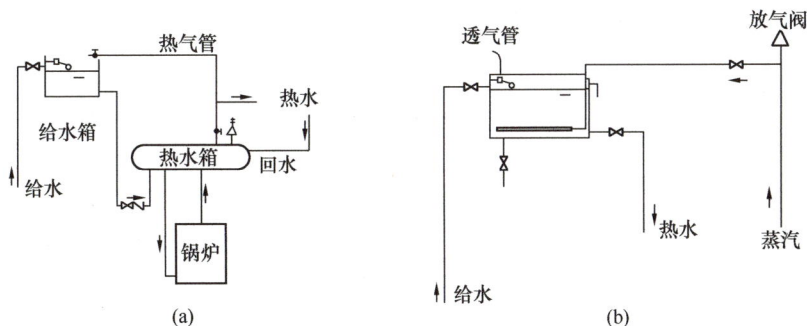

图 5-3 直接加热方式

（a）热水锅炉直接加热；（b）多孔管蒸汽直接加热

（1）直接加热

直接加热时热媒与冷水直接混合，把冷水加热到所需的温度，也称一次换热。如水-水直接加热、蒸汽-水直接加热，热水锅炉把冷水直接加热到所需热水温度，或者是将蒸汽或高温水通过穿孔管或喷射器直接通入冷水混合制备热水。直接加热具有热效率高、设备简单、无需冷凝水管的优点，但存在噪声大、对蒸汽质量要求高、冷凝水不能回收、热源需大量经水质处理的补充水、运行费用高等缺点。它适用于具有合格的蒸汽热媒且对噪

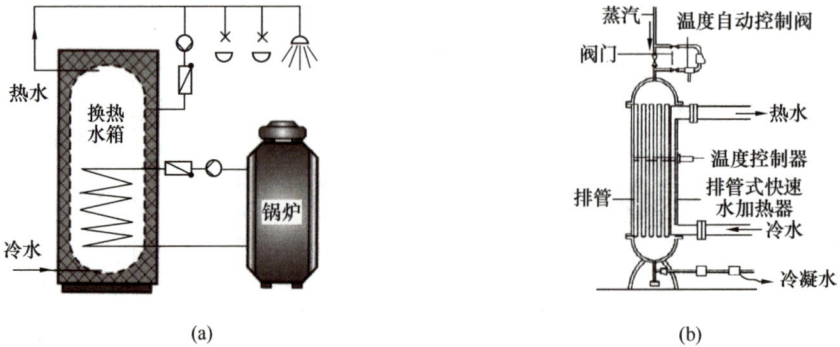

图 5-4　间接加热方式

（a）热水锅炉间接加热；（b）蒸汽间接加热

声无严格要求的洗衣房、公共浴室、工矿企业等用户。

（2）间接加热

间接加热也称二次换热，是指在加热过程中热媒与被加热水不直接接触，热媒通过换热盘管把热量传递给外壁侧冷水，以达到加热冷水的目的。该方式的优点是回收的冷凝水可重复利用，只需少量软化处理的补充水，运行费用低，且加热时不产生噪声，蒸汽不会对热水产生污染，供水安全稳定。它适用于要求供水稳定、安全，噪声要求低的旅馆、住宅、医院、办公楼等建筑。同时，采用大型太阳能热水器、水源热泵、空气源热泵等可再生低温能源制备生活热水均属于间接加热。

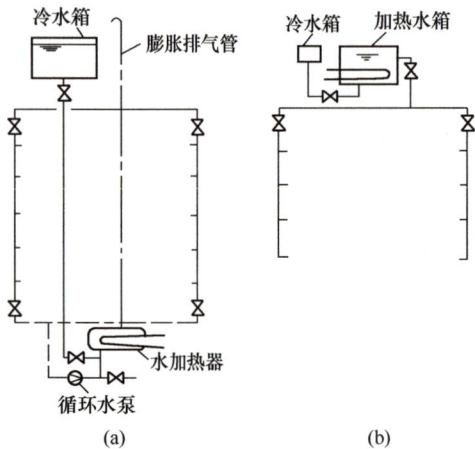

图 5-5　开式热水供水方式

（a）水泵增压式；（b）重力自流式

2. 按热水管网的压力工况分类

按热水管网的压力工况可分为开式和闭式两类。

（1）开式热水供水方式

开式热水供水方式是指在所有配水点关闭后，系统内的水仍能与大气相通，如图 5-5 所示。该方式一般在管网顶部设有高位冷水箱和膨胀管或高位开式加热水箱。系统内的水压仅取决于水箱的设置高度，而不受室外给水管网水压波动的影响，可保证系统水压稳定和供水安全可靠。但系统中高位水箱占用建筑空间较大，且开式水箱易受外界污染。该方式适用于用户要求水压稳定，且建筑有条件设高位水箱的热水系统。

（2）闭式热水供水方式

闭式热水供水方式即在所有配水点关闭后，整个系统内的水与大气隔绝，如图 5-6 所示。为了提高系统的安全可靠性，该方式中应采用设有安全阀的承压水加热器，和设置压力膨胀罐。闭式热水供水方式具有管路简单、水质不易受外界污染的优点，但供水水压稳定性较差，安全可靠性较差。它一般用于不宜设置水箱的热水供应系统。

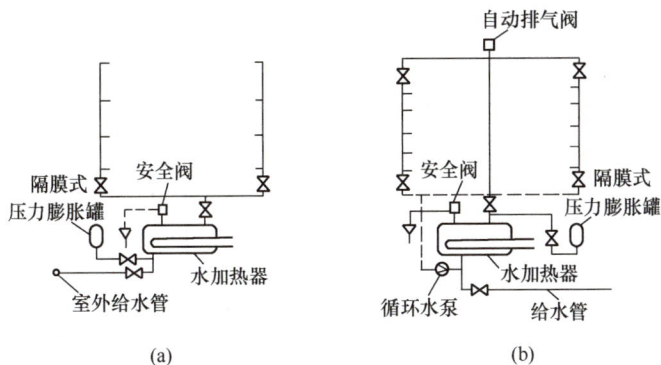

图 5-6　闭式热水供水方式

（a）热力膨胀式；（b）水泵增压式

3. 按热水管网的循环方式分类

按热水管网设置循环管网的方式不同，有全循环、半循环、无循环供水方式之分。

（1）全循环供水方式

全循环供水方式是指所有配水干管、立管和分支管均设有相应回水管道，可以保证配水管网任意点的水温，如图 5-7 所示。它适用于要求能随时获得设计温度热水的高标准建筑中，如宾馆、饭店等。

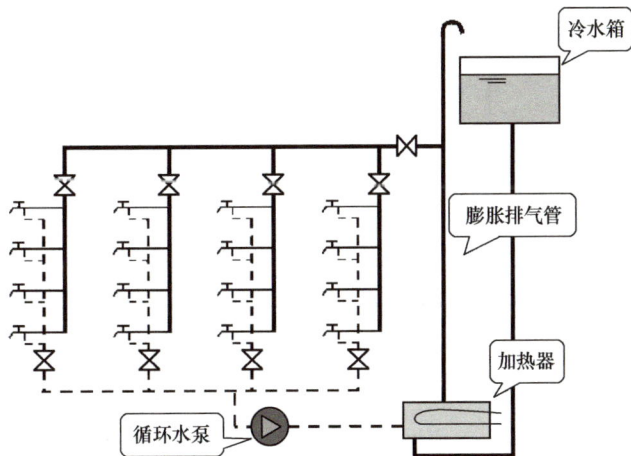

图 5-7　全循环供水方式

（2）半循环供水方式

根据循环管的设置位置，半循环供水方式可分为立管循环和干管循环，如图 5-8 所示。立管循环热水供水方式是指热水干管和热水立管内均保持有热水的循环，使用时只需放掉热水支管中少量的存水，就能获得规定水温的热水。该方式多用于设有全日供应热水的建筑和设有定时供应热水的高层建筑中。干管循环热水供水方式是指仅保持热水干管内的热水循环，多用于采用定时供应热水的建筑中。在热水供应前，先用循环泵把干管中已冷却的存水循环加热，使用时需放掉立管和支管内的冷水，方可流出符合要求的热水。

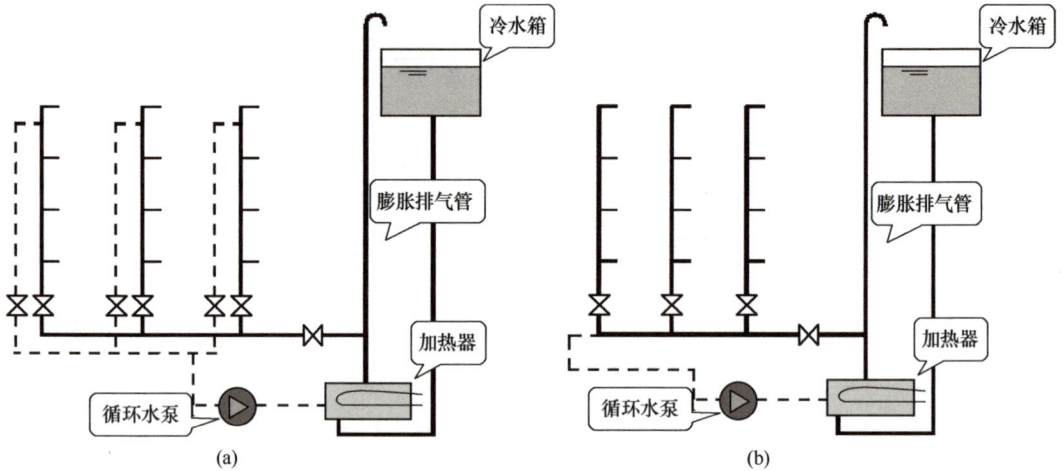

图 5-8　半循环供水方式

（a）立管循环；（b）干管循环

（3）无循环供水方式

无循环供水方式是指在热水管网中不设任何循环管道，如图 5-9 所示。它适用于使用要求不高的小型热水供应系统，如公共浴室、洗衣房等。

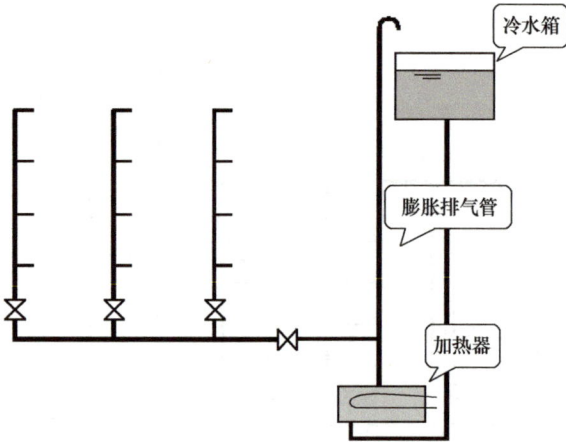

图 5-9　无循环供水方式

4. 按热水管网运行方式分类

按热水管网运行方式的不同，可分为全天循环方式和定时循环方式。

（1）全天循环方式

全天循环方式即全天任何时刻，管网中均维持有不低于循环流量的水量，保证设计管段的水温在任何时刻都不低于设计温度。

（2）定时循环方式

定时循环方式即在集中使用热水前，利用水泵和回水管道使管网中冷却的水强制循环加热，当管网中热水的温度达到规定值后，系统才进入供应状态。

5. 按热水管网循环动力分类

按热水管网采用的循环动力不同，可分为自然循环方式和机械循环方式。

（1）自然循环方式

自然循环方式即利用热水管网中配水管和回水管内的温度差所形成的自然循环作用水头（自然压力），使管网内维持一定的循环流量，以补偿热损失，保持一定的供水温度。现实中配水管与回水管内的水温差一般仅为 5～10℃，其自然循环作用水头值很小，故实际工程中使用自然循环的很少。

（2）机械循环方式

机械循环方式即利用水泵提供水在热水管网内的循环动力，使系统保持一定的循环流量，以补偿管网热损失，维持一定的水温。目前实际运行的热水供应系统，大部分均采用这种循环方式。

6. 按热水配水管网水平干管的位置分类

按热水配水管网水平干管的位置分类，可分为下行上给供水方式和上行下给供水方式。

热水供水方式的选用，应综合考虑建筑物用途、热源的供给情况、热水用量和卫生器具的布置情况等。在实际工程中，常将上述各种方式按照具体情况进行组合。如图 5-8（b）所示为热水锅炉直接加热机械强制半循环干管下行上给的热水供水方式，适用于定时供应热水的公共建筑。图 5-2 为蒸汽间接加热机械强制全循环干管下行上给的热水供水方式，适用于全天供应热水的大型公共建筑或工业建筑。

四、热水供应系统的加热设备

在热水供应系统中，加热设备是热水供应系统的重要组成部分，需根据热源条件和系统要求合理选择。加热设备常用以蒸汽或高温水为热媒的水加热设备。

热水系统的加热设备分为局部加热设备和集中热水供应系统的加热和贮热设备。其中局部加热设备包括燃气热水器、电热水器、太阳能热水器等；集中加热设备包括燃煤（燃油、燃气）热水锅炉、热水机组、容积式水加热器、半容积式水加热器、快速式水加热器和半即热式水加热器等。

1. 局部加热设备

（1）燃气热水器

燃气热水器，按其构造不同，可分为直流式和容积式两种。

直流式燃气热水器一般安装在用水点，就地加热，可随时点燃并可立即取得热水，供一个或几个配水点使用，常用于厨房、浴室、医院手术室等局部热水供应，其结构如图 5-10 所示。

容积式燃气热水器具有一定的贮水容积，使用前应预先加热，可供几个配水点或整个管网供水，可用于住宅、公共建筑和工业企业的局部和集中热水供应。

（2）电热水器

电热水器按其构造不同，分为快速式和容积式两种。

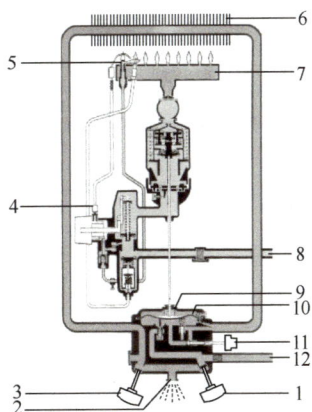

图 5-10　直流快速式燃气热水器

1—冷水阀；2—热水出口；3—热水阀；4—总开关、压电点火装置；5—点火喷嘴；6—肋片式热交换器（内胆）；7—主燃烧器；8—燃气输入管；9—水气联动阀；10—隔膜；11—温度调节旋钮；12—冷水进口

建筑给水排水工程（第二版）

快速式电热水器无贮水容积，使用前不需预先加热，通水通电后即可得到热水，具有热损失少、效率高、体积小、质量轻、安装方便、易调节水量和水温等优点，但电能消耗大，在缺电地区受到一定限制。

容积式电热水器具有一定的贮水容积，其容积大小不等，在使用前需预先加热到一定温度，可同时供应几个热水用水点在一段时间内使用，具有耗电量小、使用方便等优点，但其配水管较长，热损失较大，其构造如图5-11所示。

（3）供暖和生活热水两用型燃气壁挂炉

两用型燃气壁挂炉具有家庭中央供暖功能，能满足多居室的采暖需求，各个房间能够根据需求设定舒适温度，并且能够提供大流量恒温卫生热水，供家庭沐浴、厨房等场所使用。燃料一般使用天然气，也有使用城市煤气或液化气的，能源利用率高（热效率一般可达92%以上），供热费用较低。目前，市场中常见为一体式结构的两用型燃气壁挂炉，如图5-12所示。即膨胀水箱、水泵、安全附件等紧凑地组装为一个整体，具有安装方便、节省空间的优点。

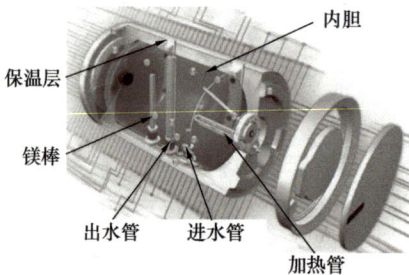

图5-11 容积式电热水器

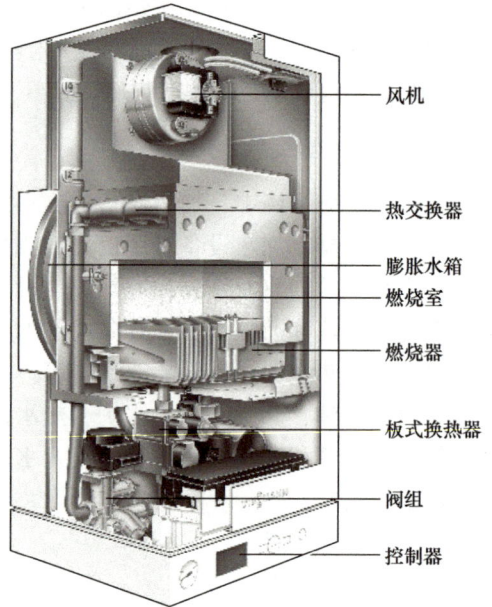

图5-12 供暖和生活热水两用型燃气壁挂炉

（4）太阳能热水器

太阳能热水器是利用太阳能转换成热能，达到水加热的装置。其突出优点是：绿色节能、运行费用低、不存在环境污染问题。但由于受天气、季节、地理位置等影响不能连续稳定运行，为满足用户要求需配置贮热和辅助加热设施、占地面积较大，其使用受到一定限制。它适用于年日照时数大于1400h、年太阳辐射量大于4200MJ/m^{2}及年极端最低气温不低于-45℃的地区。

太阳能热水器按热水循环方式，可分为自然循环和机械循环两种。自然循环太阳能热水器是靠水温差产生的热虹吸作用进行水的循环加热，该种热水器具有运行费用低、不需专人管理的优点。但其贮热水箱必须装在集热器上面，同时使用的热水会受到时间和天气

130

的影响，如图 5-13 所示。

　　机械循环太阳能热水器，由于利用水泵提供水循环动力，其贮热水箱和水泵可放置于任何部位，系统制备热水效率高，产水量大。若需克服天气对热水加热的影响，可增加辅助加热设备，如燃气加热、电加热和蒸汽加热等措施。它适用于大面积和集中供应热水的场所，如图 5-14 所示。

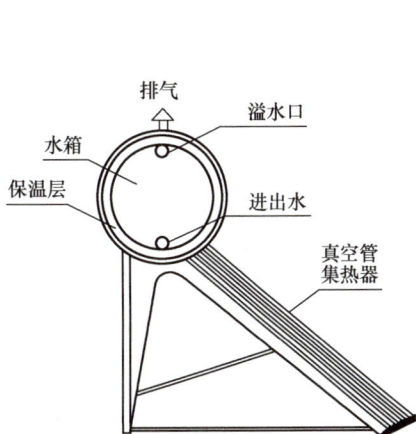

图 5-13　自然循环式太阳能热水器

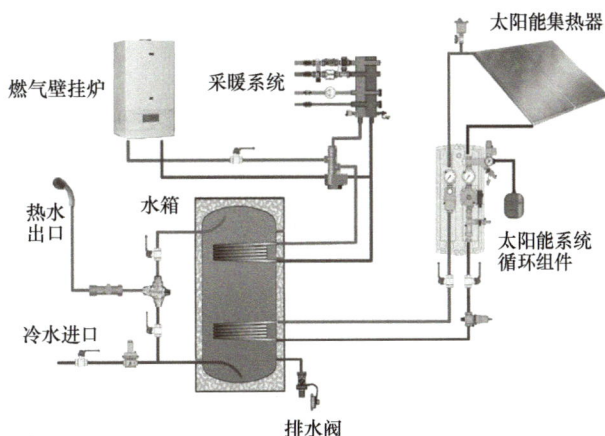

图 5-14　机械循环太阳能热水供暖系统

2. 集中热水供应系统的加热和贮热设备

（1）热水锅炉

　　常见的热水锅炉，根据使用燃料不同可分为燃煤锅炉、燃油锅炉和燃气锅炉。燃煤锅炉燃料价格低，运行成本低，但存在烟尘和煤渣，会严重污染环境。目前许多城市已限制或禁止在市区内使用燃煤锅炉。燃油热水锅炉和燃气热水锅炉由于其燃烧迅速、完全，热效高、排污总量少，且具有构造简单、体积小、管理方便等优点，其使用越来越广泛，其构造如图 5-15 所示。

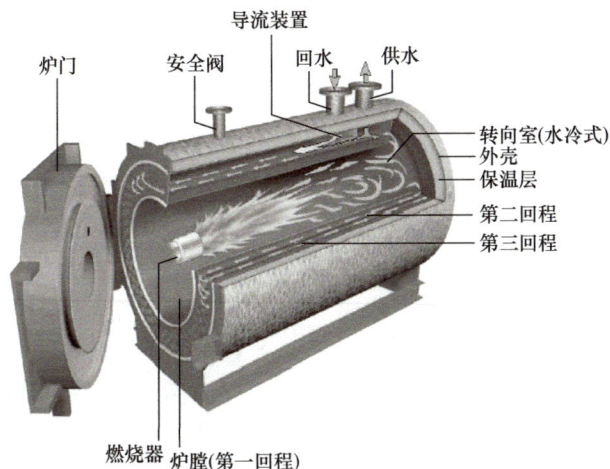

图 5-15　燃油低温热水锅炉

（2）容积式水加热器

容积式水加热器是一种常见的间接加热设备，内设换热管束并具有一定的贮热容积，既可加热冷水又可贮备热水，常用热媒为饱和蒸汽或高温水。常用的容积式水加热器有传统的 U 形管型容积式水加热器和导流型容积式水加热器，如图 5-16 所示。

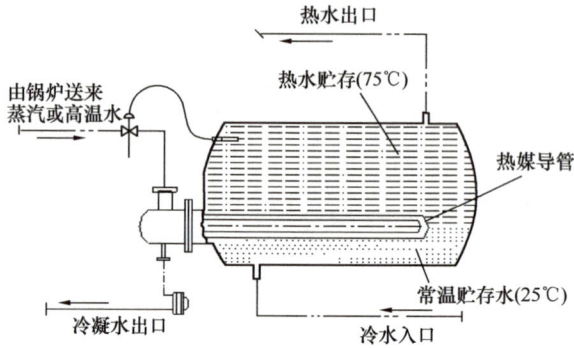

图 5-16　容积式水加热器

（3）快速式水加热器

快速式水加热器是热媒与被加热水通过较大速度的流动进行快速换热的间接加热设备。相比于容积式水加热器，提高了热媒和被加热水的流动速度达到"紊流加热"，避开"层流加热"的弊端，有效改善了传热效果。根据热媒的不同，快速式水加热器有汽-水和水-水两种类型，它们的热媒分别为蒸汽和高温水。根据加热导管的构造不同，又可分为单管式、多管式、板式、管壳式、波纹板式、螺旋板式等。

快速式水加热器体积小、安装方便、热效高，但不能贮存热水，水头损失大，在热媒或被加热水的压力不稳定时，出水温度波动大，适用于用水量大且比较均匀的热水供应系统。

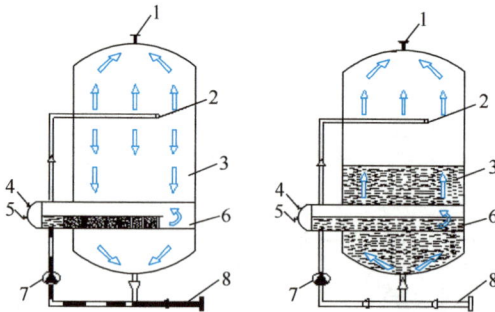

图 5-17　半容积式水加热器构造及
高峰用水时工作状态

1—热水出口；2—配水管；3—贮热水罐；
4—热媒进口；5—热媒出口；6—快速换
热器；7—内循环泵；8—冷水进口

（4）半容积式水加热器

半容积式水加热器是带有适量贮存与调节容积的内藏式容积式水加热器。该设备由贮热水罐、内藏式快速换热器和内循环泵 3 个主要部分组成。其中快速换热器与贮热水罐隔离，被加热水在快速换热器内迅速加热后，通过热水配水管进入贮热水罐，当管网中热水用量低于设计用水量时，一部分热水将落到贮热水罐底部，与补充水（冷水）一道经内循环泵升压后再次进入快速换热器加热，如图 5-17 所示。

半容积式水加热器，其贮热容积相比于其他容积式水加热器减少了 2/3 的体积，同时具有加热快、换热充分、供水温度稳定、节水节能的优点，但由于内循环泵不间断地运行，需要有极高的质量保证。

（5）半即热式水加热器

半即热式水加热器是经过改进的快速式水加热器。由贮热水罐、内藏式快速换热器和内循环泵 3 个主要部分组成，如图 5-18 所示。

半即热式水加热器除了具有快速加热、浮动盘管自动除垢等特点，还具有热水出水温度精度高（一般能控制在 ±2.2℃ 内）、体积小、节省占地面积的优点。它适用于各种不同负荷需求的机械循环热水供应系统。

（6）加热水箱和热水贮水箱

加热水箱是一种直接加热的热交换设备，在水箱中安装蒸汽穿孔管或蒸汽喷射器，给冷水直接加热。也可在水箱内安装排管或盘管给冷水间接加热。加热水箱常用于公共浴室等用水量大而均匀的定时热水供应系统。

热水贮水箱（罐）是专门调节热水量的设施，常设在用水不均匀的热水供应系统中，用以调节水量、稳定出水温度。

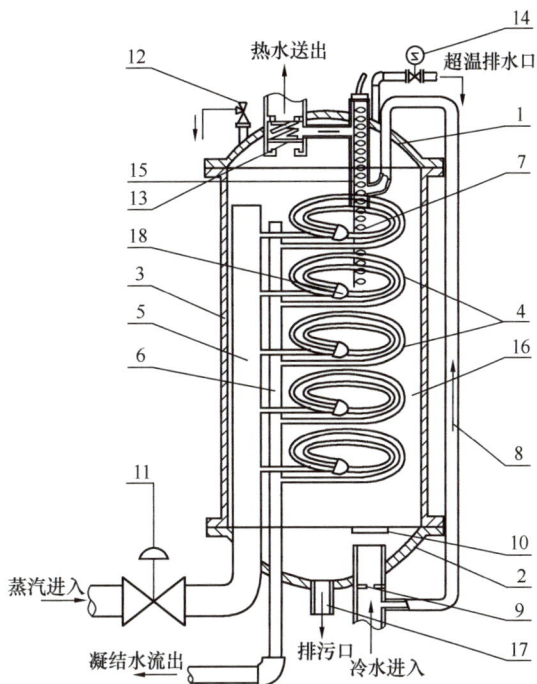

图 5-18　半即热式水加热器构造示意图

1—顶端盖；2—底端盖；3—筒体；4—换热盘管；
5—蒸汽立管；6—凝结水立管；7—感温元件；
8—分流管；9—孔板；10—转向器（挡板）；
11—温度调节阀；12—安全阀；13—热水出
口弹簧止回阀；14—电磁阀；15—感温管；
16—间隙；17—排污口；18—惰性块

（7）可再生低温能源的热泵热水器

目前常见的可再生低温能源热泵热水器，根据其热源不同可分为水源热泵、地源热泵及空气源热泵。热泵热水器主要由蒸发器、压缩机、冷凝器和膨胀阀等部分组成，通过让工质不断完成蒸发（吸取环境中的热量）—压缩—冷凝（放出热量）—节流—再蒸发的热力循环过程，将环境里的热量转移到被加热水中，运行原理如图 5-19 所示。故热泵技术实质是将热量从温度较低的环境中，通过工质的循环，输送到需被加热的介质中。该项技术利用低温热源的热量制备热水，在一定程度上可减少电能的使用，是一项节能环保的技术。

3. 加热设备的选择

加热设备的选择，应综合考虑热源条件、建筑物功能及热水用水规律、耗热量和维护管理等因素后确定。根据《建筑节能与可再生能源利用通用规范》GB 55015—2021 规定，集中生活热水供应系统热源应符合下列规定：

（1）除有其他用蒸汽要求外，不应采用燃气或燃油锅炉制备蒸汽作为生活热水的热源或辅助热源。

（2）除下列条件外，不应采用市政供电直接加热作为生活热水系统的主体热源：

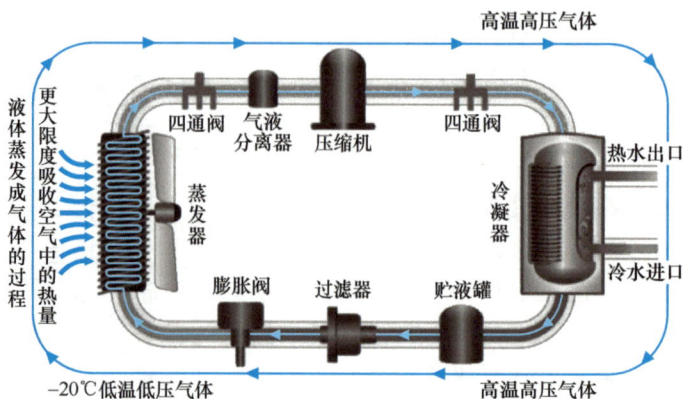

图 5-19　空气源热泵工作原理

1）按 60℃计的生活热水最高日总用水量不大于 5m³，或人均最高日用水定额不大于 10L 的公共建筑。

2）无集中供热热源和燃气源，采用煤、油等燃料受到环保或消防限制，且无条件采用可再生能源的建筑。

3）利用蓄热式电热设备在夜间低谷电进行加热或蓄热，且不在用电高峰和平段时间启用的建筑。

4）电力供应充足，且当地电力政策鼓励建筑用电直接加热做生活热水热源时。

此外，对于集中热水供应系统的加热设备选择，选用热源为太阳能时，宜采用热管或真空管太阳能热水器。选用可再生低温能源时，应注意其适用条件及配备质量可靠的热泵机组。在夏热冬暖地区，宜采用空气源热泵热水供应系统；在地下水源充沛、水文地质条件适宜、能保证回灌的地区，宜采用地下水水源热泵热水供应系统；在沿江、沿海、沿湖、地表水源充足，水文地质条件适宜，以及有条件利用城市污水、再生水的地区，宜采用地表水水源热泵热水供应系统或污水源热泵热水供应系统。

对局部热水供应设备的选择，应符合下列要求：

1）当选用户式燃气热水器或供暖炉为生活热水热源时，其设备的热效率不应低于 85%。

2）居住建筑选用户式电热水器作为生活热水热源时，其能效指标 24h 固有能耗系数不大于 0.7，热水输出率不小于 60%。

3）当选用空气源热泵机组制备生活热水时，热泵热水机在名义制热工况和规定条件下，性能系数（COP）不应低于《建筑节能与可再生能源利用通用规范》GB 55015—2021 规定的数值，并应有保证水质的有效措施。

4）对于日照时数大于 1400h/a 且年太阳辐射量大于 4200MJ/m² 及年极端最低气温不低于 −45℃的地区，宜优先选用太阳能热水器或太阳能辅以电加热的热水器。

5）燃气热水器、电热水器必须带有保证使用安全的装置。严禁在浴室内安装直接排气式燃气热水器等在使用空间内积聚有害气体的加热设备。

6）需同时供给 2 个及 2 个以上热水用水器具时，宜采用带有储热调节容积的热水器。

任务 5.2 热水供应系统的管材和附件

任务目标

能够熟悉热水供应系统的管材和附件。

一、热水供应系统的管材和管件

热水供应系统的管材，常见的有金属管材和非金属管材两种。金属管材，如铸铁管和钢管等，其材料的腐蚀速度与 pH 值、溶解氧、流速、温度、沉淀物等多种因素有关，且相同条件下温度越高腐蚀速度越快。非金属管材，如塑料管 PP-R 等，相比于金属管材具有质量轻、耐腐蚀等优点。

热水供应系统选择管材和管件时应考虑以下几点：

（1）热水供应系统采用的管材和管件，应符合现行产品标准的要求。

（2）热水管道的工作压力和工作温度不得大于产品标准标定的允许工作压力和工作温度。

（3）热水管道应选用耐腐蚀、安装连接方便可靠、符合饮用水卫生要求的管材及相应的配件。

（4）当选用塑料热水管或塑料和金属复合热水管材时，应符合下列要求：

1）管道的工作压力应按相应温度下的允许工作压力选择。

2）定时供应热水的系统因其水温周期性变化大，不宜采用对温度变化较敏感的塑料热水管。

3）设备机房内的管道不应采用塑料热水管。

二、热水供应系统的附件

热水供应系统除需要设置必要的检修阀门和调节阀门外，还需要根据热水供应系统的方式安装一些附件，以便解决热水膨胀、系统排气、管道伸缩等问题以及控制系统的热水温度，从而确保热水给水系统安全可靠地运行。

1. 减压阀

热水供应系统中的加热器常以蒸汽为热媒，若蒸汽管道供应的压力大于水加热器的承压能力，则应设减压阀把蒸汽压力降到需要值，才能保证设备使用安全。

减压阀是利用流体通过阀瓣产生阻力而减压并达到所需求值的自动调节阀，其阀后压力可在一定范围内进行调整。减压阀按其结构形式可分为薄膜式、活塞式和波纹管式三类。减压阀应安装在水平管段上，阀体应保持垂直，阀前、阀后均应安装闸阀和压力表，阀后应设安全阀，一般情况下还应设置旁通管，如图 5-20 所示。

2. 疏水器

为保证热媒管道汽水分离，不产生汽水撞击、管道振动和噪声，延长设备使用寿命，用蒸汽作热媒间接加热的水加热器及开水器的凝结水管道上应每台设备上设置疏水器。疏水器宜设置在蒸汽立管最低处、蒸汽管下凹处的下部。工程中常用的疏水器有吊桶式疏水

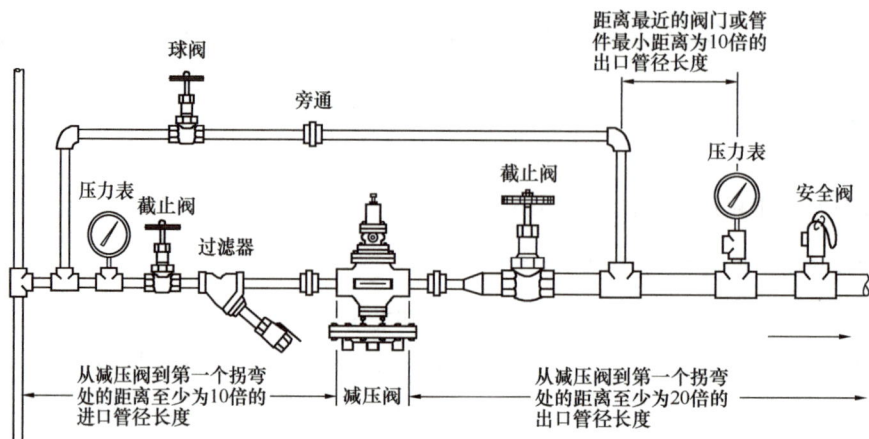

图 5-20　减压阀安装

器和热动力圆盘式疏水器，其中吊桶式疏水器的工作原理如图 5-21 所示。

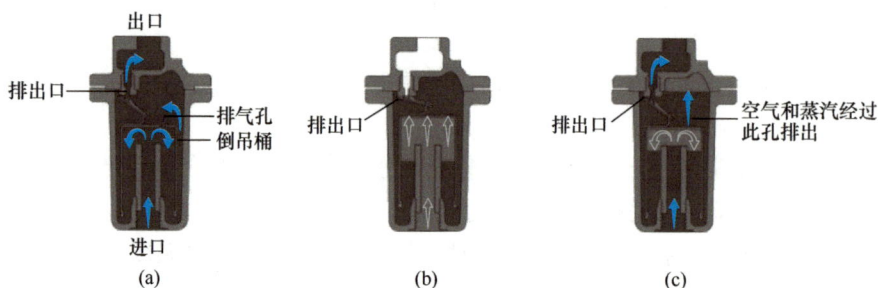

图 5-21　吊桶式疏水器工作原理

（a）凝结水充满阀体，阀打开；（b）蒸汽充满倒吊桶，桶上浮，阀关闭；
（c）桶内蒸汽气泡变小，桶下沉，阀打开

3. 自动排气阀

水在加热过程中会逸出原溶于水中的气体和管网中热水汽化的气体，如不及时排出，这些气体不但阻碍管道内的水流、加速管道内壁的腐蚀，还会引起噪声、振动。为了使热水供应系统正常运行，可在热水管道积聚空气的地方安装自动排气阀。其工作原理如图 5-22 所示。

4. 自动温度调节装置

为节能节水和安全供水，水加热器应安装自动温度调节装置。可采用直接自动温度调节器或间接自动温度调节器，如图 5-23 所示。

5. 膨胀管、膨胀水箱和安全阀

在热水供应系统中，冷水被加热后，体积要膨胀，如果热水系统是密闭的，在卫生器具不用水时，必然会增加系统的压力，有胀裂管道的危险，因此需要设置膨胀管、膨胀水箱或安全阀。

（1）膨胀管

膨胀管用于由高位冷水箱向水加热器供应冷水的开式热水系统，这样当系统中的水加

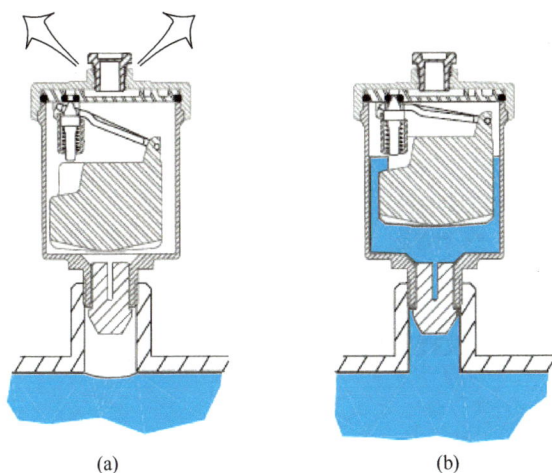

图 5-22　自动排气阀工作原理
（a）气体聚集，浮子下降，打开阀门；
（b）没有气体，浮子上升，关闭阀门

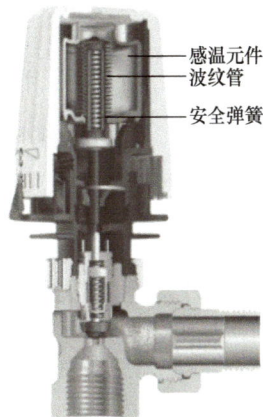

图 5-23　自动恒温阀结构

热体积膨胀后，可将多余的水溢到水箱，使系统始终保持与水箱高度相同的压力。膨胀管上严禁设阀门防止误关，系统水受热膨胀，压力升高对管道造成破坏。当膨胀管有冻结的可能时，应采取保温措施。

（2）膨胀水箱和安全阀

日用水量≤10m³ 的系统可采取设置安全阀或泄压阀的泄压措施。日用水量＞10m³ 的闭式热水供应系统，可设压力式膨胀罐（膨胀水箱）和安全阀。开式热水供应系统的热水锅炉和水加热器可不装安全阀（劳动部门有要求者除外）。

膨胀水箱能吸收贮热设备及管道内水升温时的膨胀量，防止系统超压，保证系统安全运行。膨胀水箱宜设置在水加热器和止回阀之间的冷水进水管或热水回水管的分支管上。

安全阀应垂直安装，安装在锅炉、水加热器和管路的最高点。排气管应通至室外，以防排气伤人。

6. 自然补偿管道和伸缩器

热水供应系统中管道因受热膨胀而伸长，为保证管网使用安全，在热水管网上应采取补偿管道温度伸缩的措施，以避免管道因为承受了超过自身所许可的内应力而导致弯曲甚至破裂。

补偿管道热伸长技术措施有两种，即自然补偿和设置伸缩器补偿。

自然补偿即利用管道敷设自然形成的 L 形或 Z 形弯曲管段，来补偿管道的温度变形。通常的做法是在转弯前后的直线段上设置固定支架，让其伸缩在弯头处补偿，如图 5-24（a）、（b）所示。

当直线管段较长，不能依靠管路弯曲的自然补偿作用时，每隔一定的距离应设置伸缩器。常见的伸缩器有套管伸缩器、方形伸缩器（图 5-24c）、波纹管伸缩器、球形伸缩器等。

热水管道系统中使用最方便、效果最佳的是波形伸缩器，即由不锈钢制成的波纹管，用法兰或螺纹连接，具有安装方便、节省面积、外形美观及耐高温、耐腐蚀、寿命长等

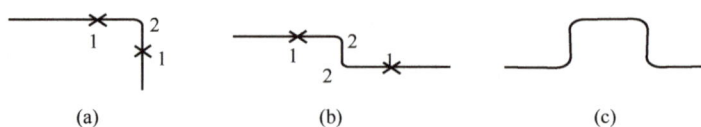

图 5-24　自然补偿和设置伸缩器补偿

（a）L 形自然补偿管道；（b）Z 形自然补偿管；（c）方形伸缩器

1—固定支撑；2—煨弯处

优点。

另外，近年来也有在热水管中采用可曲挠橡胶接头代替伸缩器的做法，但必须注意采用耐热橡胶。

任务 5.3　热水管道的布置与敷设

任务目标

能够完成热水管道的布置与敷设。

一、管材

热水供应系统的管材一般可采用薄壁铜管、薄壁不锈钢管、PP-R 管、PB 管、PE-X 管和铝塑复合管等。

二、管道的布置和敷设

热水管道的布置和敷设，除应考虑满足使用要求和安装维修方便外，还应符合《建筑给水排水设计标准》GB 50015—2019 的规定。具体要求如下：

（1）热水管在满足流量和流速要求下，尽可能短、管径小。热水管和冷水管的敷设应遵守左热右冷、上热下冷的原则。

5-3

室内热水管道的布置与敷设

（2）热水管网同给水管网，有明设和暗设两种敷设方式。横干管可以敷设在室内地沟、地下室顶部、建筑物顶层的顶棚下或设备技术层内。明装管道尽量布置在卫生间或非居住房间内，暗装时热水管道放置在预留沟槽、管道井内。

（3）热水干管较长时，为了避免管道受热伸长所产生的应力破坏管道，应设置自然补偿或设置一定数量的伸缩器。

（4）热水系统配水干管和立管最高点应设置排气装置，系统最低点应设置泄水装置。

（5）下行上给式系统回水立管可在最高配水点以下与配水立管连接。上行下给式系统可将循环管道与各立管连接。

（6）热水横干管的敷设坡度上行下给式系统不宜小于 0.005，下行上给式系统不宜小于 0.003。

（7）热水管穿越建筑物墙壁、楼板和基础处应设置金属套管，穿越屋面及地下室外墙时应设置金属防水套管。

（8）为方便检修等，热水管网应在与配水回水干管连接的分干管、配水立管和回水立管、从立管接出的支管、室内热水管道向住户或公用卫生间等接出的配水管的起端和水加热设备进出管等配置阀门。

（9）为防止热水管道发生倒流和窜流，在水加热器或贮热水罐的冷水供水管、机械循环的第二循环系统回水管、冷热水混水器等的冷热水供水管上，应装设止回阀。

（10）膨胀管上严禁设置阀门。

三、管道的保温措施

为减少热水制备和输送过程中无效的热损失，热水供应系统中的水加热设备，贮热水器，热水箱，热水供水干管、立管，机械循环的回水干、立管，有冰冻可能的自然循环回水干、立管，均应保温。一般选择导热系数低、耐腐蚀、吸水性低且有一定机械强度，易施工材料作为保温材料。热水供水、回水管及热媒水管常用的保温材料为岩棉、超细玻璃棉、硬聚氨酯、橡塑泡沫等，其保温层厚度可参照表 5-1 采用。

表 5-1　热水供水、回水管和热媒水管保温层厚度

管道直径 DN（mm）	热水供水、回水管				热媒水管	
	15～20	25～50	65～100	>100	≤50	>50
保温层厚度（mm）	20	30	40	50	40	50

管道和设备的保温处理，应在防腐蚀处理结束后进行。为达到良好的保温效果，保温材料安装时，应保证其与管道或设备的外壁紧密相贴，并在保温层外表面做防护层。如遇到管道转弯处，更应做好保温处理，转弯位置的保温应做伸缩缝，并在缝隙内填入柔性材料。

任务 5.4　热水水质、热水用水定额和热水水温

任务目标

能够根据设计对象合理选择热水水质标准、用水定额和热水水温。

一、热水水质

生产用热水的水质，应根据生产工艺要求确定。

生活用热水的水质应符合《建筑给水排水与节水通用规范》GB 55020—2021 要求，具体见表 5-2 和表 5-3。

表 5-2　生活热水水质指标及限值

	项目	限值	备注
常规指标	总硬度(以 CaCO$_3$ 计)(mg/L)	300	—
	浑浊度(NTU)	2	—
	耗氧量(COD$_{Mn}$)(mg/L)	3	—
	溶解氧(DO)(mg/L)	8	—
	总有机碳(TOC)(mg/L)	4	—
	氯化物(mg/L)	200	—
微生物指标	菌落总数(CFU/mL)	100	—
	异养菌数(HPC)(CFU/mL)	500	—
	总大肠菌群(MPN/100mL 或 CFU/100mL)	不得检出	—
	嗜肺军团菌	不得检出	采样量 500mL

表 5-3　消毒剂指标及余量

消毒剂指标	管网末梢水中余量
游离余氯(采用氯消毒时)(mg/L)	≥0.05
二氧化氯(采用二氧化氯消毒时)(mg/L)	≥0.02
银离子(采用银离子消毒时)(mg/L)	≤0.05

硬度过高的水加热后，水中钙、镁离子会受热析出，附着在设备和管道表面形成水垢，降低管道输水能力和设备的导热系数；同时水温升高，水中的溶解氧也会受热逸出，增大水对设备或管道的腐蚀性。因此在热水供应系统中应根据水质、水量、水温、设备的类型、使用要求、管理制度、工程投资等因素，来确定原水（冷水）是否需要进行水质处理。一般要求为：

（1）洗衣房日用水量（按 60℃计）≥10m^3 且原水总硬度（以碳酸钙计）＞300mg/L时，应进行水质软化处理；原水总硬度（以碳酸钙计）为 150～300mg/L 时，宜进行水质软化处理。

（2）其他生活日用水量（按 60℃计）≥10m^3 且原水总硬度（以碳酸钙计）＞300mg/L时，宜进行水质软化或阻垢缓蚀处理。

（3）经软化处理后的水质总硬度宜控制在：洗衣房用水 50～100mg/L；其他用水 75～120mg/L。

（4）系统对溶解氧控制要求较高时，宜采取除氧措施。

（5）集中热水供应系统应采取灭菌措施。

水质处理包括原水软化处理与原水稳定处理。生活热水的原水软化处理，常采用离子交换法，可按比例将部分软化水与原水混合后使用，也可对原水全部进行软化处理。该处理方式适用于对热水水质要求高、维护管理水平高的高级旅馆等场所。原水的稳定处理，有物理处理和化学稳定剂处理两种方法。常见物理处理装置有磁水器、电子水处理器、静电水处理器、碳铝离子水处理器等；化学稳定剂处理有聚磷酸盐、聚硅酸盐等稳定剂。此外，除氧处理也可用于改善热水水质，其原理为利用除氧装置，减少水中的溶解氧，如热力除氧、真空除氧、解析除氧、化学除氧等。目前该处理方式仅在一些热水用量较大的高级宾馆等建筑中使用。

二、热水用水定额

5-4

生产用热水定额，应根据建筑的使用特点、卫生器具完善程度及地区条件等确定。

生活用热水定额应根据卫生器具完善程度和地区条件确定。《建筑给水排水设计标准》GB 50015—2019 提供了各类场所和建筑物的生活热水用水定额和各种卫生器具的一次和小时热水用水定额和水温，分别见表 5-4 和表 5-5。

建筑热水用水量

表 5-4　热水用水定额

序号	建筑物名称		单位	用水定额(L)		使用时间(h)
				最高日	平均日	
1	普通住宅	有热水器和沐浴设备	每人每日	40～80	20～60	24
		有集中热水供应(或家用热水机组)和沐浴设备		60～100	25～70	
2	别墅		每人每日	70～110	30～80	24
3	酒店式公寓		每人每日	80～100	65～80	24
4	宿舍	居室内设卫生间	每人每日	70～100	40～55	24 或定时供应
		设公用盥洗卫生间		40～80	35～45	
5	招待所、培训中心、普通旅馆	设公用盥洗室	每人每日	25～40	20～30	24 或定时供应
		设公用盥洗室、淋浴室		40～60	35～45	
		设公用盥洗室、淋浴室、洗衣室		50～80	45～55	
		设单独卫生间、公用洗衣室		60～100	50～70	
6	宾馆客房	旅客	每床位每日	120～160	110～140	24
		员工	每人每日	40～50	35～40	8～10
7	医院住院部	设公用盥洗室	每床位每日	60～100	40～70	24
		设公用盥洗室、淋浴室		70～130	65～90	
		设单独卫生间		110～200	110～140	
		医务人员	每人每班	70～130	65～90	8
	门诊部、诊疗所	病人	每病人每次	7～13	3～5	8～12
		医务人员	每人每班	40～60	30～50	8
		疗养院、休养所住房部	每床每位每日	100～160	90～110	24
8	养老院、托老所	全托	每床位每日	50～70	45～55	24
		日托		25～40	15～20	10
9	幼儿园、托儿所	有住宿	每儿童每日	25～50	20～40	24
		无住宿		20～30	15～20	10
10	公共浴室	淋浴	每顾客每次	40～60	35～40	12
		淋浴、浴盆		60～80	55～70	
		桑拿浴(淋浴、按摩池)		70～100	60～70	

续表

序号	建筑物名称		单位	用水定额(L)		使用时间
				最高日	平均日	(h)
11	理发室、美容院		每顾客每次	20～45	20～35	12
12	洗衣房		每公斤干衣	15～30	15～30	8
13	餐饮业	中餐酒楼	每顾客每次	15～20	8～12	10～12
		快餐店、职工及学生食堂		10～12	7～10	12～16
		酒吧、咖啡厅、茶座、卡拉 OK 房		3～8	3～5	8～18
14	办公楼	坐班制办公	每人每班	5～10	4～8	8～10
		公寓式办公	每人每日	60～100	25～70	10～24
		酒店式办公		120～160	55～140	24
15	健身中心		每人每次	15～25	10～20	8～12
16	体育场(馆)	运动员淋浴	每人每次	17～26	15～20	4
17	会议厅		每座位每次	2～3	2	4

注：1. 表内所列用水定额均已包括在项目 2 表 2-10、表 2-11 中。

2. 本表以 60℃热水水温为计算温度。

3. 学生宿舍使用 IC 卡计费用热水时，可按每人每日最高日用水定额 25～30L，平均日用水定额 20～25L。

4. 表中平均日用水定额仅用于计算太阳能热水系统集热器面积和计算节水用水量。

表 5-5 卫生器具的一次和小时热水用水定额及水温

序号	卫生器具名称			一次用水量(L)	小时用水量(L)	使用水温(℃)
1	住宅、旅馆、别墅、宾馆、酒店式公寓	带有淋浴器的浴盆		150	300	40
		无淋浴器的浴盆		125	250	
		淋浴器		70～100	140～200	37～40
		洗脸盆、盥洗槽水嘴		3	30	30
		洗涤盆(池)		—	180	50
2	宿舍、招待所、培训中心	淋浴器	有淋浴小间	70～100	210～300	37～40
			无淋浴小间	—	150	
		盥洗槽水嘴		3～5	50～80	30
3	餐饮业	洗涤盆(池)		—	250	50
		洗脸盆	工作人员用	3	60	30
			顾客用	—	120	
		淋浴器		40	100	37～40
4	幼儿园、托儿所	浴盆	幼儿园	100	400	35
			托儿所	30	120	
		淋浴器	幼儿园	30	180	
			托儿所	15	90	
		盥洗槽水嘴		15	25	30
		洗涤盆(池)		—	180	50

序号	卫生器具名称			一次用水量 （L）	小时用水量 （L）	使用水温 （℃）
5	医院、疗养 院、休养所	洗手盆		—	15～25	35
		洗涤盆(池)			300	50
		淋浴器			200～300	37～40
		浴盆		125～150	250～300	40
6	公共浴室	浴盆		125	250	40
		淋浴器	有淋浴小间	100～150	200～300	37～40
			无淋浴小间	—	450～540	
		洗脸盆		5	50～80	35
7	办公楼	洗手盆		—	50～100	35
8	理发室、美容院	洗脸盆			35	35
9	实验室	洗脸盆		—	60	50
		洗手盆			15～25	30
10	剧场	淋浴器		60	200～400	37～40
		演员用洗脸盆		5	80	35
11	体育场馆	淋浴器		30	300	35

注：学生宿舍等建筑的淋浴间，当使用 IC 卡计费用水时，其一次用水量和小时用水量可按表中数值的 25%～40% 取值。

三、热水水温

1. 热水使用温度

生活用热水水温应满足生活使用的各种需要。各种卫生器具使用水温，按表 5-5 确定。在计算耗热量和热水用量时，一般按 40℃ 计算。设有集中热水供应系统的住宅，配水点放水 15s 的水温不应低于 45℃。餐厅厨房用热水温度与水的用途有关，洗衣机用热水温度与洗涤衣物的材质有关，其热水使用温度见表 5-6。汽车冲洗用水，在寒冷地区，为防止车身结冰，宜采用 20～25℃ 的热水。

表 5-6 餐厅厨房、洗衣机热水使用温度

用水对象	用水温度(℃)	用水对象	用水温度(℃)
餐厅厨房：		洗衣机：	
一般洗涤	50	棉麻织物	50～60
洗碗机	60	丝绸织物	35～45
餐具过清	70～80	毛料织物	35～40
餐具消毒	100	人造纤维织物	30～35

生产热水使用温度应根据工艺要求或同类型生产实践数据确定。

2. 热水供水温度

热水供水温度，是指热水供应设备（如热水锅炉、水加热器等）的出口温度。在确定最低供水温度时，应保证热水管网最不利配水点的水温不低于使用水温要求。而在确定最高供水温度时，过高的供水温度虽可增加蓄热量，减少热水供应量，但也会增大加热设备和管道的热损失，增加管道腐蚀和结垢的可能性，并易引发烫伤事故。

根据《建筑给水排水设计标准》GB 50015—2019 规定，集中热水供应系统的水加热设备出水温度应根据原水水质、使用要求、系统大小及消毒设施灭菌效果等确定，并应符合下列规定：

（1）进入水加热设备的冷水总硬度（以碳酸钙计）小于 120mg/L 时，水加热设备最高出水温度应小于或等于 70℃；冷水总硬度（以碳酸钙计）大于或等于 120mg/L 时，最高出水温度应小于或等于 60℃。

（2）系统不设灭菌消毒设施时，医院、疗养所等建筑的水加热设备出水温度应为 60～65℃，其他建筑水加热设备出水温度应为 55～60℃；系统设灭菌消毒设施时水加热设备出水温度均宜相应降低 5℃。

（3）配水点水温不应低于 45℃。

局部热水供应系统加热设备的供水温度一般为 50℃，个别要求水温较高的设备，如洗碗机、餐具过清、餐具消毒等，可采用将热水供应系统一般水温的热水进一步加热或单独加热方式获得高水温。

3. 冷水计算温度

热水供应系统所用冷水的计算温度，应以当地最冷月平均水温确定。当资料不全时，可按表 5-7 采用。

表 5-7　冷水计算温度（℃）

区域	省、市、自治区、行政区		地面水	地下水
东北	黑龙江		4	6～10
	吉林		4	6～10
	辽宁	大部	4	6～10
		南部	4	10～15
华北	北京		4	10～15
	天津		4	10～15
	河北	北部	4	6～10
		大部	4	10～15
	山西	北部	4	6～10
		大部	4	10～15
	内蒙古		4	6～10
西北	陕西	偏北	4	6～10
		大部	4	10～15
		秦岭以南	7	15～20
	甘肃	南部	4	10～15
		秦岭以南	7	15～20
	青海	偏东	4	10～15

续表

区域	省、市、自治区、行政区		地面水	地下水
西北	宁夏	偏东	4	6～10
		南部	4	10～15
	新疆	北疆	5	10～11
		南疆	—	12
		乌鲁木齐	8	12
东南	山东		4	10～15
	上海		5	15～20
	浙江		4	15～20
	江苏	偏北	4	10～15
		大部	5	15～20
	江西大部		5	15～20
	安徽大部		5	15～20
	福建	北部	5	15～20
		南部	10～15	20
	台湾		10～15	20
中南	河南	北部	4	10～15
		南部	5	15～20
	湖北	东部	5	15～20
		西部	7	15～20
	湖南	东部	5	15～20
		西部	7	15～20
	广东、港澳		10～15	20
	海南		15～20	17～22
西南	重庆		7	15～20
	贵州		7	15～20
	四川大部		7	15～20
	云南	大部	7	15～20
		南部	10～15	20
	广西	大部	10～15	20
		偏北	7	15～20
	西藏		—	5

任务 5.5　耗热量、热水量、热媒耗量的计算

任务目标

能够完成耗热量、热水量、热媒耗量的计算。

耗热量、热水量和热媒耗量是热水供应系统中管网计算和设备选型的主要依据。

5-5

建筑内部热水
给水管道水力
计算

一、耗热量计算

集中热水供应系统的设计小时耗热量，应根据用水情况和冷、热水温差计算。

（1）宿舍（居室内设卫生间）、住宅、别墅、酒店式公寓、办公楼、招待所、培训中心、旅馆、宾馆的客房（不含员工）、医院住院部、养老院、幼儿园、托儿所（有住宿）等建筑的全日集中热水供应系统的设计小时耗热量应按式（5-1）计算：

$$Q_h = K_h \frac{mq_r C(t_r - t_1)\rho_r}{T} C_\gamma \tag{5-1}$$

式中　Q_h——设计小时耗热量，kJ/h；

　　　m——用水计算单位数，人数或床位数；

　　　q_r——热水用水定额，L/（人·d）或 L/（床·d）等，按表 5-4 采用；

　　　C——水的比热，$C = 4.187$ kJ/（kg·℃）；

　　　t_r——热水温度，℃，$t_r = 60$℃；

　　　t_1——冷水计算温度，℃，按表 5-7 选用；

　　　ρ_r——热水密度，kg/L；

　　　K_h——小时变化系数，可按表 5-8 采用；

　　　T——每日使用时间，h，按表 5-4 选用；

　　　C_γ——热水供应系统热损失系数，取 1.10～1.15。

表 5-8　热水小时变化系数 K_h 值

类别	住宅	别墅	酒店式公寓	宿舍（居室内设卫生间）	招待所、培训中心、普通旅馆	宾馆	医院、疗养院	幼儿园、托儿所	养老院
热水用水定额[L/人（床）·d]	60～100	70～110	80～100	70～100	25～40 40～60 50～80 60～100	120～160	60～100 70～130 110～200 100～160	20～40	50～70
使用人（床）数	100～6000	100～6000	150～1200	150～1200	150～1200	150～1200	50～1000	50～1000	50～1000

类别	住宅	别墅	酒店式公寓	宿舍(居室内设卫生间)	招待所、培训中心、普通旅馆	宾馆	医院、疗养院	幼儿园、托儿所	养老院
K_h	4.80～2.75	4.21～2.47	4.00～2.58	4.80～3.20	3.84～3.00	3.33～2.60	3.63～2.56	4.80～3.20	3.20～2.74

注：K_h 应根据热水用水定额高低、使用人（床）数多少取值，当热水用水定额高、使用人（床）数多时取低值，反之取高值。使用人（床）数小于或等于下限值及大于或等于上限值时，K_h 就取上限值及下限值，中间值可用定额与人（床）数的乘积作为变量内插法求得。

（2）定时集中热水供应系统，工业企业生活间、公共浴室、宿舍（设公共盥洗卫生间）、剧院化妆间、体育馆（场）运动员休息室等建筑的全日集中热水供应系统及局部热水供应系统的设计小时耗热量应按式（5-2）计算：

$$Q_h = \sum q_h C(t_{r1} - t_1)\rho_r n_o b_g C_\gamma \tag{5-2}$$

式中　Q_h——设计小时耗热量，kJ/h；

　　　q_h——卫生器具热水的小时用水定额，L/h，应按表 5-5 采用；

　　　C——水的比热，$C=4.187$ kJ/（kg・℃）；

　　　t_{r1}——使用温度，按表 5-5 "使用温度" 采用；

　　　t_1——冷水计算温度，℃，按表 5-7 选用；

　　　ρ_r——热水密度，kg/L；

　　　n_o——同类型卫生器具数；

　　　b_g——同类型卫生器具的同时使用百分数：住宅、旅馆、医院、疗养院病房、卫生间内浴盆或淋浴器可按 70%～100% 计，其他器具不计，但定时连续供水时间应大于或等于 2h；工业企业生活间、公共浴室、宿舍（设公用盥洗卫生间）、剧院、体育馆（场）等的浴室内的淋浴器和洗脸盆均按表 2-14 的上限取值；住宅一户设有多个卫生间时，可按一个卫生间计算。

（3）设有集中热水供应系统的居住小区的设计小时耗热量，当公共建筑的最大用水时时段与住宅的最大用水时时段一致时，应按两者的设计小时耗热量叠加计算；当公共建筑的最大用水时时段与住宅的最大用水时时段不一致时，应按住宅的设计小时耗热量加公共建筑的平均小时耗热量叠加计算。

（4）具有多个不同使用热水部门的单一建筑（如旅馆内具有客房卫生间、职工公用淋浴间、洗衣房、厨房、游泳池及健身娱乐设施等多个热水用户）或多种使用功能的综合性建筑（如同一栋建筑内具有公寓、办公楼、商业用房、旅馆等多种用途），当其热水由同一热水系统供应时，设计小时耗热量，可按同一时间内出现用水高峰的主要用水部门的设计小时耗热量加其他用水部门的平均小时耗热量计算。

二、热水量计算

设计小时热水量，可按式（5-3）计算：

$$q_{rh} = \frac{Q_h}{(t_{r2} - t_1)C\rho_r C_\gamma} \tag{5-3}$$

式中　q_{rh}——设计小时热水量，L/h；

　　　t_{r2}——设计热水温度，℃。

三、冷水量、热水量和混合水量换算

当热水供应系统的水温高于使用水温时，需与冷水混合后使用。根据水温、当地冷水计算水温和冷热水混合后的使用水温，先求出所需热水量和冷水量的比例，然后再求出混合使用时的所需热水量。

若以混合水量为100%，则所需热水量占混合水量的百分数，按式（5-4）计算：

$$K_r = \frac{t_h - t_L}{t_r - t_L}100\%$$ （5-4）

式中　K_r——热水混合系数；

　　　t_h——混合水水温，℃；

　　　t_L——冷水水温，℃；

　　　t_r——热水水温，℃。

所需冷水量占混合水量的百分数，按式（5-5）计算：

$$K_L = 1 - K_r$$ （5-5）

混合使用时的热水量按式（5-6）计算：

$$q_r = q_m K_r$$ （5-6）

式中　K_r——热水混合系数；

　　　q_r——热水供应量，L/s；

　　　q_m——冷、热水混合水量 L/s。

四、热媒耗量

根据热水加热方式的不同，热媒耗量按下列方式计算：

（1）蒸汽直接加热的耗量

$$G_m = (1.10 \sim 1.20)\frac{Q_h}{i_m - i_r}$$ （5-7）

式中　G_m——蒸汽耗量，kg/h；

　　　Q_h——设计小时耗热量，kJ/h；

　　　i_m——蒸汽热焓，kJ/kg，按表5-9选用；

　　　i_r——蒸汽与冷水混合成热水的热焓，$i_r = t_r \cdot c$，kJ/kg；

　　　t_r——蒸汽与冷水混合成热水的温度，℃；

　　　c——水的比热，$c = 4.187$ kJ/（kg·℃）。

（2）蒸汽间接加热的耗量

$$G_m = (1.10 \sim 1.20)\frac{Q_h}{\gamma_h}$$ （5-8）

式中　G_m——蒸汽耗量，kg/h；

　　　Q_h——设计小时耗热量，kJ/h；

　　　γ_h——蒸汽的汽化热，kJ/kg，按表5-9选用。

表 5-9　饱和蒸汽性质

温度(℃)	绝对压强(kPa)	热　焓		汽化热(kJ/kg)
		液体(kJ/kg)	蒸汽(kJ/kg)	
100	101.3	418.7	2677.0	2258.4
105	120.9	440.0	2685.0	2245.4
110	143.3	461.0	2693.4	2232.0
115	169.1	482.3	2701.3	2219.0
120	198.6	503.7	2708.9	2205.2
125	232.2	525.0	2716.4	2192.8
130	270.3	546.4	2723.9	2177.6
135	313.1	567.7	2731.0	2163.3
140	361.5	589.1	2737.7	2148.7
145	415.7	610.9	2744.4	2134.0
150	476.2	632.2	2750.7	2118.5
160	618.3	675.8	2762.9	2087.1
170	792.6	719.3	2773.3	2054.0
180	1003.5	763.25	2782.5	2019.3
190	1255.6	807.64	2790.1	1982.4
200	1554.77	852.01	2795.5	1943.5

（3）高温热水间接加热的耗量

$$G_m = (1.10 \sim 1.20)\frac{Q_h}{c(t_1 - t_2)} \qquad (5\text{-}9)$$

式中　G_m——蒸汽耗量，kg/h；

$\quad\quad Q_h$——设计小时耗热量，kJ/h；

$\quad\quad t_1$——高温热水进口水温，℃；

$\quad\quad t_2$——高温热水出口水温，℃；

$\quad\quad c$——水的比热，$c = 4.187$kJ/（kg·℃）。

任务 5.6　热水制备设备和贮热设备的选型计算

任务目标

能够完成热水制备设备和贮热设备的选型计算。

一、独立供暖（生活热水）系统的选型计算

随着我国经济的发展和人民生活水平的提高，越来越多的家庭开始安装独立供暖（生活热水）系统。家庭独立供暖系统通常有供暖和生活热水两用型燃气壁挂炉与供暖和生活热水两用型燃气壁挂炉加储水箱两种形式。

1. 生活热水所需即热式燃气加热器的最小功率

家庭中生活热水用水量最大的是沐浴，一个淋浴器的出水量 $q_{min}=5L/min$，$q_{max}=10L/min$。淋浴的最佳水温比人体皮肤温度高 8℃，人体的皮肤温度一般在 30~32℃，即淋浴的水温在 38~40℃。

以一般南方家庭为例，淋浴器出水量为 10L/min，生活给水（冷水）温度依据表 5-7 取 5℃，淋浴水温取 40℃，那么淋浴所需加热器的功率为：

$$Q=c \cdot m \cdot (t_r - t_L) = 4.2 \times \frac{10}{60} \times (40-5) = 24.5kW$$

所以单从生活热水使用的角度考虑，应该至少选 24kW 的加热器。表 5-10 为满足各种用水器具要求所需的热水器最小功率。

表 5-10　生活热水所需加热器的最小功率（kW）

使用生活热水的卫生器具	冷水温度=4℃	冷水温度=10℃
1个洗脸盆、洗手盆或淋浴器	23	19
1个洗涤盆	29	25
1个100L浴盆	21	17
1个150L浴盆	31	26
1个200L浴盆	42	35

注：1. 浴盆所需的加热功率是指将 12min 充满浴盆所对应流量的冷水加热至使用温度而需要的加热器功率，其他用水器具的计算流量为其额定流量。
2. 洗涤盆使用水温按 50℃ 计算，其余用水器具按 40℃ 计算。
3. 若需要满足多个卫生器具同时用水的需要，加热器所需的最小功率为表中对应用水器具所需加热功率之和。

2. 生活热水储水箱

如果某个用户有多个用水点同时使用生活热水，供暖和生活热水两用型燃气壁挂炉的生活热水流量就不能满足出水量的要求，此时就需要选择生活热水储水箱，选择步骤如下：

（1）根据卫生器具的一次热水用水定额、水温及一次使用时间，确定全天的生活热水用水量 q_d（住宅宜按淋浴设备计算）。

$$q_d = \sum qmn \qquad (5-10)$$

式中　q_d——全天生活热水用水量，L；
　　　q——在规定使用温度下，卫生器具的一次热水用水定额，L/次，按表 5-5 取；
　　　m——同一种卫生器具的同时使用个数（由设计定）；
　　　n——每一个卫生器具的连续使用次数（由设计定）。

（2）确定储水箱中的热水储存量 q_r

生活热水的使用温度一般在 35～42℃，因为高于 42℃ 的热水对皮肤有伤害，无法接触。储水箱的热水水温一般在 45～55℃ 为宜。热水温度较高时，热水通过热辐射造成的热损失较大。此时全天的生活热水用水量为储水箱里的热水与冷水的混合水量，折合储水箱热水储存量按式（5-6）计算。

（3）计算储水箱的设计容积 V（L）

考虑到热水的热胀冷缩，储水箱的有效容积 $V_{有效}$ 按照储存量 q_r 的 50%～85% 进行计算，公式如下：

$$V_{有效} = (50\% \sim 85\%)q_r \tag{5-11}$$

考虑到储水箱中还有盘管、阳极镁棒等所占空间，水箱的容积系数取 1.3～1.4，则储水箱的设计容积为：

$$V_{设计} = (1.3 \sim 1.4)V_{有效} \tag{5-12}$$

（4）储水箱生活热水加热时间 T 的计算

$$T = V_{设计}(t_r - t_L)/860P \tag{5-13}$$

式中　P——生活热水储水箱的换热功率（由水箱供应商提供），kW。

若燃气壁挂炉的功率 $>P$，则按 P 的功率计算，若燃气壁挂炉的功率 $<P$，则按照燃气壁挂炉的功率计算。

3. 供暖与生活热水两用型燃气壁挂炉的选择

对于两用型燃气壁挂炉，先分别计算供暖热负荷和生活热水热负荷，然后将二者比较，按照功率大的选择燃气壁挂炉的型号即可。

单独使用即热式供暖与生活热水两用燃气壁挂炉，安装简单，可以节省安装空间，避免热水储存在水箱中散失热量。但缺点是直接加热的水流量小，无法满足瞬时提供大量生活热水的要求。

采用供暖与生活热水两用燃气壁挂炉加储水箱供应生活热水系统，可以瞬时提供大量的生活热水，并可根据需要提供即用即热的热水，在满足热水使用需求时，提高了热水的舒适性。供暖与生活热水两用燃气壁挂炉加储水箱供应生活热水系统只要分别计算供暖热负荷和储水箱的设计容积即可。

【案例导入 5-1】某 $350m^2$ 的别墅，供暖设计热负荷为 $100W/m^2$，同时有 1 个普通浴盆和 1 个淋浴器需要提供生活热水。请根据以上条件计算，选择热水炉和水箱。

【解】（1）计算供暖热负荷

$$Q_{暖} = 100 \times 350 = 35000W = 35kW$$

（2）选择水箱

根据用水定额，普通浴盆一次用水量为 40℃，150L；淋浴器一次用水量为 40℃，80L，当地自来水温度取 5℃。

总用水量为：$q_m = 150 + 80 = 230L$

设储水温度 55℃，混合后实际用水需求水温为 40℃。

水箱储水量：
$$q_r = q_m \frac{t_h - t_L}{t_r - t_L} = 230 \times \frac{40-5}{55-5} = 161L$$

$$V_{有效} = q_r \times 70\% = 113L$$

$$V_{设计} = V_{有效} \times 1.3 = 146.9L$$

因此，选择150L的储水箱。

（3）选择燃气壁挂炉

由150L储水箱 $P = 26kW$（此参数可由产品铭牌上查得）可知，供暖热负荷为35kW，大于26kW，因此选择输出功率≥35kW的燃气壁挂炉即可。

（4）加热时间的计算

$$T = \frac{V_{设计}(t_r - t_L)}{860P} = \frac{150 \times (55-5)}{860 \times 26} = 0.335h = 20.1min$$

即，选用150L的储水箱和36kW的燃气壁挂炉，将5℃的自来水加热到55℃，需要20.1min。

二、集中热水供应系统的设备选型计算

【案例导入5-2】某宾馆共有320间标准间，宾馆的用水时间在20：00～22：00出现一个高峰。设计时采用热泵热水机组，并配置大容量的保温水箱以保证高峰时用水。按规范要求计算热水需求量及热水负荷。设自来水温度为7℃。

【解】（1）热水需求量计算

根据人数或床位数及其热水用水定额按式（5-1）计算设计小时用水量，热水小时变化系数 K_h 按表5-8取4.19，热水用水定额 q_r、每日使用时间 T 按表5-4取120L，24h。

$$q_{rh} = K_h \frac{mq_r}{T} = 4.19 \times \frac{320 \times 2 \times 120}{24} = 13408L/h$$

全天用热水量
$$q_d = 120 \times 320 \times 2 = 76800L/d$$

根据工程实践经验，保温水箱的设计容积按照每天热水供应量的70%来配置。

则热水箱
$$V_{设计} = 76800 \times 0.7 = 53760L = 53.76m^3$$

（2）热水负荷计算
$$Q = c \cdot m \cdot (t_r - t_L) = 4.187 \times 13408 \times (55-7)/3600 = 748kW$$

高峰期（20：00～22：00）按满负荷最大小时热水用量考虑，则这两个小时最大用水量

$$q_{rh} = \frac{13408 \times 2}{1000} = 26.816m^3$$

选用一个40m³的热水水箱提前加热，能满足这两个小时的满负荷使用且有节余，因此满足系统用水要求。

全天耗热负荷：$Q = 4.187 \times 76800 \times (55-7)/3600 = 4287kW$

若采用每天12h工作，则每小时负荷为4287/12 = 357kW

（3）热水机组选型

选用单台制热量 120kW 的热水机组，则所需热水机组为 357/120＝2.98，取 3 台每天工作 12h 即能满足整天的热水需求。

若要制取 40m³ 的热水仅需 6h 提前加热即可，机组根据热水箱水位不断加热特点，当使用满 1h（热水消耗量为 13.4m³，为水箱容积的 1/3），补偿的冷水仅需 2h 即加热制成，因此满足系统使用要求。

推荐选用 3 台 120kW 的热水机组单独制生活热水，单台产热水量 3t/h，共 9t/h。

复习思考题

1. 建筑热水供应系统由哪几部分组成？

2. 建筑热水供应系统按循环方式可分为哪几类？各有什么特点？

3. 建筑热水供应系统的加热方式和加热设备有哪些？

4. 热水管道的布置有何要求？热水管道如何进行保温处理？

5. 某宾馆有 300 张床位、150 套客房，客房均设专用卫生间，内有浴盆、脸盆各 1 件。宾馆全日 24h 集中供应热水，加热器出口热水温度为 70℃，当地冷水温度 15℃。采用容积式水加热器，以蒸汽为热媒，蒸汽压力 0.3MPa（表压）。试计算：（1）设计小时耗热量。（2）设计小时热水量。（3）热媒耗量。

项目6

建筑雨水排水系统设计

项目目标

掌握屋面雨水排水系统的分类与组成、雨水排水系统的布置与敷设，熟悉压力流屋面雨水排水系统的虹吸原理及系统组成与敷设，掌握重力流和压力流屋面雨水排水系统的设计计算方法。

素质目标

培养学生"人水和谐"的意识。结合我国传统民居的建筑雨水排水系统，强调要设计合理的雨水排水体系，坚持人与自然和谐，对推进水资源集约节约利用，促进生态文明建设的重要性。

任务 6.1　屋面雨水排水系统认知

任务目标

了解四合院民居雨水营造技术；掌握屋面雨水排水系统的分类与组成，雨水排水系统的布置与敷设。

降落在建筑物屋面上的雨水和雪水，特别是暴雨，在短时间内会形成积水，需要设置屋面雨水排水系统，应有组织、有计划地将屋面雨水及时排到室外，否则会造成四处溢流或屋面漏水，影响人们的生活和生产活动。屋面雨水排水系统应能迅速、及时地将屋面雨水排到室外雨水管渠或地面。

一、屋面雨水排水系统的分类

1. 按排水管的设置位置分类

建筑物内部设有雨水管道，屋面设雨水斗（一种将建筑物屋面的雨水导入到雨水管道系统的装置）的雨水排水系统称为内排水系统，否则为外排水系统。

按雨水排至室外的方法，内排水系统分为架空管排水系统和埋地管排水系统。

按屋面雨水汇集方式，外排水系统可分为檐沟外排水和天沟外排水。

2. 按雨水在管道内的流态分类

按雨水在管道内的流态分类分为重力无压流、重力半有压流和压力流。

重力无压流是指雨水通过自由堰流入管道，在重力作用下附壁流动，管内压力等于正常大气压。这种系统又称堰斗流系统。

重力半有压流是指管内气水混合，在重力和负压抽吸双重作用下流动。这种系统又称 87 型雨水斗系统。

压力流是指管内充满雨水，主要在负压抽吸作用下流动。这种系统也称虹吸式系统。

排水方式应根据建筑结构形式、气候条件及生产使用要求选用。

二、屋面雨水排水系统的组成

1. 檐沟外排水

檐沟外排水又称普通外排水。适用于一般居住建筑、屋面面积较小的公共建筑和单跨工业建筑，雨水经屋面檐沟汇集，然后流入隔一定间距沿墙外设置的水落管排泄至地下沟管或地面。

檐沟外排水由檐沟、雨水斗和水落管等组成，如图 6-1 所示。

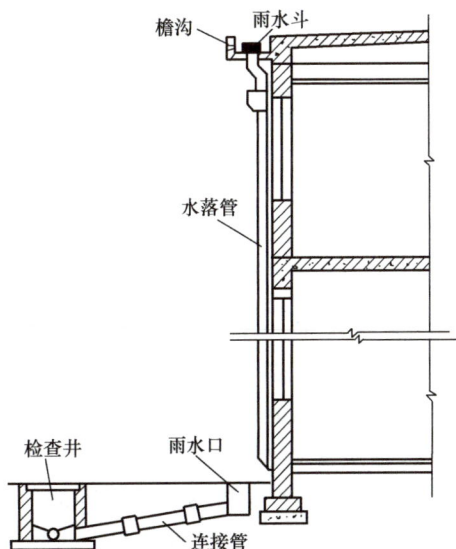

图 6-1　檐沟外排水

2. 天沟外排水

天沟外排水是利用屋面构造上所形成的天沟本身容量和坡度，使雨水向建筑物两端（山墙、女儿墙方向）泄放，并经墙外立管排至地面或雨水管道。

天沟外排水由天沟、雨水斗和水落管等组成，如图 6-2 所示。

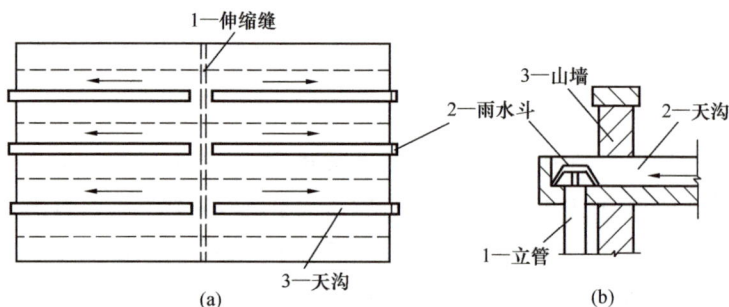

图 6-2 天沟外排水

(a) 天沟平面布置；(b) 天沟与雨水斗连接

天沟外排水适用于大型屋面的雨水排除，具有节约投资、施工简便、不占用厂房空间和地面、利于厂区采用明渠排水等优点；但若设计不善或施工质量不良，会出现天沟翻水、漏水等问题。

为了防止天沟通过伸缩缝、沉降缝或变形缝漏水，应以伸缩缝、沉降缝或变形缝为分水线。

天沟流水长度根据降雨强度、天沟汇水面积、天沟断面尺寸等进行水力计算确定，一般以 40～50m 为宜，天沟最小坡度为 0.003，一般取 0.003～0.006。

3. 内排水

屋面面积较大的工业厂房，特别是屋面有天窗、多跨度、锯齿形屋面或壳形屋面等工业厂房，用檐沟或天沟外排水有较大困难，因此必须在建筑物内部设置雨水排水系统。对建筑立面处理要求较高的建筑物，也应在建筑物内部设置雨水管系统。高层大面积平屋顶民用建筑，特别是寒冷地带的此类建筑物，均应采用内排水方式。

内排水由天沟、雨水斗、连接管、悬吊管、立管、埋地横管等组成，如图 6-3 所示。

三、雨水排水系统的布置

1. 雨水斗

雨水斗设在屋面雨水由天沟进入雨水管道的入口处。雨水斗有整流格栅装置，能迅速排除屋面雨水，格栅具有整流作用，避免形成过大的旋涡，稳定斗前水位，减少掺气，迅速排除屋面雨水、雪水，并能有效阻挡较大杂物。

雨水斗分为 87 型雨水斗、虹吸式雨水斗、堰流式雨水斗三大类。一般用 87 型（79型、65 型进化版）和虹吸式雨水斗（图 6-4）。

2. 连接管

连接管是雨水斗与悬吊管之间的一段连接竖管，一般情况一根连接管上接一个雨水斗，其管径不得小于雨水斗出口的直径。

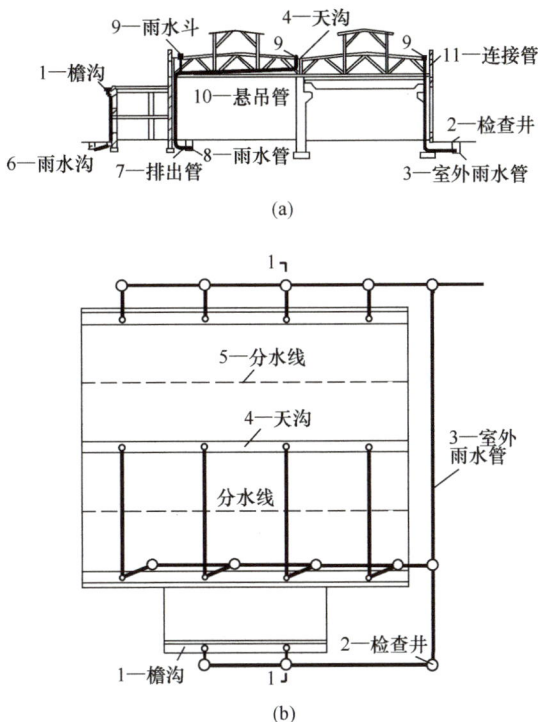

（a）

（b）

图 6-3　内排水

（a）1-1 剖面；（b）平面

（a）　　　　　　　　　（b）

图 6-4　雨水斗

（a）87 型雨水斗；（b）虹吸式雨水斗

3. 悬吊管

在工业厂房中，悬吊管常固定在厂房的桁架上。悬吊管在实际工作中为压力流，管材应采用铸铁管或塑料管，铸铁管的坡度不小于 0.01，塑料管的坡度不小于 0.005。悬吊管管径不得小于雨水斗连接管的管径，常采用 100mm、150mm。

4. 雨水立管

雨水立管接纳悬吊管或雨水斗的水流，一般沿墙壁或柱子明装。立管底部应设检查口，检查口中心至地面的高度一般为 1m。立管管径应由计算确定，但不小于与其连接的悬吊管的管径。雨水立管一般采用铸铁管或塑料管。

5. 排出管

排出管是立管和检查井间的一段较大坡度的横向管道，其管径一般与立管相同，如果加大一号管径，可以改善管道排水条件，减少压力损失，加大泄水能力。

6. 埋地管

埋地管承接立管的雨水，并将其排至室外雨水管道。埋地管管径不得小于与其连接的雨水立管管径，但不得大于 600mm。埋地管一般采用混凝土管、钢筋混凝土管或陶土管，管道坡度按生产废水管道最小坡度设计。

7. 溢流口、溢流堰、溢流管

建筑屋面雨水排水系统应设置溢流口、溢流堰、溢流管等溢流设施。溢流排水不得危害建筑设施或行人安全。

🔍 知识拓展

四合院民居雨水营造技术认知

四合院普遍使用硬山顶，出檐较浅（图 6-5），屋面排水自由，坡度适中，雨水可排向院内或院外，这样设计以适应于北方地区相对较干旱的气候特点。屋面的抛物线或双曲线的特性，也能达到迅速排水的功效。两坡顶的屋面一般不设天沟，雨水顺着屋面瓦垄经檐口流下，勾连搭的屋顶需设天沟排水（图 6-6）。

图 6-5　硬山式屋顶自由排水

图 6-6　勾连搭屋顶天沟排水形式

任务 6.2 压力流屋面雨水排水系统认知

任务目标

能够理解压力流屋面雨水排水系统的虹吸原理、形成过程，掌握屋面雨水排水系统的组成与敷设。

一、压力流屋面雨水排水系统的原理

1. 虹吸排水原理

压力流屋面雨水排水系统也称虹吸式屋面雨水排水系统，是利用屋面结构上的坡度，雨水自然流入屋面上的雨水斗，水以气水混合的状态，依靠重力作用，在管道内产生局部真空，从而产生虹吸现象。利用虹吸作用，该系统可以在不需要任何坡度的情况下以惊人的速度彻底排清屋面积水，广泛适用于任何材质和形状的屋面。

压力流屋面雨水排水系统是一种新型的屋面雨水排水系统，与传统的重力流屋面雨水排水系统是完全不同的。在降雨最初的一段时间里，压力流屋面雨水排水系统与重力流屋面雨水排水系统差不多，都是利用重力进行排水，由于空气会同时进入雨水斗内，导致雨水斗的排水能力有限。但当屋面上的水位达到一定高度时，雨水斗会自动隔断空气进入斗内，管道内产生局部真空，从而产生虹吸效果，系统也转变为高效的虹吸式屋面雨水排水系统，排水量大大增加。虹吸式屋面雨水排水系统能很大地提高屋面雨水排水的能力，对于大面积工业厂房及公共建筑屋面排水系统则更显突出（图 6-7）。

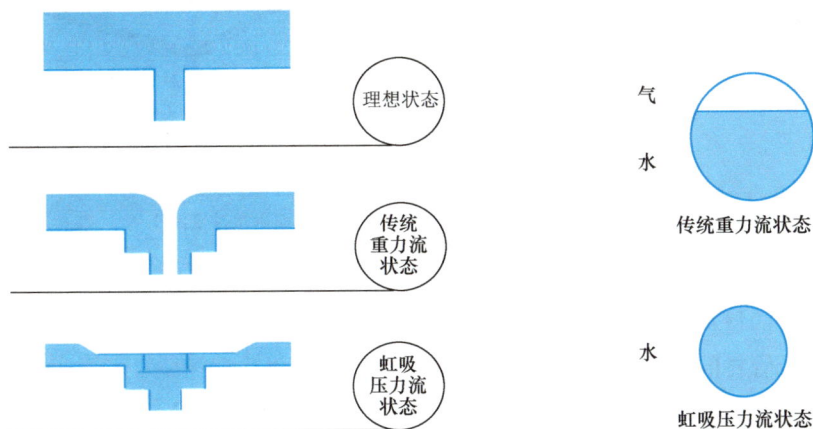

图 6-7 压力流屋面雨水排水系统与重力流屋面雨水排水系统的比较

2. 虹吸形成的过程

虹吸形成的过程如图 6-8 所示，在系统的上部为负压区，在系统的下部为正压区，零压点在不同降水情况时处于不同位置。

3. 压力流屋面雨水排水系统的优点

传统的重力式雨水系统，其横管要求有一定的坡度，雨水斗和立管的数量多，需要大范围的地面开挖工作。和重力式雨水系统相比（图 6-9），压力流屋面雨水排水系统的优点有：

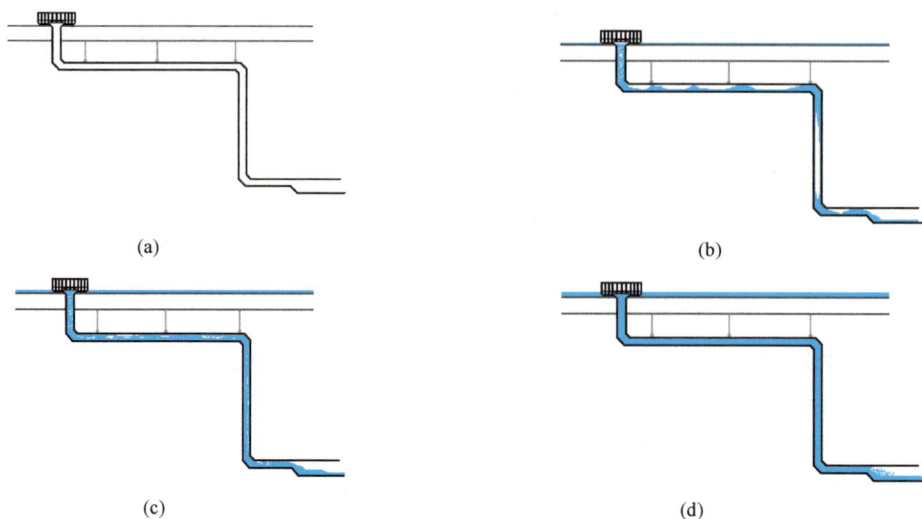

图 6-8　虹吸形成的过程

（a）未下雨状态；（b）重力流状态；（c）将要形成虹吸；（d）虹吸状态

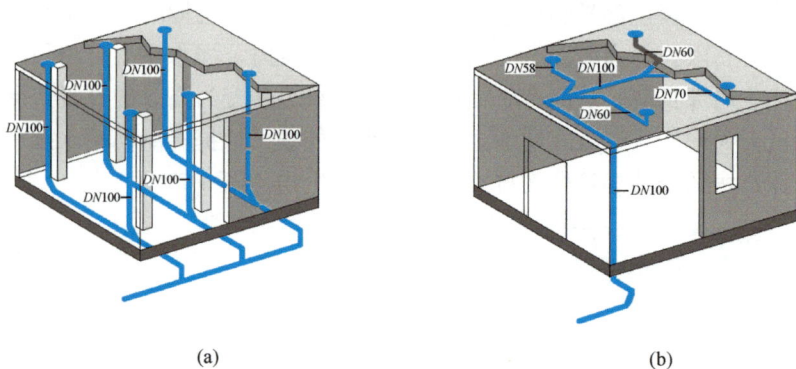

图 6-9　压力流屋面雨水排水系统的优点

（a）传统重力式雨水系统；（b）压力流屋面雨水排水系统

（1）管道无需坡度。

（2）更少的材料，现场施工量大大减少。

（3）降低管材的管径，节省安装空间。

（4）管道具有自洁能力。

（5）从设计到施工简单快捷。

（6）广泛适用于各种用途的建筑物。

二、压力流屋面雨水排水系统的组成与敷设

压力流屋面雨水排水系统一般由雨水斗、管道、管配件、管道固定装置系统等组成。对于平屋顶至少要布置 1～2 个紧急溢流口，带檐沟的屋顶每边都需要布置紧急溢流口。检查口的设置无特别要求，考虑到虹吸系统的自净功能，原则上不需要设置检查口，但根据国内给水排水习惯做法，在立管上离底楼地坪 1m 处设置检查口。

1. 雨水斗

雨水斗是整个虹吸系统的关键，虹吸雨水斗（图 6-4b）是经特殊设计的，能实现气水分离的雨水斗。它的最大优点在于对于不同功能及材料的屋顶系统，具有广泛的适应性，即一种雨水斗通过相应的配件组合就能适合不同的屋顶，例如：混凝土屋顶、金属屋顶、木屋顶、考虑人行走道或绿化的屋顶、屋面不平呈梯形结构的屋顶等。

虹吸雨水斗安装时要注意，雨水斗的布置应尽量均匀，安装离墙至少 1.0m，雨水斗之间的距离不宜大于 20m。在雨水斗处宜走一段横管，如图 6-9（b）所示，这样可以增加管道的抗扰性，减小对建筑的影响，方便方钢的使用，使整个系统的方钢系统连为整体。不同屋顶结构的雨水斗安装，应参照产品指南中要求去做。当缺乏相关资料时，宜符合表 6-1 的规定。雨水斗出口与悬吊管的高差应大于 1.0m。

表 6-1 单斗压力流排水系统雨水斗的最大设计排水流量

雨水斗规格(mm)			75	100	≥150
满管压力（虹吸）斗	平底型	流量(L/s)	18.6	41.0	宜定制，泄流量应经测试确定
		斗前水深(mm)	55	80	
	集水盘型	流量(L/s)	18.6	53.0	
		斗前水深(mm)	55	87	

2. 雨水管道及管件

压力流屋面雨水排水系统的管材及管件，宜采用承压塑料管、金属管、涂塑钢管、内壁较光滑的带内衬的承压排水铸铁管等，用于满管压力流排水的塑料管，其管材抗负压力大于 −80kPa。

HDPE（高密度聚乙烯）管道优点为：

（1）HDPE 管密度为 951～955kg/m³，质量轻，利于运输及安装。

（2）抗冲击，耐高压，能承受 80kPa 压力，可埋入混凝土。

（3）抗化学腐蚀，防酸雨，耐磨损，表面光滑，不易堵塞。

（4）经回火处理，热膨胀系数为 0.17mm/（m·℃），温度每增高 50℃，HDPE 管线性膨胀长度＜10mm/m。

（5）HDPE 抗极端温度能力强，范围在 −30～100℃。

（6）在燃烧中不会产生有害气体。

（7）通过添加 2% 的炭黑，HDPE 管能抵抗由太阳紫外线引起的管材老化和脆化现象。

（8）可预制热熔连接，安装快捷简便。

3. 管道固定装置系统

压力流屋面雨水排水系统的固定装置专门用于固定水平悬吊管。在系统发生虹吸现象时，管道会发生强烈振动，产生很大的应力，因此对管道的固定有特殊的要求。图 6-10 所示的悬吊固定装置能将机械外力转换到与横向悬吊管平行的方钢导轨上去，同时也能够吸收因热胀冷缩引起的管道变形。

4. 溢流口

压力流屋面雨水排水系统必须设置溢流装置，以确保系统的安全性，溢流装置的设置

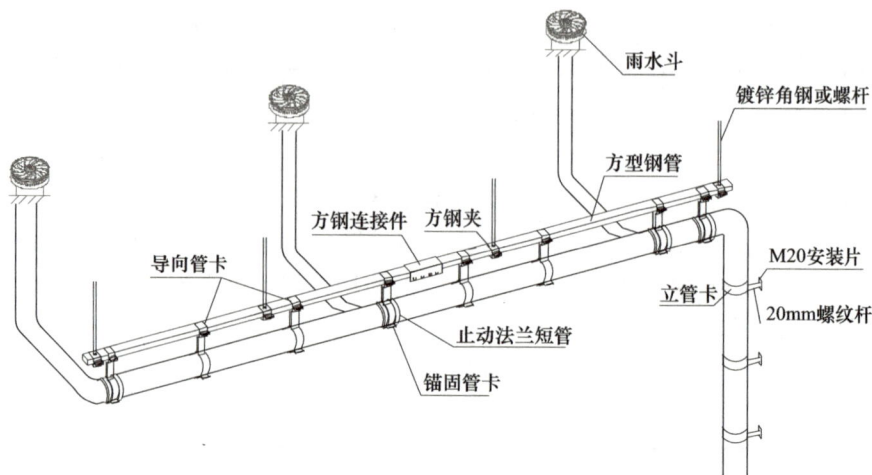

图 6-10　压力流屋面雨水排水系统悬吊固定装置

应充分考虑高效的原则。一般建筑的重力流屋面雨水排水工程与溢流设施的总排水能力不应小于 10 年重现期的雨水量；重要公共建筑、高层建筑的屋面雨水排水工程与溢流设施的总排水能力不应小于 50 年重现期的雨水量。

　　一般情况下，天沟的溢流口设在天沟两端，如计算的溢流口数量大于 2，需考虑用溢流管来实现溢流；在设置溢流口出现困难时，也可考虑溢流管来代替溢流口，甚至考虑另设一套虹吸溢流装置来保证系统的安全性。

5. 地下埋管的布置

压力流屋面雨水排水系统地下埋管的布置要遵守以下原则：

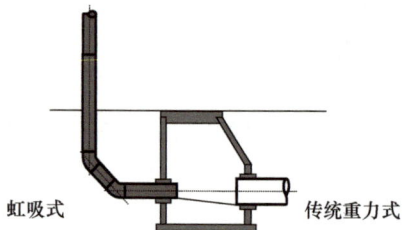

图 6-11　地下埋管与检查井

（1）尽可能布置得短一些，管径不宜过大。一方面可降低成本，另一方面如管径过大，会演变成重力系统，需要一定的管坡度。

（2）出口流速宜控制在小于 3～4m/s，过大会影响以后的重力系统。

（3）过渡的检查井宜用混凝土制成，连接的重力系统需按传统给水排水系统设计，以确定可以排放压力流屋面雨水排水系统的排雨量（图 6-11）。

任务 6.3　建筑雨水排水系统的计算

任务目标

能够完成建筑雨水排水系统的设计计算。

一、雨水量的计算

屋面雨水排水系统雨水量的大小是设计雨水排水系统的依据，设计雨水流量应按下式计算：

$$q_y = \frac{q_j \psi F_w}{10000} \tag{6-1}$$

式中　q_y——设计雨水流量，当坡度大于 2.5% 的斜屋面或采用内檐沟集水时，设计雨水流量乘以系数 1.5，L/s；

　　　q_j——设计暴雨强度，L/(s·hm²)，当采用天沟集水且沟檐溢水会流入室内时，设计暴雨强度应乘以 1.5 系数；

　　　ψ——径流系数；

　　　F_w——汇水面积，m²。

1. 设计暴雨强度

设计暴雨强度应按当地或相邻地区暴雨强度公式计算确定，暴雨强度与设计重现期 P 和降雨历时 t 有关。

屋面雨水排水设计重现期应根据建筑物的重要程度、汇水区域性质、地形特点、气象特征等因素确定。各种汇水区域的设计重现期不宜小于表 6-2 中规定的数值。

表 6-2　各种汇水区域的设计重现期

汇水区域名称		设计重现期(a)
室外场地	居住小区	3~5
	车站、码头、机场的基地	5~10
	下沉式广场、地下车库坡道入口	10~50
屋面	一般性建筑物屋面	5
	重要公共建筑屋面	≥10

注：1. 工业厂房屋面雨水排水设计重现期由生产工艺、建筑物重要程度等因素确定。

　　2. 下沉式广场设计重现期应根据广场的构造、重要程度、短期积水即能引起较严重后果等因素确定。

建筑屋面雨水排水管道的设计降雨历时按 5min 计算，其他建筑物基地、居住小区雨水管道的设计降雨历时可按《建筑给水排水设计标准》GB 50015—2019 中规定的方法计算。

降雨历时 5min 暴雨强度 q_5 可查当地的气象资料或有关设计手册来确定，表 6-3 为我国部分城市的设计重现期 P 为 1~3 年，5min 暴雨强度 q_5。

降雨历时 5min 暴雨强度 q_5 也可由小时降雨深度 H_5（mm/h）换算而得：

$$q_5 = \frac{H_5}{0.36} \tag{6-2}$$

2. 径流系数

屋面的雨水径流系数 ψ 一般取 0.9。各种汇水面积的综合径流系数应加权平均计算。

3. 雨水汇水面积

雨水汇水面积应按地面、屋面水平投影面积计算。高出屋面的侧墙，应附加其最大受雨面正投影的一半作为有效汇水面积计算。窗井、贴近高层建筑外墙的地下汽车库出入口坡道和高层建筑裙房屋面的雨水汇水面积，应附加其高出部分侧墙面积的 1/2。

表 6-3　我国部分城市的 5min 暴雨强度 q_5

城市名称	$q_5[\mathrm{L/(s \cdot hm^2)}]$			城市名称	$q_5[\mathrm{L/(s \cdot hm^2)}]$		
	$P=1$	$P=2$	$P=3$		$P=1$	$P=2$	$P=3$
北京	323	402	448	郑州	259	329	370
上海	313	393	440	武汉	287	343	376
天津(市区)	222	275	305	长沙	292	340	369
石家庄	120	305	362	广州	568	643	686
太原	217	273	305	海口	421	471	501
包头	227	295	334	南宁(市区)	396	457	493
哈尔滨	267	339	381	西安	158	237	284
长春	278	345	384	银川	112	140	157
沈阳	260	314	350	兰州	146	189	214
济南	301	386	436	西宁	74	105	123
南京	272	341	381	乌鲁木齐	56	75	86
合肥	280	352	393	成都	—	306	311
杭州	274	349	393	贵阳	296	356	390
南昌	487	588	647	昆明	315	389	432
福州	353	427	471	拉萨	257	315	349
重庆(沙坪坝)	281	362	409				

4. 溢流口、溢流堰、溢流管

建筑屋面雨水排水系统应设置溢流口、溢流堰、溢流管等溢流设施。溢流排水不得危害建筑设施和行人安全。

一般建筑的重力流屋面雨水排水系统与溢流设施的总排水能力不应小于 10 年重现期的雨水量。重要公共建筑、高层建筑的屋面雨水排水系统与溢流设施的总排水能力不应小于 50 年重现期的雨水量。

5. 设计流态

建筑屋面雨水管道设计流态宜符合下列状态：

（1）檐沟外排水宜按重力流设计。

（2）长天沟外排水宜按满管压力流设计。

（3）高层建筑屋面雨水排水宜按重力流设计。

（4）工业厂房、库房、公共建筑的大型屋面雨水排水宜按满管压力流设计。

二、雨水排水系统的设计计算

1. 重力流屋面雨水排水系统的设计计算

（1）雨水斗规格和数量以及立管管径的确定

屋面排水系统应设置雨水斗。不同设计排水流态、排水特征的屋面雨水排水系统应选用相应的雨水斗。重力流雨水排水系统一般选用 87 型雨水斗。

雨水斗的设置位置应根据屋面汇水情况并结合建筑结构承载、管系敷设等因素确定。

雨水斗的设计排水负荷应根据各种雨水斗的特性，并结合屋面排水条件等情况设计确定，可按表 6-4 选用。

表 6-4　屋面雨水斗最大泄流量

雨水斗规格(mm)	75	100	150
一个雨水斗泄流量(L/s)	8.0	12.0	26.0

根据屋面坡向和建筑物立面要求等情况，按经验布置立管，划分并计算每根立管的汇水面积，按式（6-1）计算每根立管所需排泄的雨水量 q_y。屋面雨水斗最大泄流量查表 6-4，雨水立管最大设计泄流量查表 6-5，使设计雨水量不大于表中最大设计泄流量，从而确定雨水斗的规格和雨水立管的管径。

表 6-5　重力流屋面雨水排水立管的泄流量

铸铁管		塑料管		钢管	
公称直径 （mm）	最大泄流量 （L/s）	公称直径×壁厚 （mm）	最大泄流量 （L/s）	公称直径×壁厚 （mm）	最大泄流量 （L/s）
75	4.30	75×2.3	4.50	108×4	9.40
100	9.50	90×3.2	7.40	133×4	17.10
		110×3.2	12.80		
125	17.00	125×3.2	18.30	159×4.5	27.80
		125×3.7	18.00	168×6	30.80
150	27.80	160×4.0	35.50	219×6	65.50
		160×4.7	34.70		
200	60.00	200×4.9	64.60	245×6	89.80
		200×5.9	62.80		
250	108.00	250×6.2	117.00	273×7	119.10
		250×7.3	114.10		
300	176.00	315×7.7	217.00	325×7	194.00
		315×9.2	211.00		

（2）核算管内流速

重力流屋面雨水排水管系的悬吊管应按非满流设计，其充满度不宜大于 0.8，管内流速不宜小于 0.75m/s。埋地管可按满流排水设计，管内流速不宜小于 0.75m/s。

【案例导入 6-1】上海某厂房为钢结构屋面，采用 PVC 塑料管做天沟外排水。已知一根立管的汇水面积为 240m²，经当地天文台统计近 10 年来最大暴雨强度 $H_5 = 192mm/h$。试确定雨水斗规格和立管管径。

【解】厂房屋面为坡屋面，当采用天沟集水，设计暴雨强度应乘以 1.5 系数，雨水径流系数取 $\psi = 1.0$。雨水设计流量为：

$$q_5 = \frac{H_5}{0.36} = \frac{192}{0.36} = 533 L/(s \cdot hm^2)$$

$$q_y = 1.5 \frac{q_j \psi F_w}{10000} = 1.5 \times \frac{533 \times 1.0 \times 240}{10000} = 19.19 L/s$$

根据表 6-4 和表 6-5 得，当选用 $DN150$ 的雨水斗和 $DN125$ 塑料雨水立管时，它们的最大泄流量分别为 26L/s 和 22L/s，均大于雨水设计流量 $q_y = 19.19 L/s$，满足要求。

2. 压力流屋面雨水排水系统的设计计算

（1）虹吸雨水斗的规格和数量的确定

天沟应以伸缩缝、沉降缝、变形缝为分界线划分汇水面积，并计算汇水面积和雨水设计流量。天沟坡度不宜小于 0.003。各种汇水区域的设计重现期，一般情况下取 3～5 年，特殊国家重点项目可取 10～50 年。

满管压力流应选用虹吸式雨水斗，并应根据不同型号的具体产品确定其最大泄流量，见表 6-1。

（2）水力计算

水力计算的目的是充分利用系统提供的可利用的水头，减小管径，降低造价；使系统各节点由不同支路计算的压力差限定在一定的范围内，保证系统安全、可靠、正常地工作。

压力流屋面雨水排水系统的水力计算应包括对系统中每一管路的水力学工况作精确的计算。计算结果应包括每一计算管段的管径、计算长度、流量、流速、压力。

1）压力流屋面雨水排水系统雨水斗至过渡段总水头损失与过渡段流速水头之和小于雨水斗至过渡段的几何高差，其压力余量宜大于 -0.01MPa。

2）雨水斗顶面至悬吊管管中的高差不宜小于 1m。

3）雨水斗顶面至过渡段的高差在立管管径小于 $DN75$ 时宜大于 3m，在立管管径大于等于 $DN90$ 时宜大于 5m。

4）悬吊管设计流速不宜小于 1m/s，使管道有良好的自净功能，立管设计流速宜小于 6m/s，以减少水流动时的噪声。系统底部的排出管流速宜小于 1.8m/s，减少水流对排水井的冲击，当流速大于 1.8m/s 时，出口处应采取消能措施。

5）压力流屋面雨水排水系统的最大负压值在悬吊管与雨水立管的交叉点。该点的负压值，应根据不同的管材而有不同的限定值。对于使用铸铁管和钢管的排水系统应小于 -0.09MPa；对于塑料管道，管径 $DN50 \sim DN150$ 应小于 -0.08MPa；管径 $DN200 \sim DN300$ 应小于 -0.07MPa。

6）压力流屋面雨水排水系统各节点与不同支路计算得到的压力差不大于 -0.015MPa。

7）计算管道的沿程阻力损失。

（3）设计步骤

1）计算屋面面积。

2）计算总的降雨量。

3）布置雨水斗，组成屋面雨水排水管网。

4）绘制水力计算简图，标注各管段的长度。

5）估算管径，对水平悬吊管采用悬吊管的总阻力损失值—0.07MPa，除以总等效长度，计算出单位管长的压力损失的估算值，以此选出各管段的管径。立管与排出管管径可采用相应的控制流速初选管径，一般立管可比悬吊管最大直径小一号。

6）进行第一次水力计算，计算结果若已满足水流速度、系统高度、势能、斗间压差和管道负压要求，则可按计算结果绘成正式图纸。

7）若第一次水力计算不满足要求，则应对系统中某些管段的管径进行调整，必要时有可能对系统重新布置，然后再次进行水力计算，直至满足为止，按最后结果绘制图纸。

8）计算屋面天沟的宽度和设计水深，并设置溢流口。

【案例导入 6-2】某厂房为钢结构屋面如图 6-12 所示，业主要求雨水斗少一些，立管少一些，价格便宜一些。同设计师接触，得到以下条件：经当地天文台统计近 10 年来最大暴雨强度为 280mm/h，该项目必须按此标准设计，同时该项目为在原有建筑边上新建，此处连接面不能下管。试选择雨水斗的规格，计算其数量并进行布置。

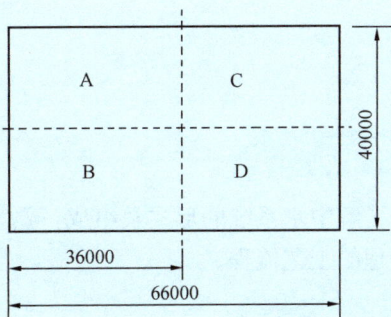

图 6-12 屋面尺寸及汇水面积的划分

【解】取雨水径流系数 $\psi=1.0$。

$$q_5 = \frac{H_5}{0.36} = \frac{280}{0.36} = 778 L/(s \cdot hm^2)$$

选用 25L/s 雨水斗。

区域	面积(m²)	流量(L/s)	雨水斗数量(个)	每个雨水斗流量(L/s)	斗间距离(m)
A	720	56.0	3	18.67	12
B	720	56.0	3	18.67	12
C	600	46.7	2	23.33	15
D	600	46.7	2	23.33	15

复习思考题 🔍

1. 外排水系统由哪些部分组成？

2. 压力流屋面雨水排水系统由哪些部分组成？

3. 压力流屋面雨水排水系统有哪些优点？

4. 建筑物侧墙面积很大时，应如何考虑其雨水量的计算？

5. 已知某城市重现期 $P=3$ 年时，暴雨强度 $q_5=319 L/(s \cdot hm^2)$。该城市中一座普通办公楼，平顶，屋面水平投影面积为 1600m²，设计该办公楼屋面雨水排水系统，取设计重现期为 3 年，设计雨水流量。

项目7

建筑中水系统设计

项目目标

了解中水系统的形式及组成，熟悉中水的水源及水质，了解中水系统类型的选择及中水处理的工艺流程。

素质目标

培养学生节能环保的新发展意识。结合水资源的循环利用，强调"中水工程"在促进经济可持续发展方面中的重要性。

任务 7.1　中水系统的形式及组成认知

任务目标

了解中水系统的概念和设计适用范围；能够掌握建筑中水系统的形式与组成。

随着城市建设和工业的发展，用水量特别是工业用水量急剧增加，大量污废水的排放严重污染了环境和水源，造成水资源不足，水质日益恶化；新水源的开发工程又相当艰巨。面对这种情况，立足本地区、本部门的水资源，污水回用是缓解缺水的切实可行的有效措施。将使用过的受到污染的水处理后再次利用，既减少了污水的外排量、减轻了城市排水系统的负荷，又可以有效地利用和节约淡水资源，减少了对水环境的污染，具有明显的社会效益、环境效益和经济效益。

一、中水的概念和设计适用范围

1. 中水的概念

中水一词源于日本，也称中水道。它是指各种排水经处理后，达到规定的水质标准，可在一定范围内重复使用的非饮用水。因其水质介于上水（给水）和下水（排水）之间而得名。

相对于城镇污水大规模处理回用而言，建筑中水工程属于分散、小规模的污水回用处理，具有灵活、易于建设、无需长距离输水和运行管理方便等优点，是一种比较有前途的节水方式。

中水系统是由中水原水的收集、贮存、处理和中水供给等工程设施组成，是建筑物或建筑小区的功能配套设施之一。中水系统也是一个系统工程，包含了给水工程、排水工程、水处理工程及建筑环境工程等技术的有机综合。

2. 建筑中水设计适用范围

中水回用适用于各类民用建筑和居住小区的新建、改建和扩建工程。《建筑中水设计标准》GB 50336—2018 总则中明确指出，建筑中水工程应按照国家、地方有关规定配套建设。中水设施必须与主体工程同时设计，同时施工，同时使用。

适合建设中水设施的工程项目，是指具有水量较大、水量集中、就地处理利用的技术经济效益较好的工程。一些适宜配套建设中水设施的工程举例仅供参考，见表 7-1。

配套建设中水设施工程举例　　表 7-1

类别	规模
区域中水设施： 集中建筑区（院校、机关大院、产业开发区） 居住小区（包括别墅区、公寓区等）	建筑面积>5 万 m² 或综合污水量>750m³/d 或分流回收水量>150m³/d 建筑面积>5 万 m² 或综合污水量>750m³/d 或分流回收水量>150m³/d
建筑物中水： 宾馆、饭店、公寓、高级住宅等 机关、科研单位、大专院校、大型文体建筑等	建筑面积>2 万 m² 或回收水量>100m³/d 建筑面积>3 万 m² 或回收水量>100m³/d

二、建筑中水系统的形式

中水系统分为城镇中水系统和建筑中水系统。其中，建筑中水系统是建筑物中水系统和小区中水系统的总称。

1. 建筑物中水系统

建筑物中水系统是指单栋或几栋建筑物内建立的中水供应系统，根据其系统的设置情况不同可分为两种形式：具有完善排水设施的建筑中水系统和排水设施不完善的建筑中水系统。具有完善排水设施的建筑中水系统是指建筑物内部排水系统为分流制，生活污水单独排入小区排水管网或化粪池，杂排水（指民用建筑物中除粪便污水以外的各种排水，如冷却水、游泳池排水、沐浴排水、盥洗排水和洗衣、厨房排水等）或优质杂排水（杂排水中污染程度较低的排水）作为中水的水源，这种杂排水经过收集汇流后，通过设置在建筑物地下室内或邻近建筑物室外的水处理设施的处理，又输送到该建筑物或周围，用以冲洗厕所、刷洗拖把、绿化、扫除、洗车、水景布水等。建筑内部供水，采用生活饮用水给水系统和中水给水系统的双管分质给水系统。该工艺流程图如图7-1所示。

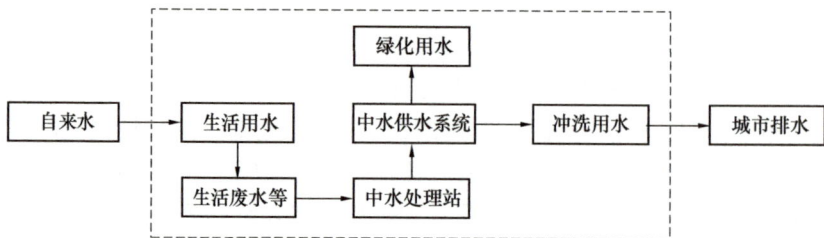

图 7-1　建筑物中水系统工艺流程图

建筑物中水系统处理方便，流程简单，投资省、占地小，适用于用水量较大的各类建筑物，如旅馆、公寓、办公楼等。

2. 小区中水系统

小区中水系统是指在居住小区、院校和机关大院等建筑区内建立的中水系统。设置小区中水给水系统的居住小区、院校和机关大院等建筑区的排水系统，大多采用分流制的排水体制，小区建筑物内的排水方式应根据居住小区内排水设施的完善程度来确定，但应使居住小区给水排水系统与建筑物内的排水系统相配套。小区中水系统以小区内各建筑物排放的优质杂排水或杂排水作为水源，经过中水处理系统的处理后，经过小区配水管网分配到各个建筑物内使用。其工艺流程图如图7-2所示。

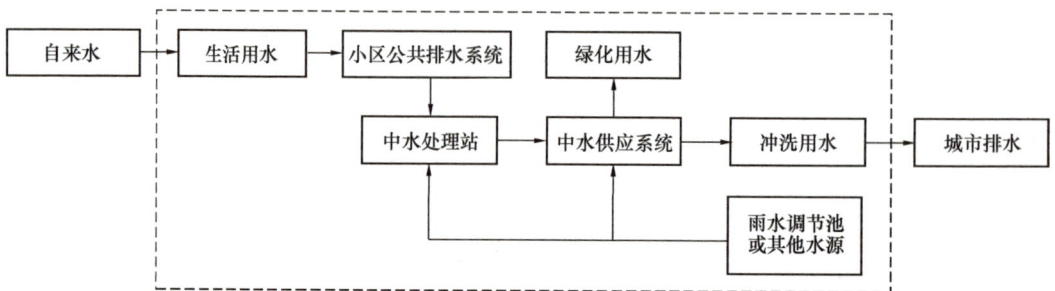

图 7-2　小区中水系统工艺流程图

小区中水系统可结合城市小区规划，在小区污水处理厂内部采用部分出水进行深度处理回用，或以若干栋建筑物中排出的优质杂排水为水源。其特点是工程规模较大，用水量大，环境用水量也大，易于形成规模效益，集中处理费用较低，适用于缺水城市的小区、建筑物分布较集中的新建小区和集中高层建筑群。

3. 城镇中水系统

城镇中水系统是以城镇二级污水处理厂（站）的出水和雨水作为中水的水源，经过城镇中水处理设施的处理，达到中水水质标准后，作为城镇杂用水之用。中水系统的城镇供水，采用双管分质、分流的供水系统，但城镇排水和建筑物内的排水系统不要求采用分流制。其工艺流程图如图 7-3 所示。

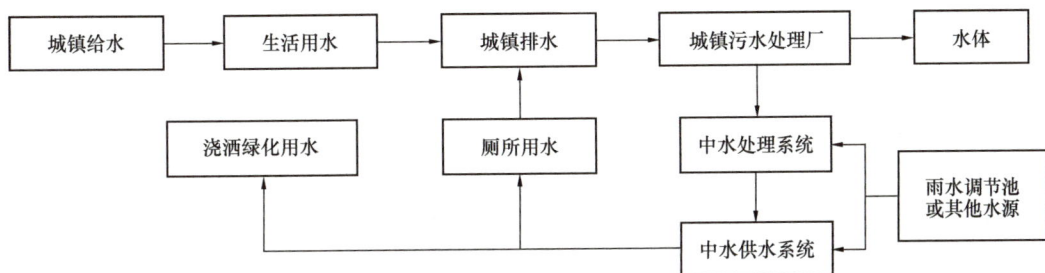

图 7-3 城镇中水系统工艺流程图

城镇中水系统工程规模大，投资大，处理水量大，处理工艺较为复杂，适用于严重缺水的城市。

中水系统形式的选择，应根据工程的实际情况、原水和中水用量的平衡和稳定、系统的技术经济合理性等因素综合考虑确定。

三、建筑中水系统的组成

建筑中水系统包括原水系统、处理系统和供水系统三个部分。

1. 原水系统

中水原水指被选作中水水源而未经处理的水。

中水原水系统是指收集、输送中水原水到中水处理系统的管道系统和一些附属构筑物。包括室内生活污、废水管网、室外中水原水集流管网及相应分流、溢流设施等。

原水管道系统宜按重力流设计，不能靠重力流接入的排水可采取局部提升措施。

厨房等含油排水应经过隔油处理后，方可进入原水收集系统。当采用雨水作为中水水源或水源补充时，应有可行的调贮容量和溢流设施。

下列排水严禁作为中水原水：

（1）医疗污水。

（2）放射性废水。

（3）生物污染废水。

（4）重金属及其他有毒有害物质超标的排水。

2. 原水处理系统

中水原水处理系统是处理中水原水的各种构筑物及设备的总称，包括原水处理系统设

171

施、管网及相应的计量检测设施。

中水原水处理系统可分为预处理设施、主要处理设施和后处理设施三类。

（1）预处理设施用来截留大的漂浮物、悬浮物和杂物，包括化粪池、格栅、毛发聚集器和调节池。

（2）主要处理设施是去除水中的有机物、无机物等，包括沉淀池、生物接触氧化池、曝气生物滤池等设施。

（3）当中水水质要求高于杂用水时，应根据需要添加后处理设施，以增加处理深度，如滤池、消毒处理等设备。

中水管道上不得装设取水龙头。当装有取水接口时，必须采取严格的误饮、误用的防护措施。

3. 供水系统

中水供水系统包括中水供水管网及相应的增压、贮水设备以及计量装置，如中水贮水池、水泵、高位水箱等。

知识拓展

南京国际博览中心节水工程

南京国际博览中心总建筑面积约 87 万 m^2，室内展览面积约 15 万 m^2，室外展览面积约 3 万 m^2。该建筑的设计措施达到节能减排的主要表现在：

（1）雨水收集利用系统：该系统通过收集建筑屋面和场地雨水，经过简单处理后用于冲洗地面、车库、厕所等，减少了自来水的使用量。

（2）绿化节水：南京国际博览中心拥有大型绿化景观，采用喷灌、微喷灌等节水灌溉方式，同时选取节水型植物，减少了水资源的浪费。

（3）水处理循环使用：该建筑通过污水处理及中水回用系统，将排放的废水处理为中水，用作建筑内卫生洁具、冲车库地面等，实现了水资源的循环利用。

（4）节能型设备和器具：南京国际博览中心选用节水型设备和器具，如节水型便器、节水型淋浴器等，降低了水资源消耗。

南京国际博览中心通过雨水收集利用、绿化节水、水处理循环使用和节能型设备和器具的运用等多种措施实现了建筑节水。采用集中供热和供冷系统、低流量水龙头和淋浴器等节水技术。这些技术的使用大大减少了建筑用水量，并且减轻了城市排水系统的压力。

任务 7.2　中水的选择及处理认知

任务目标

了解中水水源的选择和水质标准；能够掌握中水处理工艺流程及中水处理站的设置。

一、中水水源和水质标准

1. 建筑物中水水源

建筑物中水水源可取自建筑的生活排水和其他可以利用的水源。

根据水质的污染程度，一般可按下列顺序取舍：卫生间、公共浴室的盆浴和淋浴等的排水，盥洗排水，空调循环冷却系统排水，游泳池排污水，洗衣排水，厨房排水，冲厕排水。

建筑屋面雨水可作为中水水源或其补充。

综合医院污水作为中水水源时，必须经过消毒处理。

2. 小区中水水源

小区中水水源的选择应根据水量平衡和技术比较确定。首先选择水量充足、稳定、污染物浓度低、水质处理难度小，安全且居民易接受的中水水源。

小区中水可选择的水源有：建筑小区内建筑物杂排水；城市污水处理厂出水；相对洁净的工业排水；小区生活污水或市政排水；建筑小区内的雨水；可利用的天然水体（河、塘、湖、海水等）。

3. 中水水质标准

中水用途主要是建筑杂用水和城市杂用水，如冲厕、浇洒道路、绿化用水、消防、车辆冲洗、建筑施工、冷却用水等。

为保证中水安全可靠，中水水质必须满足下列要求：

（1）卫生上应安全可靠，卫生指标如大肠菌群数等必须达标。

（2）中水还应符合人们的感官要求，即无不快感觉，主要指标有浊度、色度、嗅、表面活性剂和油脂等。

（3）中水回用的水质不应引起设备和管道的腐蚀和结垢，主要指标有 pH 值、硬度、蒸发残渣及溶解性物质等。

中水用途不同，其要满足的水质标准也不同，中水水质标准如下：

（1）中水用作城市杂用水，其水质应符合《城市污水再生利用 城市杂用水水质》GB/T 18920—2020 的规定。

（2）中水用于景观环境用水，其水质应符合《城市污水再生利用 景观环境用水水质》GB/T 18921—2019 的规定。

（3）中水用于食用作物、蔬菜浇灌用水时，其水质应符合《农田灌溉水质标准》GB 5084—2021 的规定。

二、中水系统

1. 中水系统的类型

中水系统由原水系统、处理系统和中水供水系统三部分组成。中水工程的设计应按系统工程考虑，做到统一规划、合理布局，相互制约和协调配合。实现建筑或建筑小区的使用功能、节水功能和环境功能的统一。

建筑小区中水可采用以下系统形式：

（1）原水分流管系和中水供水管系覆盖全区的完全系统。

（2）原水分流管系和中水供水管系均为区内部分建筑的部分完全系统。

（3）无原水分流管系（原水为综合污水或外接水源），只有中水供水管系的半完全系统。

（4）只有原水分流管系而无中水供水管系（景观、河湖补水）的半完全系统。

（5）无原水分流管系，中水专供绿化的土壤渗透系统。

中水系统形式的选择，应根据工程实际情况、原水和中水用量平衡和稳定、系统的技术经济合理性等因素综合考虑确定。

2. 水量平衡

中水系统设计应进行水量平衡计算，宜绘制水量平衡图。它是用直观方法将原水量、处理水量、供水量和补充水量之间关系用图示方法表示出来。

水量平衡是将设计的建筑物或建筑群的给水量、污水量、废水排水量、中水原水量、贮存调节量、处理设备耗水量、中水调节贮存量、中水用水量、自来水补给量等进行计算和协调，使其达到平衡，并把计算和协调的结果用图纸和数字表示出来，即水量平衡图。

在中水系统中应设置原水调节池、中水贮存池等，对水量进行调节，以控制原水量、处理水量、用水量之间的不均衡性。

中水贮存池或中水供水箱上应设自来水补给管，其管径按中水最大时供水量确定。自来水补给管上应安装水表。中水池（箱）内的自来水补给管应采取自来水防污染措施。

三、中水处理工艺流程

1. 处理工艺选择依据

中水处理按处理工艺分为以物理化学处理方法为主的物化处理工艺，以生物化学处理为主的生化处理工艺，以及生化处理和物化处理相结合的处理工艺，土地处理工艺四类。

中水处理工艺流程的确定，应充分了解本地区的用水环境、节水技术的应用情况、城市污水及污泥的处理程度、当地的技术与管理水平是否适应处理工艺的要求等，再根据中水原水的水质、水量和要求的中水水质、水量及使用要求等因素，经过经济技术比较，并参考已经成功的处理工艺流程确定。

2. 中水处理工艺

中水处理工艺流程应根据中水原水的水量、水质和中水使用要求等因素，进行技术经济比较后确定。

（1）当以优质杂排水和杂排水作为中水水源时，可采用以物化处理为主的工艺流程，或采用生物处理和物化处理相结合的工艺流程。

1）物化处理工艺。适用优质杂排水，如图7-4所示。

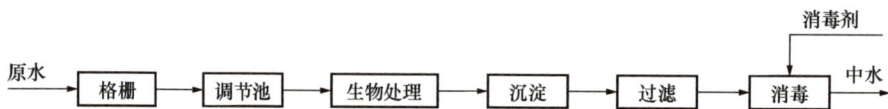

图 7-4　物化处理工艺流程图

2）生物处理和物化处理相结合工艺。适用溶解性有机物低和LAS较低的杂排水，如图7-5所示。

（2）当利用含有生活污水的排水作为中水水源时，宜采用二段生物处理与物化处理相结合的处理工艺流程，如：

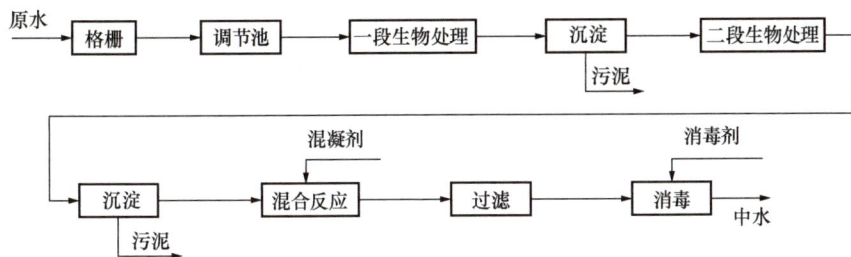

图 7-5　生物处理和物化处理相结合工艺流程图

（3）利用污水处理站二级处理出水作为中水水源时，应选用物化或与生化处理结合的深度处理工艺流程，如：

1）物化法深度处理（图 7-6）

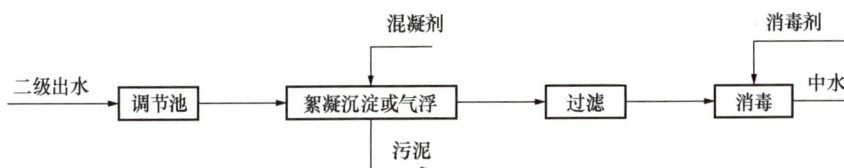

图 7-6　物化深度处理工艺流程图

2）物化与生化结合的深度处理（图 7-7）

图 7-7　物化与生化结合的深度处理工艺流程图

（4）中水处理工艺流程应符合以下要求：

1）当中水用于供暖、空调系统补充水等其他用途时，应根据水质需要增加相应的深度处理措施。

2）当采用膜处理工艺时，应有保障其可靠进水水质的预处理工艺和易于膜的清洗、更换的技术措施。

3）在确保中水水质的前提下，可采用耗能低、效率高、经过实验或实践检验的新工艺流程。

（5）中水处理必须设有消毒设施。中水消毒应符合下列规定：

1）消毒剂宜采用次氯酸钠、二氧化氯、二氯异氰尿酸钠或其他消毒剂。

2）投加消毒剂宜采用自动定比投加，与被消毒水充分混合接触。

3）采用氯消毒时，加氯量宜为有效氯 5～8mg/L，消毒接触时间应大于 30min。

4）当中水原水为生活污水时，应适当增加氯量。

四、中水处理站

中水处理站的位置应根据小区总体规划、中水原水的产生、中水用水的位置、环境卫生和管理维护要求等因素确定。

（1）室外处理站：小区中水处理站按规划要求独立设置，处理构筑物宜为地下式或封闭式，以生活污水为原水的地面处理站与公共建筑和住宅的距离不宜小于 15m。

（2）室内处理站：建筑物内的中水处理站宜设在建筑物的地下室内。

（3）中水处理站产生的噪声值应符合《声环境质量标准》GB 3096—2008 的要求。

（4）处理站应具备污泥、渣等的存放和外运的条件。

中水回用是解决城市缺水的有效途径，是污水资源化的一个重要方面。随着中水处理的建设，中水回用被大力推广，虽有良好的环境、经济效益，但在安全方面仍须重视，采取的安全防护和监（检）测控制措施主要有：

（1）中水管道严禁与生活饮用水给水管以任何方式直接连接。

（2）除卫生间外，中水管道不宜暗装于墙体内。

（3）中水池（箱）内的自来水补水管应采取自来水防污染措施。

（4）中水管道外壁应涂浅绿色标志。

（5）水池（箱）、阀门、水表及给水栓、取水口均应有明显的"中水"标志。

（6）中水处理站的处理系统和供水系统宜采用自动控制，并应同时设置手动控制。

（7）中水处理系统应对使用对象要求的主要水质指标定期检测，对常用控制指标（水量、主要水位、pH 值、浊度、余氯等）实现现场监测，有条件的可实现在线监测。

（8）中水系统的自来水补水宜在中水池或供水箱处，采取最低报警水位控制的自动补给。

（9）中水处理站应对自耗用水、用电进行单独计量。

复习思考题 🔍

1. 建筑中水系统的定义及用途是什么？
2. 建筑物中水系统的水源及选取顺序是什么？
3. 叙述以优质杂排水和杂排水为水源的中水处理工艺流程。
4. 如何做好建筑中水系统的安全防护？

项目8

建筑给水排水工程设计实务

项目目标

培养使用设计规范、采用标准图的能力，掌握室内给水排水工程的设计内容、步骤和方法，掌握建筑消防工程的设计内容、步骤和方法，提高水力计算和绘制施工图能力，掌握给水排水专业设计软件的使用。

素质目标

培养学生解决问题时"理论结合实际"的意识。结合建筑工程设计实务，强调严格遵守标准、规范在分析和解决问题上的重要性。

任务 8.1　建筑给水排水工程设计基础知识认知

任务目标

掌握建筑给水排水设计的类型、阶段划分和各阶段要求以及所需资料。

一、设计类型和阶段的划分

我国大、中型建筑工程的建设程序一般为：立项→设计→施工→竣工验收、交付使用。

建筑给水排水工程设计有三种类型：新建工程设计、原有工程的改建或扩建设计以及局部修建设计。

设计阶段一般按建设项目大小、重要性和设计水平高低等因素可分为两个阶段或三个阶段。一般工程设计分两个阶段：初步设计（或扩大初步设计）和施工图设计。重大项目和技术复杂的项目分为三个阶段：初步设计、技术设计和施工图设计。

二、建筑给水排水工程设计需用的资料

掌握齐全、准确的设计资料是设计工作的必要前提。不同设计阶段所需资料如下。

1. 初步设计需要收集的资料

（1）有关设计任务的资料。包括建设项目设计前的论证与立项文件，有关协议与合同文件，设计范围和设计题目。

（2）自然资料。包括气象资料，水源状况资料，地质资料，地震烈度资料。

（3）城镇规划资料。

（4）给水排水现状资料。

（5）供电资料。

（6）有关编制概预算的资料。

（7）有关法规的资料。

2. 施工图设计需用资料

本设计阶段除应核实并修正初步设计阶段的全部设计资料外，还需收集补充以下资料：

（1）初步设计审查会议纪要及初步设计批准文件。

（2）与有关单位的协议文件或协议纪要。

（3）为本阶段设计布置的全部勘测成果。

（4）建设单位订购的设备与材料清单。

（5）管道所经路线与规划，现状管线有关的管线综合设计资料。

（6）其他修正补充的资料。

8-1

识读室内生活
给水工程施工图

三、建筑给水排水工程设计各阶段的要求

1. 方案设计阶段

方案设计阶段的建筑给水排水工程设计文件是设计说明书，主要内容有以下三个方面。

（1）给水

该部分设计说明书内容包括：水源情况概述，用水量及耗热量估算，给水系统的供水方式，消防系统的种类和供水方式，热水系统的热源、供应范围及供水方式，中水系统的设计依据、处理水量及处理方法，循环冷却水、饮用净水系统等。

（2）排水

该部分设计说明书内容包括：排水体制，估算污、废水排水量，雨水量及重现期参数，排水系统说明及综合利用，污、废水的处理方法。

（3）需要说明的其他问题

2. 初步设计阶段

初步设计阶段的设计文件包括设计说明书、设计图纸、主要设备器材表、计算书。

（1）设计说明书。包括设计依据、工程概况、设计范围，建筑室外给水排水设计、建筑室内给水排水设计，节水节能减排措施、相关技术措施及说明材料，施工图设计阶段需要提供的技术资料。

（2）设计图纸。包括建筑室外给水排水总平面图，建筑给水排水局部总平面图，建筑室内给水排水平面图和系统原理图。

（3）主要设备器材表。列出主要设备器材的名称、性能参数、计数单位、数量、备注使用运转说明。

（4）计算书。各类用水量和排水量计算，中水水量平衡计算，有关水力计算和热力计算，设备选型和构筑物尺寸计算。

3. 施工图设计阶段

施工图设计阶段的设计文件包括图纸目录、设计总说明、设计图纸、主要设备器材表、计算书。

（1）图纸目录。先列出新绘制的图纸，后列选用的标准或重复利用的图纸。

（2）设计总说明。包括设计依据简述、工程概况、设计范围，给水排水系统概况，说明主要设备器材、管材、阀门的选型，说明管道敷设、设备及管道的防腐、保温，系统工作压力、管道和设备的试压、冲洗，说明节水节能减排等技术要求，以及不能用图纸表达的、有特殊需要的内容说明、图例。

（3）建筑室外给水排水总平面图。

（4）建筑给水排水图纸。平面图、系统图、局部放大图、详图。

（5）主要设备器材表。主要设备器材可在首页或相关图上列表表示，并标注性能参数、计数单位、数量、备注使用运转说明。

（6）计算书。根据初步设计审批意见进行施工图阶段设计计算。

4. 建筑给水排水工程设计绘图要求

建筑给水排水施工图应按照《建筑给水排水制图标准》GB/T 50106—2010 绘制。

建筑给水排水施工图一般由图纸目录、主要设备器材表、设计说明、图例、平面图、系统图、局部放大图、详图等组成。

【案例导入 8-1】某七层住宅楼给水排水、消防图，见附录 6-1。

5. 建筑给水排水专业设计还需考虑的其他要求

（1）建筑给水排水工程设计与其他专业的协调要求

建筑工程设计过程是以建筑为主导，结构、给水排水、暖通、电气专业间相互沟通、提出问题、解决问题的过程。因此，在建筑给水排水工程设计的过程中，应与建筑、结构、暖通、电气等专业紧密配合、相互协作才能顺利完成设计任务。给水排水专业与其他专业的协调要求主要有以下几个方面。

1）向建筑专业提供水池、水箱的位置、容积和工艺尺寸要求，给水设备用房面积和高度要求，各管道井位置和平面尺寸要求。

2）向结构专业提供水池、水箱的具体工艺尺寸，预留孔洞位置及尺寸，预埋套管，预留设备基础和设备间荷载。

3）向电气专业提供消防设备、生活水泵的控制要求，水泵机组用电量，协调电气设备上方不允许存在滴漏可能的水管或穿越等。

4）与暖通专业协调给水排水管线与供暖管线之间的交叉走向，为供暖、空调设备预留用水点、冷凝水排放点等。

（2）对建筑给水排水设计的地方性要求

有些地方性的规定和要求高于国家标准，因此，建筑给水排水设计还需要考虑建设工程项目所在地的地方性规定和要求，以南方某城市为例，对给水排水设计的地方性要求有以下几点。

1）环保部门：化粪池选型，公厕及公共建筑面积要求。

2）园林局：室外排水管不能用混凝土管，$DN500$ 以下采用 UPVC 波纹排水管，$DN500$ 以上采用 HDPE 塑料排水管。

3）卫生防疫部门：生活水箱应采用不锈钢生活水箱。

4）住建委：生活给水管不能采用镀锌钢管，选用 PPR 给水管（室内冷热水）。

5）消防部门：三层以上住宅要配置消火栓，首层商铺设置喷淋，消火栓间距不能大于 25m。

任务 8.2　建筑给水排水工程设计

任务目标

通过完成一个工程实例的实训，进行一次综合性基本训练和考查。

一、建筑给水排水工程设计任务书

1. 某多层建筑给水排水工程设计任务书

（1）设计任务

某建筑单体为商住两用建筑，共 6 层，一至二层为商场，层高均为 3.9m，设有公共卫生间；三至六层为住宅用房，六层为跃层式住宅，每户均有卫生间和厨房，层高均为 2.8m。

本次设计主要是该建筑的建筑给水排水工程设计，设计内容要求如下：

1）调查国内外此类工程的给水排水工程设计现状及其存在的问题。

2）根据相关基础资料，对该商住楼进行建筑室内给水工程、排水工程、消防工程设计。

3）编写设计说明书、计算书。

4）绘制完整的施工设计图。

（2）设计资料

1）建筑设计资料

① 总平面图。

② 楼层平面图。

③ 剖面图。

④ 立面图。

2）市政管线资料

① 在建筑物的南、北两侧均有小区给水、排水管道，给水管道，管径 $DN300$，常年可资用水头为 0.40MPa，允许接管管径为 $DN200$，埋深 1.0m。

② 室外小区设有室外消火栓。

③ 小区污水管管径 $DN300$，埋深 1.6m。

④ 小区雨水管管径 $DN400$，埋深 2.0m。

（3）成果要求

1）设计说明书一份；

2）设计计算书一份；

3）设计图纸一套。

2. 某高层建筑给水排水工程设计任务书

（1）设计任务

某市一高层综合楼，建筑面积约 35000m²，建筑高度为 61.2m，地下 1 层（地下室）、地上 16 层，地下 1 层为车库、电梯井、设备房（包括水泵房）和贮水池，地上 1 层为门厅、商场、消防控制室，2 层为营业餐厅，3 层为公共浴室，4～5 层为宾馆，6～7 层为公寓式办公室，8～16 层为普通办公室，屋顶设有电梯机房、设备房、水箱间。地下 1 层层高 5.20m，地上 1 层层高 4.50m，2 层 4.80m，3 层 4.20m，4～16 层均为 3.60m，电梯机房、设备房、水箱间的层高均为 4.20m。室内、外地坪高差 0.30m。

地下室内车库入口处设有收集雨水的雨水篦和集水坑，电梯井旁设有集水坑，水泵房内设有集水坑。地上 1～3 层每层设 1 间卫生间，卫生间内男、女厕所各 1 个，卫生间的门厅内设有 3 个台式洗手盆、1 个拖布盆，男厕所内设有 4 个蹲便器、3 个立式小便器，女厕所内设有 4 个蹲便器。4～5 层每层设 38 套客房、1 间服务室、1 间公共卫生间，客房的卫生间内设台式洗脸盆、坐便器、浴盆各 1 个，服务室内设 1 个洗脸盆，公共卫生间内男、女厕所各 1 间，男、女厕所内各设有 1 个蹲便器、1 个洗手盆。6～7 层每层设 42 套公寓式办公室，办公室的卫生间内设洗手盆、拖布盆、坐便器、淋浴器各 1 个。8～16 层每层设 2 间卫生间，卫生间内布置同 1～3 层。

要求设计建筑给水排水工程，具体内容包括：

1）建筑生活给水系统设计（包括冷水和热水系统）。

2）建筑消防给水系统设计（包括消火栓系统、自动喷水灭火系统）。

3）建筑排水系统设计。

4）建筑雨水系统设计。

（2）设计资料

1）建筑设计资料

① 总平面图。

② 楼层平面图。

③ 剖面图。

④ 立面图。

2）市政管线资料

① 市政给水。建筑物西、南侧各有 1 根 $DN400$ 的市政给水干管，管顶埋深为 1.0m，常年提供的资用水头为 0.40MPa。市政给水干管不允许直接抽水。

② 市政排水。市政排水管位于建筑物的南侧，1 根污水排水管，管径为 $DN500$，管顶埋深为 1.6m；1 根雨水排水管，管径为 $DN800$，管顶埋深为 2.1m。

③ 城市供热。建筑物西侧有 1 根 $DN300$ 蒸汽管，架空敷设，蒸汽表压 0.80MPa。

（3）成果要求

1）设计说明书一份；

2）设计计算书一份；

3）设计图纸一套。

二、设计过程说明

以本任务中"某多层建筑给水排水工程设计项目"为例，该项目设计范围为建筑室内给水、排水和消防工程设计，设计步骤如下：

（1）根据设计任务、设计资料和有关的规范、标准要求，综合考虑给水系统、污水排水系统和室内消火栓系统的设计方案，并分别对系统方案进行比选，确定最适合的方案。

（2）管道平面布置和系统图初步绘制。

1）在建筑图上布置给水排水立管位置，布置给水干管位置。

2）在建筑图中从给水立管引水到各用水点，从各用水点将排水引入排水立管。

3）在建筑图上布置消火栓箱、消防立管、水平干管及连接消火栓管道和连接消防水泵接合器、消防水箱、消防水泵出水管。

4）系统图初步绘制。

（3）确定最不利点的配水点及最不利点消火栓。

（4）绘制计算简图，确定计算管路，进行管段编号和确定管段流量。

（5）各系统管道的水力计算。

1）给水管网的水力计算：设计秒流量计算、最不利环路的确定及水力计算和次不利环路水力计算、系统的总水压计算。

2）消火栓给水系统水力计算：最不利点消火栓所需压力和实际射流量、消火栓的保护半径、室内消火栓系统的水力计算、消防水箱和消防水池的设置与计算，并按规定布置灭火器。

3）排水管网的水力计算：排水管水力计算、立管底部和排出管计算、排水附件的选择、化粪池的计算选择。

（6）绘制给水、消防管网的总系统图和排水系统图，绘制给水排水详图。平面图和系统图绘制时要相互对照，并根据设计时遇到的具体问题随时调整。

（7）整理设计图纸，统计总材料表，编写给水排水工程设计说明及图纸目录。

1）文字资料：设计说明书一份、设计计算书一份。

2）图纸资料：图纸目录、设计说明、主要材料表、图例，各层给水、污废排水和消火栓管道布置平面图，给水、污废排水和消火栓系统轴测图，卫生间、厨房、阳台（洗衣机）给水排水管道布置大样图。

本任务中的"某多层建筑给水排水工程设计项目"或与之相当难度的项目可作为本课程的课程设计课题，完成时间为 2 周；"某高层建筑给水排水工程设计"或与之相当难度的项目可作为给水排水及相关专业的毕业设计课题，完成时间为 10～12 周。

附录

附录 2-1 给水管段设计秒流量计算表

U_o	1.0		1.5		2.0		2.5		3.0		3.5	
N_g	U (%)	q (L/s)	U (%)	q (L/s)	U (%)	q (L/s)	U (%)	q (L/s)	U (%)	q (L/s)	U (%)	q (L/s)
1	100.00	0.20	100.00	0.20	100.00	0.20	100.00	0.20	100.00	0.20	100.00	0.20
2	70.94	0.28	71.20	0.28	71.49	0.29	71.78	0.29	72.08	0.29	72.39	0.29
3	58.00	0.35	58.30	0.35	58.62	0.35	58.96	0.35	59.31	0.36	59.66	0.36
4	50.28	0.40	50.60	0.40	50.94	0.41	51.32	0.41	51.66	0.41	52.03	0.42
5	45.01	0.45	45.34	0.45	45.69	0.46	46.06	0.46	46.43	0.46	46.82	0.47
6	41.10	0.49	41.45	0.50	41.81	0.50	42.18	0.51	42.57	0.51	42.96	0.52
7	38.09	0.53	38.43	0.54	38.79	0.54	39.17	0.55	39.56	0.55	39.96	0.56
8	35.65	0.57	35.99	0.58	36.36	0.58	36.74	0.59	37.13	0.59	37.53	0.60
9	33.63	0.61	33.98	0.61	34.35	0.62	34.73	0.63	35.12	0.63	35.53	0.64
10	31.92	0.64	32.27	0.65	32.64	0.65	33.03	0.66	33.42	0.67	33.83	0.68
11	30.45	0.67	30.80	0.68	31.17	0.69	31.56	0.69	31.96	0.70	32.36	0.71
12	29.17	0.70	29.52	0.71	29.89	0.72	30.28	0.73	30.68	0.74	31.09	0.75
13	28.04	0.73	28.39	0.74	28.76	0.75	29.15	0.76	29.55	0.77	29.96	0.78
14	27.03	0.76	27.38	0.77	27.76	0.78	28.15	0.79	28.55	0.80	28.96	0.81
15	26.12	0.78	26.48	0.79	26.85	0.81	27.24	0.82	27.64	0.83	28.05	0.84
16	25.30	0.81	25.66	0.82	26.03	0.83	26.42	0.85	26.83	0.86	27.24	0.87
17	24.56	0.83	24.91	0.85	25.29	0.86	25.68	0.87	26.08	0.89	26.49	0.90
18	23.88	0.86	24.23	0.87	24.61	0.89	25.00	0.90	25.40	0.91	25.81	0.93
19	23.25	0.88	23.60	0.90	23.98	0.91	24.37	0.93	24.77	0.94	25.19	0.96
20	22.67	0.91	23.02	0.92	23.40	0.94	23.79	0.95	24.20	0.97	24.61	0.98
22	21.63	0.95	21.98	0.97	22.36	0.98	22.75	1.00	23.16	1.02	23.57	1.04
24	20.72	0.99	21.07	1.01	21.45	1.03	21.85	1.05	22.25	1.07	22.66	1.09
26	19.92	1.04	20.27	1.05	20.65	1.07	21.05	1.09	21.45	1.12	21.87	1.14
28	19.21	1.08	19.56	1.10	19.94	1.12	20.33	1.14	20.74	1.16	21.15	1.18
30	18.56	1.11	18.92	1.14	19.30	1.16	19.69	1.18	20.10	1.21	20.51	1.23
32	17.99	1.15	18.34	1.17	18.72	1.20	19.12	1.22	19.52	1.25	19.94	1.28
34	17.46	1.19	17.81	1.21	18.19	1.24	18.59	1.26	18.99	1.29	19.41	1.32
36	16.97	1.22	17.33	1.25	17.71	1.28	18.11	1.30	18.51	1.33	18.93	1.36
38	16.53	1.26	16.89	1.28	17.27	1.31	17.66	1.34	18.07	1.37	18.48	1.40

续表

U_o	1.0		1.5		2.0		2.5		3.0		3.5	
N_g	U (%)	q (L/s)	U (%)	q (L/s)	U (%)	q (L/s)	U (%)	q (L/s)	U (%)	q (L/s)	U (%)	q (L/s)
40	16.12	1.29	16.48	1.32	16.86	1.35	17.25	1.38	17.66	1.41	18.07	1.45
42	15.74	1.32	16.09	1.35	16.47	1.38	16.87	1.42	17.28	1.45	17.69	1.49
44	15.38	1.35	15.74	1.39	16.12	1.42	16.52	1.45	16.92	1.49	17.34	1.53
46	15.05	1.38	15.41	1.42	15.79	1.45	16.18	1.49	16.59	1.53	17.00	1.56
48	14.74	1.42	15.10	1.45	15.48	1.49	15.87	1.52	16.28	1.56	16.69	1.60
50	14.45	1.45	14.81	1.48	15.19	1.52	15.58	1.56	15.99	1.60	16.40	1.64
55	13.79	1.52	14.15	1.56	14.53	1.60	14.92	1.64	15.33	1.69	15.74	1.73
60	13.22	1.59	13.57	1.63	13.95	1.67	14.35	1.72	14.76	1.77	15.17	1.82
65	12.71	1.65	13.07	1.70	13.45	1.75	13.84	1.80	14.25	1.85	14.66	1.91
70	12.26	1.72	12.62	1.77	13.00	1.82	13.39	1.87	13.80	1.93	14.21	1.99
75	11.85	1.78	12.21	1.83	12.59	1.89	12.99	1.95	13.39	2.01	13.81	2.07
80	11.49	1.84	11.84	1.89	12.22	1.96	12.62	2.02	13.02	2.08	13.44	2.15
85	11.05	1.90	11.51	1.96	11.89	2.02	12.28	2.09	12.69	2.16	13.10	2.23
90	10.85	1.95	11.20	2.02	11.58	2.09	11.98	2.16	12.38	2.23	12.80	2.30
95	10.57	2.01	10.92	2.08	11.30	2.15	11.70	2.22	12.10	2.30	12.52	2.38
100	10.31	2.06	10.66	2.13	11.05	2.21	11.44	2.29	11.84	2.37	12.26	2.45
110	9.84	2.17	10.20	2.24	10.58	2.33	10.97	2.41	11.38	2.50	11.79	2.59
120	9.44	2.26	9.79	2.35	10.17	2.44	10.56	2.54	10.97	2.63	11.38	2.73
130	9.08	2.36	9.43	2.45	9.81	2.55	10.21	2.65	10.61	2.76	11.02	2.87
140	8.76	2.45	9.11	2.55	9.49	2.66	9.89	2.77	10.29	2.88	10.70	3.00
150	8.47	2.54	8.83	2.65	9.20	2.76	9.60	2.88	10.00	3.00	10.42	3.12
160	8.21	2.63	8.57	2.74	8.94	2.86	9.34	2.99	9.74	3.12	10.16	3.25
170	7.98	2.71	8.33	2.83	8.71	2.96	9.10	3.09	9.51	3.23	9.92	3.37
180	7.76	2.79	8.11	2.92	8.49	3.06	8.89	3.20	9.29	3.34	9.70	3.49
190	7.56	2.87	7.91	3.01	8.29	3.15	8.69	3.30	9.09	3.45	9.50	3.61
200	7.38	2.95	7.73	3.09	8.11	3.24	8.50	3.40	8.91	3.56	9.32	3.73
220	7.05	3.10	7.40	3.26	7.78	3.42	8.17	3.60	8.57	3.77	8.99	3.95
240	6.76	3.25	7.11	3.41	7.49	3.60	7.88	3.78	8.29	3.98	8.70	4.17
260	6.51	3.28	6.86	3.57	7.24	3.76	7.63	3.97	8.03	4.18	8.44	4.39
280	6.28	3.52	6.63	3.72	7.01	3.93	7.40	4.15	7.81	4.37	8.22	4.60
300	6.08	3.65	6.43	3.86	6.81	4.08	7.20	4.32	7.60	4.56	8.01	4.81
320	5.89	3.77	6.25	4.00	6.62	4.24	7.02	4.49	7.42	4.75	7.83	5.02
340	5.73	3.89	6.08	4.13	6.46	4.39	6.85	4.66	7.25	4.93	7.66	5.21
360	5.57	4.01	5.93	4.27	6.30	4.54	6.69	4.82	7.10	5.11	7.51	5.40
380	5.43	4.13	5.79	4.40	6.16	4.68	6.55	4.98	6.95	5.29	7.36	5.60

续表

N_g	U_o 1.0 U (%)	1.0 q (L/s)	1.5 U (%)	1.5 q (L/s)	2.0 U (%)	2.0 q (L/s)	2.5 U (%)	2.5 q (L/s)	3.0 U (%)	3.0 q (L/s)	3.5 U (%)	3.5 q (L/s)
400	5.30	4.24	5.66	4.52	6.03	4.83	6.42	5.14	6.82	5.46	7.23	5.79
420	5.18	4.35	5.54	4.65	5.91	4.96	6.30	5.29	6.70	5.63	7.11	5.97
440	5.07	4.46	5.42	4.77	5.80	5.10	6.19	5.45	6.59	5.80	7.00	6.16
460	4.97	4.57	5.32	4.89	5.69	5.24	6.08	5.60	6.48	5.97	6.89	6.34
480	4.87	4.67	5.22	5.01	5.59	5.37	5.98	5.75	6.39	6.13	6.79	6.52
500	4.78	4.78	5.13	5.13	5.50	5.50	5.89	5.89	6.29	6.29	6.70	6.70
550	4.57	5.02	4.92	5.41	5.29	5.82	5.68	6.25	6.08	6.69	6.49	7.14
600	4.39	5.26	4.74	5.68	5.11	6.13	5.50	6.60	5.90	7.08	6.31	7.57
650	4.23	5.49	4.58	5.95	4.95	6.43	5.34	6.94	5.74	7.46	6.15	7.99
700	4.08	5.72	4.43	6.20	4.81	6.73	5.19	7.27	5.59	7.83	6.00	8.40
750	3.95	5.93	4.30	6.46	4.68	7.02	5.07	7.60	5.46	8.20	5.87	8.81
800	3.84	6.14	4.19	6.70	4.56	7.30	4.95	7.92	5.35	8.56	5.75	9.21
850	3.73	6.34	4.08	6.94	4.45	7.57	4.84	8.23	5.24	8.91	5.65	9.60
900	3.64	6.54	3.98	7.17	4.36	7.84	4.75	8.54	5.14	9.26	5.55	9.99
950	3.55	6.74	3.90	7.40	4.27	8.11	4.66	8.85	5.05	9.60	5.46	10.37
1000	3.46	6.93	3.81	7.63	4.19	8.37	4.57	9.15	4.97	9.94	5.38	10.75
1100	3.32	7.30	3.66	8.06	4.04	8.88	4.42	9.73	4.82	10.61	5.23	11.50
1200	3.09	7.65	3.54	8.49	3.91	9.38	4.29	10.31	4.69	11.26	5.10	12.23
1300	3.07	7.99	3.42	8.90	3.79	9.86	4.18	10.87	4.58	11.90	4.98	12.95
1400	2.97	8.33	3.32	9.30	3.69	10.34	4.08	11.42	4.48	12.53	4.88	13.66
1500	2.88	8.65	3.23	9.69	3.60	10.80	3.99	11.96	4.38	13.15	4.79	14.36
1600	2.80	8.96	3.15	10.07	3.52	11.26	3.90	12.49	4.30	13.76	4.70	15.05
1700	2.73	9.27	3.07	10.45	3.44	11.71	3.83	13.02	4.22	14.36	4.63	15.74
1800	2.66	9.57	3.00	10.81	3.37	12.15	3.76	13.53	4.16	14.96	4.56	16.41
1900	2.59	9.86	2.94	11.17	3.31	12.58	3.70	14.04	4.09	15.55	4.49	17.08
2000	2.54	10.14	2.88	11.53	3.25	13.01	3.64	14.55	4.03	16.13	4.44	17.74
2200	2.43	10.70	2.78	12.22	3.15	13.85	3.53	15.54	3.93	17.28	4.33	19.05
2400	2.34	11.23	2.69	12.89	3.06	14.67	3.44	16.51	3.83	18.41	4.24	20.34
2600	2.26	11.75	2.61	13.55	2.97	15.47	3.36	17.46	3.75	19.52	4.16	21.61
2800	2.19	12.26	2.53	14.19	2.90	16.25	3.29	18.40	3.68	20.61	4.08	22.86
3000	2.12	12.75	2.47	14.81	2.84	17.03	3.22	19.33	3.62	21.69	4.02	24.10
3200	2.07	13.22	2.41	15.43	2.78	17.79	3.16	20.24	3.56	22.76	3.96	25.33
3400	2.01	13.69	2.36	16.03	2.73	18.54	3.11	21.14	3.50	23.81	3.90	26.54
3600	1.96	14.15	2.13	16.62	2.68	19.27	3.06	22.03	3.45	24.86	3.85	27.75
3800	1.92	14.59	2.26	17.21	2.63	20.00	3.01	22.91	3.41	25.90	3.81	28.94

U_o	1.0		1.5		2.0		2.5		3.0		3.5	
N_g	U (%)	q (L/s)	U (%)	q (L/s)	U (%)	q (L/s)	U (%)	q (L/s)	U (%)	q (L/s)	U (%)	q (L/s)
4000	1.88	15.03	2.22	17.78	2.59	20.72	2.97	23.78	3.37	26.92	3.77	30.13
4200	1.84	15.46	2.18	18.35	2.55	21.43	2.93	24.64	3.33	27.94	3.73	31.30
4400	1.80	15.88	2.15	18.91	2.52	22.14	2.90	25.50	3.29	28.95	3.69	32.47
4600	1.77	16.30	2.12	19.46	2.48	22.84	2.86	26.35	3.26	29.96	3.66	33.64
4800	1.74	16.71	2.08	20.00	2.45	23.53	2.83	27.19	3.22	30.95	3.62	34.79
5000	1.71	17.11	2.05	20.54	2.42	24.21	2.80	28.03	3.19	31.95	3.59	35.94
5500	1.65	18.10	1.99	21.87	2.35	25.90	2.74	30.09	3.13	34.40	3.53	38.79
6000	1.59	19.05	1.93	23.16	2.30	27.55	2.68	32.12	3.07	36.82	$N_g=5714$	
6500	1.54	19.97	1.88	24.43	2.24	29.18	2.63	34.13	3.02	39.21	$U=3.5\%$	
7000	1.49	20.88	1.83	25.67	2.20	30.78	2.58	36.11	3.00	40.00	$q=40.00$	
7500	1.45	21.76	1.79	26.88	2.16	32.36	2.54	38.06				
8000	1.41	22.62	1.76	28.08	2.12	33.92	2.50	40.00				
8500	1.38	23.46	1.72	29.26	2.09	35.47	—	—				
9000	1.35	24.29	1.69	30.43	2.06	36.99	—	—				
9500	1.32	25.10	1.66	31.58	2.03	38.50	—	—				
10000	1.29	25.90	1.64	32.72	2.00	40.00	—	—				
11000	1.25	27.46	1.59	34.95	—	—	—	—				
12000	1.21	28.97	1.55	37.14	—		—	—				
13000	1.17	30.45	1.51	39.29	—		—	—				
14000	1.14	31.89	$N_g=13333$		—		—					
15000	1.11	33.31	$U=1.5\%$		—		—					
16000	1.08	34.69	$q=40.00$		—		—					
17000	1.06	36.05	—	—	—		—					
18000	1.04	37.39	—	—	—		—					
19000	1.02	38.70	—	—	—		—					
20000	1.00	40.00	—	—	—		—					

U_o	4.0		4.5		5.0		6.0		7.0		8.0	
N_g	U (%)	q (L/s)	U (%)	q (L/s)	U (%)	q (L/s)	U (%)	q (L/s)	U (%)	q (L/s)	U (%)	q (L/s)
1	100.00	0.20	100.00	0.20	100.00	0.20	100.00	0.20	100.00	0.20	100.00	0.20
2	72.70	0.29	73.02	0.29	73.33	0.29	73.98	0.30	74.64	0.30	75.30	0.30
3	60.02	0.36	60.38	0.36	60.75	0.36	61.49	0.37	62.24	0.37	63.00	0.38
4	52.41	0.42	52.80	0.42	53.18	0.43	53.97	0.43	54.76	0.44	55.56	0.44
5	47.21	0.47	47.60	0.48	48.00	0.48	48.80	0.49	49.62	0.50	50.45	0.50

U_o	4.0		4.5		5.0		6.0		7.0		8.0	
N_g	U (%)	q (L/s)	U (%)	q (L/s)	U (%)	q (L/s)	U (%)	q (L/s)	U (%)	q (L/s)	U (%)	q (L/s)
6	43.35	0.52	43.76	0.53	44.16	0.53	44.98	0.54	45.81	0.55	46.65	0.56
7	40.36	0.57	40.76	0.57	41.17	0.58	42.01	0.59	42.85	0.60	43.70	0.61
8	37.94	0.61	38.35	0.61	38.76	0.62	39.60	0.63	40.45	0.65	41.31	0.66
9	35.93	0.65	36.35	0.65	36.76	0.66	37.61	0.68	38.46	0.69	39.33	0.71
10	34.24	0.68	34.65	0.69	35.07	0.70	35.92	0.72	36.78	0.74	37.65	0.75
11	32.77	0.72	33.19	0.73	33.61	0.74	34.46	0.76	35.33	0.78	36.20	0.80
12	31.50	0.76	31.92	0.77	32.34	0.78	33.19	0.80	34.06	0.82	34.93	0.84
13	30.37	0.79	30.79	0.80	31.22	0.81	32.07	0.83	32.94	0.86	33.82	0.88
14	29.37	0.82	29.79	0.83	30.22	0.85	31.07	0.87	31.94	0.89	32.82	0.92
15	28.47	0.85	28.89	0.87	29.32	0.88	30.18	0.91	31.05	0.93	31.93	0.96
16	27.65	0.88	28.08	0.90	28.50	0.91	29.36	0.94	30.23	0.97	31.12	1.00
17	26.91	0.91	27.33	0.93	27.76	0.94	28.62	0.97	29.50	1.00	30.38	1.03
18	26.23	0.94	26.65	0.96	27.08	0.97	27.94	1.01	28.82	1.04	29.70	1.07
19	25.60	0.97	26.03	0.99	26.45	1.01	27.32	1.04	28.19	1.07	29.08	1.10
20	25.03	1.00	25.45	1.02	25.88	1.04	26.74	1.07	27.62	1.10	28.50	1.14
22	23.99	1.06	24.41	1.07	24.84	1.09	25.71	1.13	26.58	1.17	27.47	1.21
24	23.08	1.11	23.51	1.13	23.94	1.15	24.80	1.19	25.68	1.23	26.57	1.28
26	22.29	1.16	22.71	1.18	23.14	1.20	24.01	1.25	24.98	1.29	25.77	1.34
28	21.57	1.21	22.00	1.23	22.43	1.26	23.30	1.30	24.18	1.35	25.06	1.40
30	20.93	1.26	21.36	1.28	21.79	1.31	22.66	1.36	23.54	1.41	24.43	1.47
32	20.36	1.30	20.78	1.33	21.21	1.36	22.08	1.41	22.96	1.47	23.85	1.53
34	19.83	1.35	20.25	1.38	20.68	1.41	21.55	1.47	22.43	1.53	23.32	1.59
36	19.35	1.39	19.77	1.42	20.20	1.45	21.07	1.52	21.95	1.58	22.84	1.64
38	18.90	1.44	19.33	1.47	19.76	1.50	20.63	1.57	21.51	1.63	22.40	1.70
40	18.49	1.48	18.92	1.51	19.35	1.55	20.22	1.62	21.10	1.69	21.99	1.76
42	18.11	1.52	18.54	1.56	18.97	1.59	19.84	1.67	20.72	1.74	21.61	1.82
44	17.76	1.56	18.18	1.60	18.61	1.64	19.48	1.71	20.36	1.79	21.25	1.87
46	17.43	1.60	17.85	1.64	18.28	1.68	19.15	1.76	20.03	1.84	20.92	1.92
48	17.11	1.64	17.54	1.68	17.97	1.73	18.84	1.81	19.72	1.89	20.61	1.98
50	16.82	1.68	17.25	1.73	17.68	1.77	18.55	1.86	19.43	1.94	20.32	2.03
55	16.17	1.78	16.59	1.82	17.02	1.87	17.89	1.97	18.77	2.07	19.66	2.16
60	15.59	1.87	16.02	1.92	16.45	1.97	17.32	2.08	18.20	2.18	19.08	2.29
65	15.08	1.96	15.51	2.02	15.94	2.07	16.81	2.19	17.69	2.30	18.58	2.42

续表

U_o	4.0		4.5		5.0		6.0		7.0		8.0	
N_g	U (%)	q (L/s)	U (%)	q (L/s)	U (%)	q (L/s)	U (%)	q (L/s)	U (%)	q (L/s)	U (%)	q (L/s)
70	14.63	2.05	15.06	2.11	15.49	2.17	16.36	2.29	17.24	2.41	18.13	2.54
75	14.23	2.13	14.65	2.20	15.08	2.26	15.95	2.39	16.83	2.52	17.72	2.66
80	13.86	2.22	14.28	2.29	14.71	2.35	15.58	2.49	16.46	2.63	17.35	2.78
85	13.52	2.30	13.95	2.37	14.38	2.44	15.25	2.59	16.13	2.74	17.02	2.89
90	13.22	2.38	13.64	2.46	14.07	2.53	14.94	2.69	15.82	2.85	16.71	3.01
95	12.94	2.46	13.36	2.54	13.79	2.62	14.66	2.79	15.54	2.95	16.43	3.12
100	12.68	2.54	13.10	2.62	13.53	2.71	14.40	2.88	15.28	3.06	16.17	3.23
110	12.21	2.69	12.63	2.78	13.06	2.87	13.93	3.06	14.81	3.26	15.70	3.45
120	11.80	2.83	12.23	2.93	12.66	3.04	13.52	3.25	14.40	3.46	15.29	3.67
130	11.44	2.98	11.87	3.09	12.30	3.20	13.16	3.42	14.04	3.65	14.93	3.88
140	11.12	3.11	11.55	3.23	11.97	3.35	12.84	3.60	13.72	3.84	14.61	4.09
150	10.83	3.25	11.26	3.38	11.69	3.51	12.55	3.77	13.43	4.03	14.32	4.30
160	10.57	3.38	11.00	3.52	11.43	3.66	12.29	3.93	13.17	4.21	14.06	4.50
170	10.34	3.51	10.76	3.66	11.19	3.80	12.05	4.10	12.93	4.40	13.82	4.70
180	10.12	3.64	10.54	3.80	10.97	3.95	11.84	4.26	12.71	4.58	13.60	4.90
190	9.92	3.77	10.34	3.93	10.77	4.09	11.64	4.42	12.51	4.75	13.40	5.09
200	9.74	3.89	10.16	4.06	10.59	4.23	11.45	4.58	12.33	4.93	13.21	5.28
220	9.40	4.14	9.83	4.32	10.25	4.51	11.12	4.89	11.99	5.28	12.88	5.67
240	9.12	4.38	9.54	4.58	9.96	4.78	10.83	5.20	11.70	5.62	12.59	6.04
260	8.86	4.61	9.28	4.83	9.71	5.05	10.57	5.50	11.45	5.95	12.33	6.41
280	8.63	4.83	9.06	5.07	9.48	5.31	10.34	5.79	11.22	6.28	12.10	6.78
300	8.43	5.06	8.85	5.31	9.28	5.57	10.14	6.08	11.01	6.61	11.89	7.14
320	8.24	5.28	8.67	5.55	9.09	5.82	9.95	6.37	10.83	6.93	11.71	7.49
340	8.08	5.49	8.50	5.78	8.92	6.07	9.78	6.65	10.66	7.25	11.54	7.84
360	7.92	5.70	8.34	6.01	8.77	6.31	9.63	6.93	10.56	7.56	11.38	8.19
380	7.78	5.91	8.20	6.23	8.63	6.56	9.49	7.21	10.36	7.87	11.24	8.54
400	7.65	6.12	8.07	6.46	8.49	6.80	9.35	7.48	10.23	8.18	11.10	8.88
420	7.53	6.32	7.95	6.68	8.37	7.03	9.23	7.76	10.10	8.49	10.98	9.22
440	7.41	6.52	7.83	6.89	8.26	7.27	9.12	8.02	9.99	8.79	10.87	9.56
460	7.31	6.72	7.73	7.11	8.15	7.50	9.01	8.29	9.88	9.09	10.76	9.90
480	7.21	6.92	7.63	7.32	8.05	7.73	9.91	8.56	9.78	9.39	10.66	10.23
500	7.12	7.12	7.54	7.54	7.96	7.96	8.82	8.82	9.69	9.69	10.56	10.56
550	6.91	7.60	7.32	8.06	7.75	8.52	8.61	9.47	9.47	10.42	10.35	11.39

续表

N_g	U_o 4.0 U(%)	q(L/s)	4.5 U(%)	q(L/s)	5.0 U(%)	q(L/s)	6.0 U(%)	q(L/s)	7.0 U(%)	q(L/s)	8.0 U(%)	q(L/s)
600	6.72	8.07	7.14	8.57	7.56	9.08	8.42	10.11	9.29	11.15	10.16	12.20
650	6.56	8.53	6.98	9.08	7.40	9.62	8.26	10.74	9.12	11.86	10.00	13.00
700	6.42	8.98	6.83	9.57	7.26	10.16	8.11	11.36	8.98	12.57	9.85	13.79
750	6.29	9.43	6.70	10.06	7.13	10.69	7.98	11.97	8.85	13.27	9.72	14.58
800	6.17	9.87	6.59	10.54	7.01	11.21	7.86	12.58	8.73	13.96	9.60	15.36
850	6.06	10.30	6.48	11.01	6.90	11.73	7.75	13.18	8.62	14.65	9.49	16.14
900	5.96	10.73	6.38	11.48	6.80	12.24	7.66	13.78	8.52	15.34	9.39	16.91
950	5.87	11.16	6.29	11.95	6.71	12.75	7.56	14.37	8.43	16.01	9.30	17.67
1000	5.79	11.58	6.21	12.41	6.63	13.26	7.48	14.96	8.34	16.69	9.22	18.43
1100	5.64	12.41	6.06	13.32	6.48	14.25	7.33	16.12	8.19	18.02	9.06	19.94
1200	5.51	13.22	5.93	14.22	6.35	15.23	7.20	17.27	8.06	19.34	8.93	21.43
1300	5.39	14.02	5.81	15.11	6.23	16.20	7.08	18.41	7.94	20.65	8.81	22.91
1400	5.29	14.81	5.71	15.98	6.13	17.15	6.98	19.53	7.84	21.95	8.71	24.38
1500	5.20	15.60	5.61	16.84	6.03	18.10	6.88	20.65	7.74	23.23	8.61	25.84
1600	5.11	16.37	5.53	17.70	5.95	19.04	6.80	21.76	7.66	24.51	8.53	27.28
1700	5.04	17.13	5.45	18.54	5.87	19.97	6.72	22.85	7.58	25.77	8.45	28.72
1800	4.97	17.89	5.38	19.38	5.80	20.89	6.65	23.94	7.51	27.03	8.38	30.15
1900	4.90	18.64	5.32	20.21	5.74	21.80	6.59	25.03	7.44	28.29	8.31	31.58
2000	4.85	19.38	5.26	21.04	5.68	22.71	6.53	26.10	7.38	29.53	8.25	33.00
2200	4.74	20.85	5.15	22.67	5.57	24.51	6.42	28.24	7.27	32.01	8.14	35.81
2400	4.65	22.30	5.06	24.29	5.48	26.29	6.32	30.35	7.18	34.46	8.04	38.60
2600	4.56	23.73	4.98	25.88	5.39	28.05	6.24	32.45	7.10	36.89	$N_g=2500$ $U=8.0\%$ $q=40.00$	
2800	4.49	25.15	4.90	27.46	5.32	29.80	6.17	34.52	7.02	39.31		
3000	4.42	26.55	4.84	29.02	5.25	31.35	6.10	36.59	$N_g=2857$ $U=7.0\%$ $q=40.00$			
3200	4.36	27.94	4.78	30.58	5.19	33.24	6.04	38.64			—	—
3400	4.31	29.31	4.72	32.12	5.14	34.95	$N_g=3333$ $U=6.0\%$ $q=40.00$				—	—
3600	4.26	31.68	4.67	33.64	5.09	36.64			—		—	—
3800	4.22	32.03	4.63	35.16	5.04	38.33			—		—	—
4000	4.17	33.38	4.58	36.67	5.00	40.00	—	—	—	—	—	—
4200	4.13	34.72	4.54	38.17								
4400	4.10	36.05	4.51	39.67								
4600	4.06	37.37	$N_g=4444$ $U=4.5\%$ $q=40.00$									
4800	4.03	38.69										
5000	4.00	40.40										

附录 2-2 钢管（水煤气管）水力计算表

流量 q_g（单位：L/s）、管径 DN（单位：mm）、流速 v（单位：m/s）、
单位长度水头损失 i（单位：kPa/m）

q_g	DN15		DN20		DN25		DN32		DN40		DN50		DN70		DN80		DN100	
	v	i	v	i	v	i	v	i	v	i	v	i	v	i	v	i	v	i
0.05	0.29	0.284																
0.07	0.41	0.518	0.22	0.111														
0.10	0.58	0.985	0.31	0.208														
0.12	0.70	1.37	0.37	0.288	0.23	0.086												
0.14	0.82	1.82	0.43	0.380	0.26	0.113												
0.16	0.94	2.34	0.50	0.485	0.30	0.143												
0.18	1.05	2.91	0.56	0.601	0.34	0.176												
0.20	1.17	3.54	0.62	0.727	0.38	0.213	0.21	0.052										
0.25	1.46	5.51	0.78	1.09	0.47	0.318	0.26	0.077	0.20	0.039								
0.30	1.76	7.93	0.93	1.53	0.56	0.442	0.32	0.107	0.24	0.054								
0.35			1.09	2.04	0.60	0.586	0.37	0.141	0.28	0.080								
0.40			1.24	2.63	0.75	0.748	0.42	0.179	0.32	0.089								
0.45			1.40	3.33	0.85	0.932	0.47	0.221	0.36	0.111	0.21	0.0312						
0.50			1.55	4.11	0.94	1.13	0.53	0.267	0.40	0.134	0.23	0.0374						
0.55			1.71	4.97	1.04	1.35	0.58	0.318	0.44	0.159	0.26	0.0440						
0.60			1.86	5.91	1.13	1.59	0.63	0.373	0.48	0.184	0.28	0.0516						
0.65			2.02	6.94	1.22	1.85	0.68	0.431	0.52	0.215	0.31	0.0597						
0.70					1.32	2.14	0.74	0.495	0.56	0.246	0.33	0.0683	0.20	0.020				
0.75					1.41	2.46	0.79	0.562	0.60	0.283	0.35	0.0770	0.21	0.023				
0.80					1.51	2.79	0.84	0.632	0.64	0.314	0.38	0.0852	0.23	0.025				
0.85					1.60	3.16	0.90	0.707	0.68	0.351	0.40	0.0963	0.24	0.028				
0.90					1.69	3.54	0.95	0.787	0.72	0.390	0.42	0.107	0.25	0.0311				
0.95					1.79	3.94	1.00	0.869	0.76	0.431	0.45	0.118	0.27	0.0342				
1.00					1.88	4.37	1.05	0.957	0.80	0.473	0.47	0.129	0.28	0.0376	0.20	0.0164		
1.10					2.07	5.28	1.16	1.14	0.87	0.564	0.52	0.153	0.31	0.0444	0.22	0.0195		
1.20							1.27	1.35	0.95	0.663	0.56	0.180	0.34	0.0518	0.24	0.0227		
1.30							1.37	1.59	1.03	0.769	0.61	0.208	0.37	0.0599	0.26	0.0261		
1.40							1.48	1.84	1.11	0.884	0.66	0.237	0.40	0.0683	0.28	0.0297		
1.50							1.58	2.11	1.19	1.00	0.71	0.270	0.42	0.0772	0.30	0.0336		
1.60							1.69	2.40	1.27	1.14	0.75	0.304	0.45	0.0870	0.32	0.0376		
1.70							1.79	2.71	1.35	1.29	0.80	0.340	0.48	0.0969	0.34	0.0419		

续表

q_g	DN15		DN20		DN25		DN32		DN40		DN50		DN70		DN80		DN100	
	v	i	v	i	v	i	v	i	v	i	v	i	v	i	v	i	v	i
1.80							1.90	3.04	1.43	1.44	0.85	0.378	0.51	0.107	0.36	0.0466		
1.90							2.00	3.39	1.51	1.61	0.89	0.418	0.54	0.119	0.38	0.0513		
2.00									1.59	1.78	0.94	0.460	0.57	0.130	0.40	0.0562	0.23	0.0147
2.20									1.75	2.16	1.04	0.549	0.62	0.155	0.44	0.0666	0.25	0.0172
2.40									1.91	2.56	1.13	0.645	0.68	0.182	0.48	0.0779	0.28	0.0200
2.60									2.07	3.01	1.22	0.749	0.74	0.210	0.52	0.0903	0.30	0.0231
2.80											1.32	0.869	0.79	0.241	0.56	0.103	0.32	0.0263
3.00											1.41	0.998	0.85	0.274	0.60	0.117	0.35	0.0298
3.50											1.65	1.36	0.99	0.365	0.70	0.155	0.40	0.0393
4.00											1.88	1.77	1.13	0.468	0.81	0.198	0.46	0.0501
4.50											2.12	2.24	1.28	0.586	0.91	0.246	0.52	0.0620
5.00											2.35	2.77	1.42	0.723	1.01	0.300	0.58	0.0749
5.50											2.59	3.35	1.56	0.875	1.11	0.358	0.63	0.0892
6.00													1.70	1.04	1.21	0.423	0.69	0.105
6.50													1.84	1.22	1.31	0.494	0.75	0.121
7.00													1.99	1.42	1.41	0.573	0.81	0.139
7.50													2.13	1.63	1.51	0.657	0.87	0.158
8.00													2.27	1.85	1.61	0.748	0.92	0.178
8.50													2.41	2.09	1.71	0.844	0.98	0.199
9.00													2.55	2.34	1.81	0.946	1.04	0.221
9.50															1.91	1.05	1.10	0.245
10.00															2.01	1.17	1.15	0.269
10.50															2.11	1.29	1.21	0.295
11.00															2.21	1.41	1.27	0.324
11.50															2.32	1.55	1.33	0.354
12.00															2.42	1.68	1.39	0.385
12.50															2.52	1.83	1.44	0.418
13.00																	1.50	0.452
14.00																	1.62	0.524
15.00																	1.73	0.602
16.00																	1.85	0.685
17.00																	1.96	0.773
20.00																	2.31	1.07

附录 2-3 给水铸铁管水力计算表

流量 q_g（单位：L/s）、管径 DN（单位：mm）、流速 v（单位：m/s）、

单位长度水头损失 i（单位：kPa/m）

q_g	DN50		DN75		DN100		DN150	
	v	i	v	i	v	i	v	i
1.0	0.53	0.173	0.23	0.0231				
1.2	0.64	0.241	0.28	0.0320				
1.4	0.74	0.320	0.33	0.0422				
1.6	0.85	0.409	0.37	0.0534				
1.8	0.95	0.508	0.42	0.0659				
2.0	1.06	0.619	0.46	0.0798				
2.5	1.33	0.949	0.58	0.119	0.32	0.0288		
3.0	1.59	1.37	0.70	0.167	0.39	0.0398		
3.5	1.86	1.86	0.81	0.222	0.45	0.0526		
4.0	2.12	2.43	0.93	0.284	0.52	0.0669		
4.5			1.05	0.353	0.58	0.0829		
5.0			1.16	0.430	0.65	0.100		
5.5			1.28	0.517	0.72	0.120		
6.0			1.39	0.615	0.78	0.140		
7.0			1.63	0.837	0.91	0.186	0.40	0.0246
8.0			1.86	1.09	1.04	0.239	0.46	0.0314
9.0			2.09	1.38	1.17	0.299	0.52	0.0391
10.0					1.30	0.365	0.57	0.0469
11.0					1.43	0.442	0.63	0.0559
12.0					1.56	0.526	0.69	0.0655
13.0					1.69	0.617	0.75	0.0760
14.0					1.82	0.716	0.80	0.0871
15.0					1.95	0.882	0.86	0.0988
16.0					2.08	0.935	0.92	0.111
17.0							0.97	0.125
18.0							1.03	0.139
19.0							1.09	0.153
20.0							1.15	0.169
22.0							1.26	0.202
24.0							1.38	0.241
26.0							1.49	0.283
28.0							1.61	0.328
30.0							1.72	0.377

附录2-4 给水塑料管水力计算表

流量 q_g（单位：L/s）、管径 DN（单位：mm）、流速 v（单位：m/s）、

单位长度水头损失 i（单位：kPa/m）

q_g	DN15		DN20		DN25		DN32		DN40		DN50		DN70		DN80		DN100	
	v	$10i$	v	$10i$	v	$10i$	v	$10i$	v	$10i$	v	$10i$	v	$10i$	v	$10i$	v	$10i$
0.10	0.50	0.275	0.26	0.060														
0.15	0.75	0.564	0.39	0.123	0.23	0.033												
0.20	0.99	0.940	0.53	0.206	0.30	0.055	0.20	0.020										
0.30	1.49	1.93	0.79	0.422	0.45	0.113	0.29	0.040										
0.40	1.99	3.21	1.05	0.703	0.61	0.188	0.39	0.067	0.24	0.021								
0.50	2.49	4.77	1.32	1.04	0.76	0.279	0.49	0.099	0.30	0.031								
0.60	2.98	6.60	1.58	1.44	0.91	0.386	0.59	0.137	0.36	0.043	0.23	0.014						
0.70			1.84	1.90	1.06	0.507	0.69	0.181	0.42	0.056	0.27	0.019						
0.80			2.10	2.40	1.21	0.643	0.79	0.229	0.48	0.071	0.30	0.023						
0.90			2.37	2.96	1.36	0.792	0.88	0.282	0.54	0.088	0.34	0.029	0.23	0.011				
1.00					1.51	0.955	0.98	0.340	0.60	0.106	0.38	0.035	0.25	0.014				
1.50					2.27	1.96	1.47	0.698	0.90	0.22	0.57	0.072	0.39	0.029	0.27	0.012		
2.00							1.96	1.160	1.20	0.36	0.76	0.119	0.52	0.049	0.36	0.020	0.24	0.008
2.50							2.46	1.730	1.50	0.54	0.95	0.177	0.65	0.072	0.45	0.030	0.30	0.011
3.00									1.81	0.74	1.14	0.245	0.78	0.099	0.54	0.042	0.36	0.016
3.50									2.11	0.97	1.33	0.322	0.91	0.131	0.63	0.055	0.42	0.021
4.00									2.41	1.23	1.51	0.408	1.04	0.166	0.72	0.069	0.48	0.026
4.50									2.71	1.52	1.70	0.503	1.17	0.205	0.81	0.086	0.54	0.032
5.00											1.89	0.606	1.30	0.247	0.90	0.104	0.60	0.039
5.50											2.08	0.718	1.43	0.293	0.99	0.123	0.66	0.046
6.00											2.27	0.838	1.56	0.342	1.08	0.143	0.72	0.052
6.50													1.69	0.394	1.17	0.165	0.78	0.062
7.00													1.82	0.445	1.26	0.188	0.84	0.071
7.50													1.95	0.51	1.35	0.213	0.90	0.080
8.00													2.08	0.57	1.44	0.238	0.96	0.090
8.50													2.21	0.63	1.53	0.265	1.02	0.102
9.00													2.34	0.70	1.62	0.294	1.08	0.111
9.50													2.47	0.77	1.71	0.323	1.14	0.121
10.00															1.80	0.354	1.20	0.134

附录 2-5　阀门和螺纹管件的摩阻损失的折算补偿长度

管件内径（mm）	各种管件的折算管道长度（m）						
	90°标准弯头	45°标准弯头	标准三通90°转角流	三通直向流	闸板阀	球阀	角阀
9.5	0.3	0.2	0.5	0.1	0.1	2.4	1.2
12.7	0.6	0.4	0.9	0.2	0.1	4.6	2.4
19.1	0.8	0.5	1.2	0.2	0.2	6.1	3.6
25.4	0.9	0.5	1.5	0.3	0.2	7.6	4.6
31.8	1.2	0.7	1.8	0.4	0.2	10.6	5.5
38.1	1.5	0.9	2.1	0.5	0.3	13.7	6.7
50.8	2.1	1.2	3	0.6	0.4	16.7	8.5
63.5	2.4	1.5	3.6	0.8	0.5	19.8	10.3
76.2	3	1.8	4.6	0.9	0.6	24.3	12.2
101.6	4.3	2.4	6.4	1.2	0.8	38	16.7
127	5.2	3	7.6	1.5	1	42.6	21.3
152.4	6.1	3.6	9.1	1.8	1.2	50.2	24.3

注：本表的螺纹接口是指管件无凹口的螺纹，即管件与管道在连接点内径有突变，管件内径大于管道内径。当管件为凹口螺纹，或管件与管道为等径焊接，其折算补偿长度取本表值的1/2。

附录 2-6　LXS 旋翼湿式、LXSL 旋翼立式水表技术参数

型号	公称口径（mm）	计量等级	最大流量	公称流量	分界流量	最小流量	始动流量	最小读数	最大读数
			m³/h		L/h			m³	
LXS-15C LXSL-15C	15	A	3	1.5	0.15	45	14	0.01	999999
		B			0.12	30	10		
LXS-20C LXSL-20C	20	A	5	2.5	0.25	75	19	0.01	999999
		B			0.20	50	14		
LXS-25C LXSL-25C	25	A	7	3.5	0.35	105	23	0.01	999999
		B			0.28	70	17		
LXS-32C LXSL-32C	32	A	12	6	0.60	180	32	0.01	999999
		B			0.48	120	27		
LXS-40C LXSL-40C	40	A	20	10	1.00	300	56	0.01	999999
		B			0.80	200	46		
LXS-50C LXSL-50C	50	A	30	15	1.5	450	75	0.01	999999
		B							

附录 2-7　给水管段卫生器具给水当量同时出流概率计算式 α_c 系数取值表

$U_o \sim \alpha_c$ 值对应表

U_o (%)	α_c	U_o (%)	α_c	U_o (%)	α_c	U_o (%)	α_c	U_o (%)	α_c	U_o (%)	α_c
1.0	0.00323	2.0	0.01097	3.0	0.01939	4.0	0.02816	5.0	0.03715	7.0	0.05555
1.5	0.00697	2.5	0.01512	3.5	0.02374	4.5	0.03263	6.0	0.04629	8.0	0.06489

附录 3-1　民用建筑灭火器配置场所的危险等级举例

危险等级	举　例
严重 危险级	20. 城市地下铁道、地下观光隧道
	21. 汽车加油站、加气站
	22. 机动车交易市场（包括旧机动车交易市场）及其展销厅
	23. 民用液化气、天然气灌装站、换瓶站、调压站
中危险级	1. 县级以下的文物保护单位、档案馆、博物馆的库房、展览室、阅览室
	2. 一般的实验室
	3. 广播电台电视台的会议室、资料室
	4. 设有集中空调、电子计算机、复印机等设备的办公室
	5. 城镇以下的邮政信函和包裹分捡房、邮袋库、通信枢纽及其电信机房
	6. 客房数在 50 间以下的旅馆、饭店的公共活动用房、多功能厅和厨房
	7. 体育场（馆）、电影院、剧院、会堂、礼堂的观众厅
	8. 住院床位在 50 张以下的医院的手术室、理疗室、透视室、心电图室、药房、住院部、门诊部、病历室
	9. 建筑面积在 2000m² 以下的图书馆、展览馆的珍藏室、阅览室、书库、展览厅
	10. 民用机场的检票厅、行李厅
	11. 二类高层建筑的写字楼、公寓楼
	12. 高级住宅、别墅
	13. 建筑面积在 1000m² 以下的经营易燃易爆化学物品的商场、商店的库房及铺面
	14. 建筑面积在 200m² 以下的公共娱乐场所
	15. 老人住宿床位在 50 张以下的养老院
	16. 幼儿住宿床位在 50 张以下的托儿所、幼儿园
	17. 学生住宿床位在 100 张以下的学校集体宿舍
	18. 县级以下的党政机关办公大楼的会议室
	19. 学校教室、教研室
	20. 建筑面积在 500m² 以下的车站和码头的候车（船）室、行李房
	21. 百货楼、超市、综合商场的库房、铺面
	22. 民用燃油、燃气锅炉房
	23. 民用的油浸变压器室和高、低压配电室
轻危险级	1. 日常用品小卖店及经营难燃烧或非燃烧的建筑装饰材料商店
	2. 未设集中空调、电子计算机、复印机等设备的普通办公室
	3. 旅馆、饭店的客房
	4. 普通住宅
	5. 各类建筑物中以难燃烧或非燃烧的建筑构件分隔的并主要存贮难燃烧或非燃烧材料的辅助房间
严重 危险级	1. 县级及以上的文物保护单位、档案馆、博物馆的库房、展览室、阅览室
	2. 设备贵重或可燃物多的实验室
	3. 广播电台、电视台的演播室、道具间和发射塔楼
	4. 专用电子计算机房
	5. 城镇及以上的邮政信函和包裹分检房、邮袋库、通信枢纽及其电信机房
	6. 客房数在 50 间以上的旅馆、饭店的公共活动用房、多功能厅、厨房

危险等级	举 例
严重 危险级	7. 体育场（馆）、电影院、剧院、会堂、礼堂的舞台及后台部位
	8. 住院床位在 50 张及以上的医院的手术室、理疗室、透视室、心电图室、药房、住院部、门诊部、病历室
	9. 建筑面积在 2000m² 及以上的图书馆、展览馆的珍藏室、阅览室、书库、展览厅
	10. 民用机场的候机厅、安检厅及空管中心、雷达机房
	11. 超高层建筑和一类高层建筑的写字楼、公寓楼
	12. 电影、电视摄影棚
	13. 建筑面积在 1000m² 及以上的经营易燃易爆化学物品的商场、商店的库房及铺面
	14. 建筑面积在 200m² 及以上的公共娱乐场所
	15. 老人住宿床位在 50 张及以上的养老院
	16. 幼儿住宿床位在 50 张及以上的托儿所、幼儿园
	17. 学生住宿床位在 100 张及以上的学校集体宿舍
	18. 县级及以上的党政机关办公大楼的会议室
	19. 建筑面积在 500m² 及以上的车站和码头的候车（船）室、行李房

附录 3-2　灭火器适用灭火对象、规格与灭火级别

灭火器类型	灭火剂充装量		灭火器类型规格 代码（型号）	灭火级别及使用对象					
	容量/L	质量/kg		A 类	B 类	C 类	D 类	E 类	ABCE
水型	手 提 式								
	3		MS/Q3	1A	×	×	×	×	×
			MS/T3		55B				
	6		MS/Q6	1A	×				
			MS/T6		55B				
	9		MS/Q9	2A	×				
			MS/T9		89B				
	推 车 式	20	MST20	4A	×	×	×	×	×
		45	MST40	4A	×				
		60	MST60	4A	×				
		125	MST125	6A	×				
泡沫型 （化学 泡沫）	手 提 式	3	MP3、MP/AR3	1A	55B	×	×	×	×
		4	MP4、MP/AR4	1A	55B				
		6	MP6、MP/AR6	1A	55B				
		9	MP9、MP/AR9	2A	89B				
	推 车 式	20	MPT20、MPT/AR20	4A	113B	×	×	×	×
		45	MPT40、MPT/AR40	4A	144B				
		60	MPT60、MPT/AR60	4A	233B				
		125	MPT125、MPT/AR125	6A	297B				

续表

灭火器类型		灭火剂充装量		灭火器类型规格代码（型号）	灭火级别及使用对象					
		容量/L	质量/kg		A类	B类	C类	D类	E类	ABCE
干粉（碳酸氢钠）	手提式		1	MF1	×	21B	0	×	▲	×
			2	MF2		21B				
			3	MF3		34B				
			4	MF4		55B				
			5	MF5		89B				
			6	MF6		89B				
			8	MF8		144B				
			10	MF10		144B				
	推车式		20	MFT20	×	183B	0	×	▲	×
			50	MFT50		297B				
			100	MFT100		297B				
			125	MFT125		297B				
干粉（磷酸铵盐）	手提式		1	MF/ABC1	1A	21B	0	×	▲	0
			2	MF/ABC2	1A	21B				
			3	MF/ABC3	2A	34B				
			4	MF/ABC4	2A	55B				
			5	MF/ABC5	3A	89B				
			6	MF/ABC6	3A	89B				
			8	MF/ABC8	4A	144B				
			10	MF/ABC10	6A	144B				
	推车式		20	MFT/ABC20	6A	183B	0	×	▲	0
			50	MFT/ABC50	8A	297B				
			100	MFT/ABC100	10A	297B				
			125	MFT/ABC125	10A	297B				
二氧化碳	手提式		2	MT2	×	21B	0	×	0	×
			3	MT3		21B				
			5	MT5		34B				
			7	MT7		55B				
	推车式		10	MTT10	×	55B	0	×	0	×
			20	MTT20		70B				
			30	MTT30		113B				
			50	MTT50		183B				

注：0表示"适用对象"；▲表示"精密仪器设备不宜选用"；×表示"不用"。

附录 4-1　排水塑料管水力计算表

$(n=0.009,\ De:\ \text{mm},\ v:\ \text{m/s},\ Q:\ \text{L/s})$

坡度	h/D=0.5										h/D=0.6			
	De=50		De=75		De=90		De=110		De=125		De=160		De=200	
	v	Q	v	Q	v	Q	v	Q	v	Q	v	Q	v	Q
0.003											0.74	8.38	0.86	15.24
0.0035									0.63	3.48	0.80	9.05	0.93	16.46
0.004							0.62	2.59	0.67	3.72	0.85	9.68	0.99	17.60
0.005					0.60	1.64	0.69	2.90	0.75	4.16	0.95	10.82	1.11	19.68
0.006					0.65	1.79	0.75	3.18	0.82	4.55	1.04	11.85	1.21	21.55
0.007			0.63	1.22	0.71	1.94	0.81	3.43	0.89	4.92	1.13	12.80	1.31	23.28
0.008			0.67	1.31	0.75	2.07	0.87	3.67	0.95	5.26	1.20	13.69	1.40	24.89
0.009			0.71	1.39	0.80	2.20	0.92	3.89	1.01	5.58	1.28	14.52	1.48	26.40
0.010			0.75	1.46	0.84	2.31	0.97	4.10	1.06	5.88	1.35	15.30	1.56	27.82
0.011			0.79	1.53	0.88	2.43	1.02	4.30	1.12	6.17	1.41	16.05	1.64	29.18
0.012	0.620	0.52	0.82	1.60	0.92	2.53	1.07	4.49	1.17	6.44	1.48	16.76	1.71	30.48
0.015	0.690	0.58	0.92	1.79	1.03	2.83	1.19	5.02	1.30	7.20	1.65	18.74	1.92	34.08
0.020	0.800	0.67	1.06	2.07	1.19	3.27	1.38	5.80	1.51	8.31	1.90	21.64	2.21	39.35
0.025	0.900	0.74	1.19	2.31	1.33	3.66	1.54	6.48	1.68	9.30	2.13	24.19	2.47	43.99
0.026	0.91	0.76	1.21	2.36	1.36	3.73	1.57	6.61	1.72	9.48	2.17	24.67	2.52	44.86
0.030	0.98	0.81	1.30	2.52	1.46	4.01	1.68	7.10	1.84	10.18	2.33	26.50	2.71	48.19
0.035	1.060	0.88	1.41	2.74	1.58	4.33	1.82	7.67	1.99	11.00	2.52	28.63	2.93	52.05
0.040	1.130	0.94	1.50	2.93	1.69	4.63	1.95	8.20	2.13	11.76	2.69	30.60	3.13	55.65
0.045	1.200	1.00	1.59	3.10	1.79	4.91	2.06	8.70	2.26	12.47	2.86	32.46	3.32	59.02
0.050	1.270	1.05	1.68	3.27	1.89	5.17	2.17	9.17	2.38	13.15	3.01	34.22	3.50	62.21
0.060	1.390	1.15	1.84	3.58	2.07	5.67	2.38	10.04	2.61	14.40	3.30	37.48	3.83	68.15
0.070	1.500	1.24	1.99	3.87	2.23	6.12	2.57	10.85	2.82	15.56	3.56	40.49	4.14	73.61
0.080	1.600	1.33	2.13	4.14	2.38	6.54	2.75	11.60	3.01	16.63	3.81	43.28	4.42	78.70

附录 5-1 悬吊管（塑料管）水力计算表

（$n=0.009$，De：mm，v：m/s，Q：L/s）

水力坡度 i	90×3.2		110×3.2		125×3.7		150×4.7		200×5.9		250×7.3	
	v	Q	v	Q	v	Q	v	Q	v	Q	v	Q
0.01	0.86	4.07	1.00	7.21	1.09	10.11	1.28	19.55	1.48	35.42	1.72	64.33
0.02	1.22	5.75	1.41	10.20	1.53	14.30	1.81	27.65	2.10	50.09	2.44	90.98
0.03	1.50	7.05	1.73	12.49	1.88	17.51	2.22	33.86	2.57	61.35	2.99	111.42
0.04	1.73	8.14	1.99	14.42	2.17	20.22	2.56	39.10	2.97	70.84	3.45	128.66
0.05	1.93	9.10	2.23	16.12	2.43	22.60	2.86	43.72	3.32	79.20	3.85	143.84
0.06	2.12	9.97	2.44	17.66	2.66	24.76	3.13	47.89	3.64	86.76	4.22	157.57
0.07	2.29	10.77	2.64	19.07	2.87	26.74	3.39	51.73	3.93	93.71	4.56	170.20
0.08	2.44	11.51	2.82	20.39	3.07	28.59	3.62	55.30	4.20	100.18	4.88	170.20
0.09	2.59	12.21	2.99	21.63	3.26	30.32	3.84	58.65	4.45	100.18	5.17	170.20
0.10	2.73	12.87	3.15	22.80	3.43	31.96	4.05	58.65	4.70	100.18	5.45	170.20

附录 5-2 重力流屋面雨水排水立管的泄流量

铸 铁 管		塑 料 管		钢 管	
公称直径（mm）	最大泄流量（L/s）	公称外径×壁厚（mm）	最大泄流量（L/s）	公称外径×壁厚（mm）	最大泄流量（L/s）
75	4.30	75×2.3	4.50	108×4	9.40
100	9.50	90×3.2	7.40	133×4	17.10
		110×3.2	12.80		
125	17.00	125×3.2	18.30	159×4.5	27.80
		125×3.7	18.00	168×6	30.80
150	27.80	160×4.0	35.50	219×6	65.50
		160×4.7	34.70		
200	60.00	200×4.9	64.60	245×6	89.80
		200×5.9	62.80		
250	108.00	250×6.2	117.00	273×7	119.10
		250×7.3	114.10		
300	176.00	315×7.7	217.00	325×7	194.00
—	—	315×9.2	211.00	—	—

附录 5-3 满管压力流（虹吸式）雨水管道 （内壁喷塑铸铁管）水力计算表

Q	管径(mm)															
	50		75		100		125		150		200		250		300	
	R	V	R	V	R	V	R	V	R	V	R	V	R	V	R	V
6	3.80	3.18	0.51	1.40												
12	13.70	6.37	1.84	2.79	0.45	1.56										
18	29.00	9.55	3.90	4.19	0.94	2.34	0.32	1.49	0.13	1.03						
24			6.63	5.58	1.61	3.12	0.54	1.99	0.22	1.38						
30			10.02	6.98	2.43	3.90	0.81	2.49	0.33	1.72						
36			14.04	8.37	3.40	4.68	1.14	2.98	0.47	2.07	0.11	1.16				
42			18.67	9.77	4.53	5.46	1.51	3.48	0.62	2.41	0.15	1.35				
48					5.80	6.24	1.94	3.98	0.79	2.75	0.19	1.54				
54					7.20	7.02	2.41	4.47	0.98	3.10	0.24	1.74				
60					8.75	7.80	2.92	4.97	1.20	3.44	0.29	1.93				
66					10.44	8.58	3.49	5.47	1.43	3.79	0.35	2.12				
72							4.10	5.97	1.68	4.13	0.41	2.32	0.14	1.48	0.06	1.03
78							4.75	6.46	1.94	4.48	0.48	2.51	0.16	1.60	0.07	1.11
84							5.45	6.96	2.23	4.82	0.54	2.70	0.18	1.73	0.08	1.20
90							6.19	7.46	2.53	5.16	0.62	2.90	0.21	1.85	0.09	1.28
96							6.98	7.95	2.85	5.51	0.70	3.09	0.23	1.97	0.10	1.37
102							7.80	8.45	3.19	5.85	0.78	3.28	0.26	2.10	0.11	1.45
108							8.67	8.95	3.55	6.20	0.87	3.47	0.29	2.22	0.12	1.54
114							9.59	9.44	3.92	6.54	0.96	3.67	0.32	2.34	0.13	1.62
120							10.54	9.94	4.31	6.89	1.05	3.86	0.35	2.47	0.15	1.71
126									4.72	7.00	1.15	4.05	0.39	2.59	0.16	1.80
132									5.14	7.57	1.26	4.25	0.42	2.71	0.17	1.88
138									5.58	7.92	1.36	4.44	0.46	2.84	0.19	1.97
144									6.04	8.26	1.48	4.63	0.50	2.96	0.20	2.05
150									6.51	8.61	1.59	4.83	0.53	3.08	0.22	2.14
156									7.00	8.95	1.71	5.02	0.57	3.21	0.24	2.22
162									7.51	9.30	1.84	5.21	0.62	3.33	0.25	2.31
168									8.03	9.64	1.96	5.40	0.66	3.45	0.27	2.39
174									8.57	9.98	2.09	5.60	0.70	3.58	0.29	2.48
180											2.23	5.79	0.75	3.70	0.31	2.56
186											2.37	5.98	0.80	3.82	0.33	2.65
192											2.51	6.18	0.84	3.94	0.35	2.74
198											2.66	6.37	0.89	4.07	0.37	2.82

附录5-4 雨水斗最大允许汇水面积表

系统形式	虹吸式系统			87式单斗系统				87式多斗系统			
管径(mm)	50	75	100	75	100	150	200	75	100	150	200
50	480	960	2000	640	1280	2560	4160	480	960	2080	3200
60	400	800	1667	533	1067	2133	3467	400	800	1733	2667
70	343	686	1429	457	914	1829	2971	343	686	1486	2286
80	300	600	1250	400	800	1600	2600	300	600	1300	2000
90	267	533	1111	356	711	1422	2311	267	533	1156	1778
100	240	480	1000	320	640	1280	2080	240	480	1040	1600
110	218	436	909	291	582	1164	1891	218	436	945	1455
120	200	400	833	267	533	1067	1733	200	400	867	1333
130	185	369	769	246	492	985	1600	185	369	800	1231
140	171	343	714	229	457	914	1486	171	343	743	1143
150	160	320	667	213	427	853	1387	160	320	693	1067
160	150	300	625	200	400	800	1300	150	300	650	1000
170	141	282	588	188	376	753	1224	141	282	612	941
180	133	267	556	178	356	711	1156	133	267	578	889
190	126	253	526	168	337	674	1095	126	253	547	842
200	120	240	500	160	320	640	1040	120	240	520	800
210	114	229	476	152	305	610	990	114	229	495	762
220	109	218	455	145	291	582	945	109	218	473	727
230	104	209	435	139	278	557	904	104	209	452	696
240	100	200	417	133	267	533	867	100	200	433	667
250	96	192	400	128	256	512	832	96	192	416	640

（表左侧纵向标题：小时降雨厚度（mm/h））

附录 6-1 某七层住宅楼给水排水、消防图

给水排水设计总说明

一、总则：

1.本工程主要设计依据：《建筑给水排水设计标准》GB 50015—2019
《建筑设计防火规范（2018年版）》GB 50016—2014
《建筑排水硬聚氯乙烯管道工程技术规程》CJJ/T 29—2010

并根据已批复的初步设计。

2.工程的施工和验收应遵循：《建筑给水排水及采暖工程施工质量验收规范》GB 50242—2002。

3.给排水工程及消防工程施工所使用的材料、设备和制品应符合国家的现行标准，并具有合格证。

4.设计中有关给排水管道穿越墙面混凝土板、梁、承重墙或基础、水池地壁、地下室等土建结构时，应与土建配合施工，预留孔洞及预埋防水套管。

二、给水工程：

1.室内给水管道：均采用DN25的PPR管。一户一表制，仅接进户，均安装在进户楼梯处。

2.室外给水管道：DN>100mm采用球墨铸铁给水管，承插接口；DN<100mm采用热镀锌钢管，丝扣连接。

3.给水横管宜有0.002～0.005的坡度，坡向进水装置（或立管）。

4.给水管道穿过伸缩缝、沉降缝时，采用金属软管过渡。

5.沿墙壁或混凝土板下安装的给水管吊、支架的间距应根据产品要求决定。

6.在天面上铺设的给水平管内，在闸阀、三通阀、弯接及直线段适当间距的下部应设置垫墩，用C15混凝土捣制。

三、排水工程：

1.本工程排水系统采用雨污分流。

2.室内排水管采用硬聚氯乙烯（PVC-U）排水管，承插粘接。

3.排水埋地管管径小于200mm者采用硬聚氯乙烯（PVC-U）排水管，承插粘接。

4.PVC-U排水立管每安装一伸缩节，伸缩节于每层检查口应逆水流方向。

5.排水立管转弯时或底层末端转弯处采用两个带检查口的45°弯头连接（在地下转弯时采用不带检查口的弯头）。

6.排水立管间距：DN50mm不大于1.2m；DN75mm不大于1.5m。

7.排水横管间距不得大于表1的规定，吊环间中心距净地面低5～10mm，地面应有不低于0.005的坡度，坡向地漏。

8.排水立管在首层设检查口，要用吊卡固定，检查口中心距地面低5～10mm。

9.排水横管悬吊在楼板下时，要用吊卡固定，间距不得大于3m，间距与管直径相同，沿外墙安装应作防腐处理。

10.污水排水及粪便污水均按技规标准图集施工，用于粪便传输时，井底必须沿纵向做斜坡，槽高与管直径相同，井盖孔隙用石灰砂浆填塞。

表1

管径(mm)	50	75	110	160
间距(m)	0.5	0.75	1.0	1.60

四、消防工程：

1.本工程室内消防采用室内消火栓给水系统。

2.室内消火栓口径DN65mm，配备编织衬胶水带一盘，长度25m。

3.消防给水管道公称直径≥150mm者采用焊接钢管，公称直径<150mm者采用热镀锌钢管，公称直径≥100mm者采用法兰连接，公称直径<100mm者采用丝扣连接。

4.消防水泵接合器采用SQ100-16地上型。

五、其他：

1.本设计标高以米为单位，其余尺寸均以毫米为单位。

2.本设计取室内地坪标高为±0.00m。

3.所注管道标高表示法：给水管以管中计，排水管以管内底计。

4.埋地给水铸铁管道均刷热沥青两道防腐，暗装给水管道刷红丹防锈两道，明装部分加刷白色调合漆两道，消防管道刷红色调合漆两道。

5.消防给水系统为工作压力1.5倍。

11.生活污水管道的坡度当图中未注明时按表2采用：

表2

序 号	1	2	3	4	5	6
管径(mm)	50	75	110	125	160	200
最小坡度	0.012	0.007	0.004	0.004	0.002	0.002

图例

名称	平面图	系统图	名称	平面图	系统图
给水管			浴盆		
排水管			污水池		
消防给水			化粪池		
消火栓（单栓）			通气帽		
闸阀			圆形地漏		
截止阀			止回阀		
普通水表			S形存水弯形		
水表					
给水立管					
排水立管					
消防水泵接合器					
沈腐盆					
蹲式大便器					

给水排水目录

序号	图 名	图号
01	给水排水设计总说明 图纸目录	01
02	底层给水排水布置图	02
03	二层～七层给水排水布置图	03
04	某空层排水布置图	04
05	排水管系统图	05
06	给水管系统图、消防管系统图、立式大样	06

院长　审核　注册建筑师　设计　制图　校对　建设单位　项目名称　给水排水设计总说明 图纸目录　设计号　图号 水6-01　日期

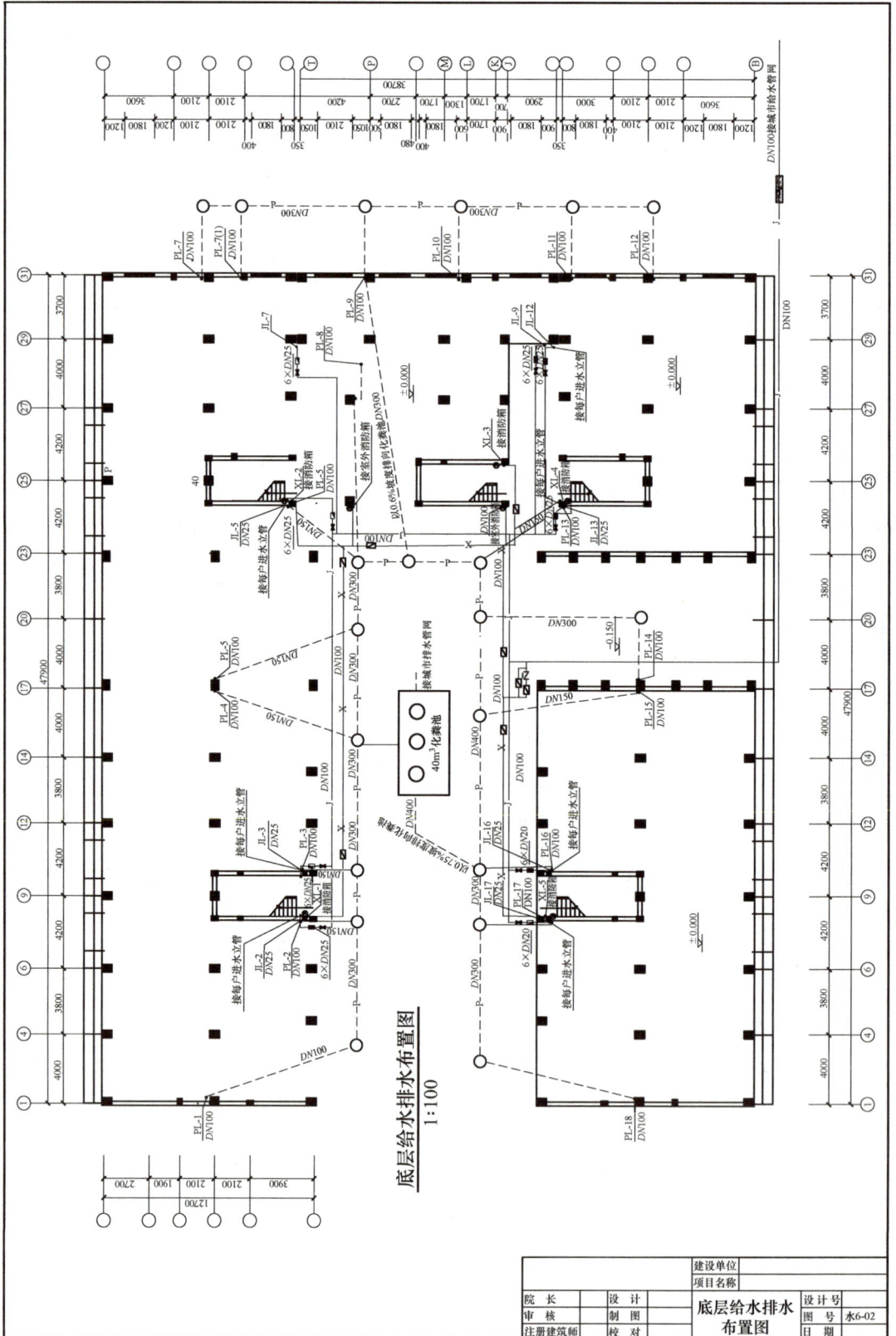

底层给水排水布置图
1:100

建设单位				
项目名称				
院　长	设　计	**底层给水排水**	设计号	
审　核	制　图	**布置图**	图　号	水6-02
注册建筑师	校　对		日　期	

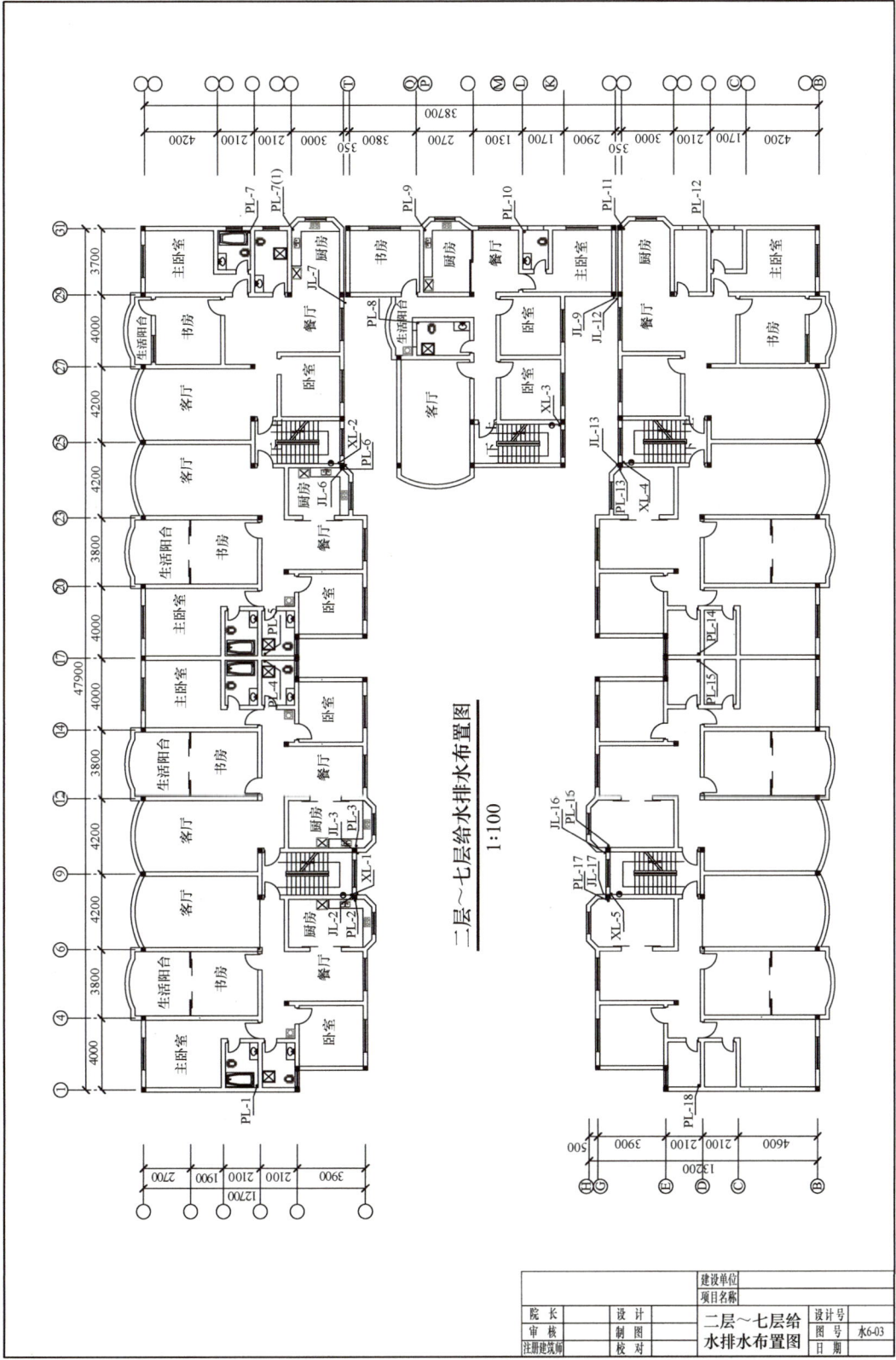

二层～七层给水排水布置图

1:100

建设单位				
项目名称				
院　长		设　计	二层～七层给	设计号
审　核		制　图	水排水布置图	图　号 水6-03
注册建筑师		校　对		日　期

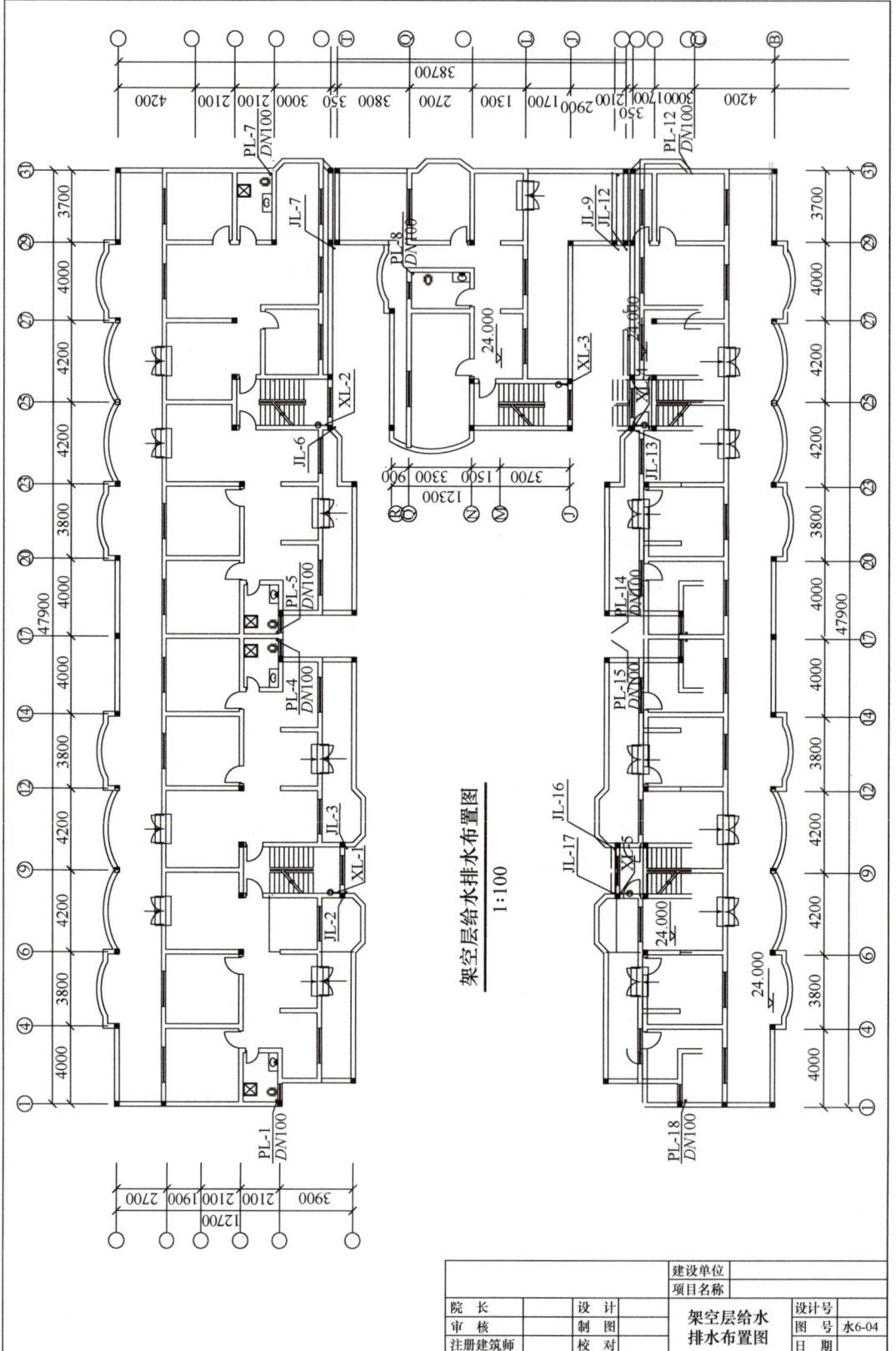

架空层给水排水布置图
1:100

建设单位					
项目名称					
院　长		设　计		架空层给水	设计号	
审　核		制　图		排水布置图	图　号	水6-04
注册建筑师		校　对			日　期	

附录

排水管系统图、消防管系统图、厨卫大样

图 号 水6-05

207

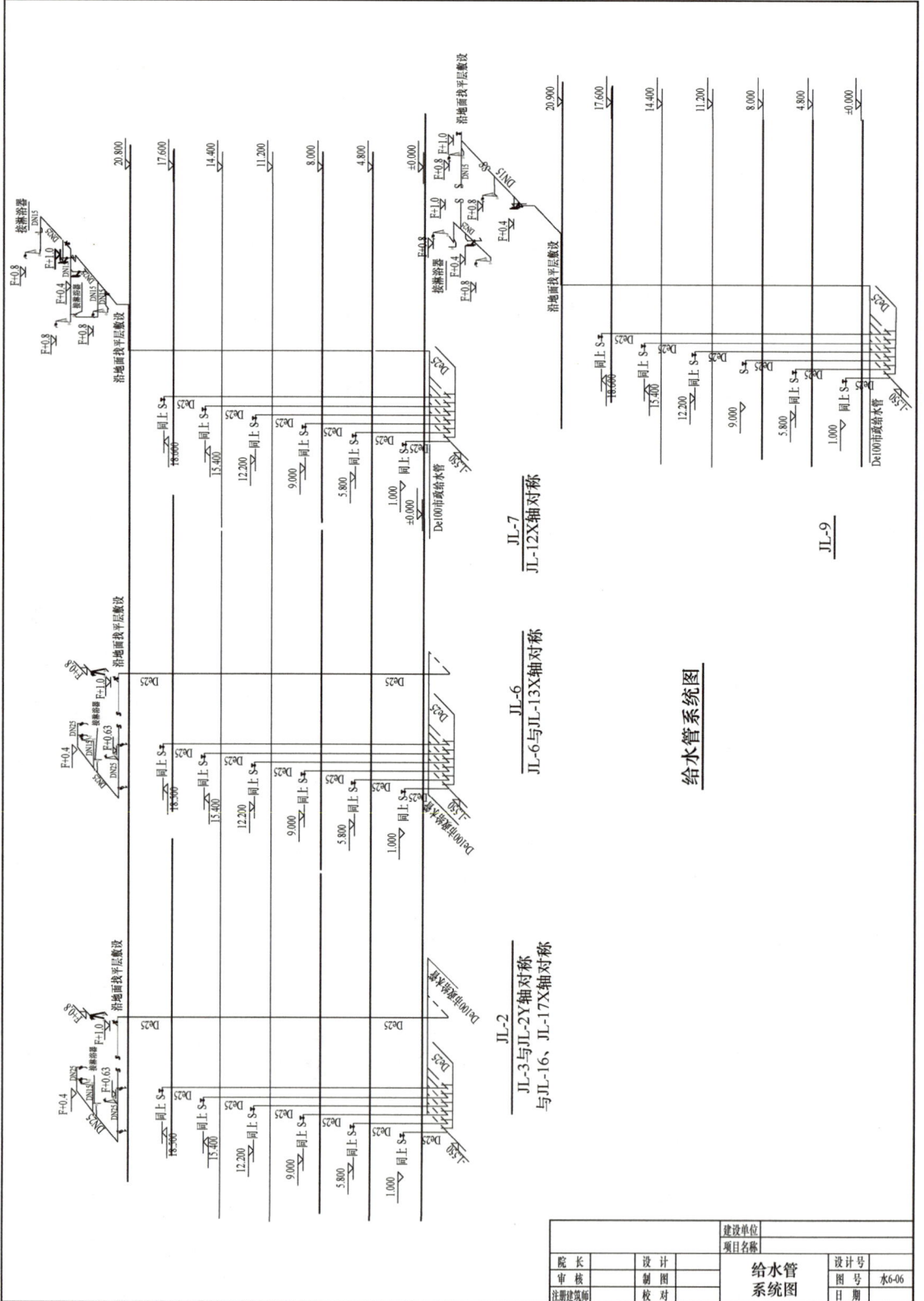

给水管系统图

JL-7
JL-12X轴对称

JL-6
JL-6与JL-13X轴对称

JL-2
JL-3与JL-2Y轴对称
与JL-16、JL-17X轴对称

JL-9

	建设单位	
	项目名称	
院 长	设 计	给水管 系统图
审 核	制 图	
注册建筑师	校 对	

设计号
图 号　水6-06
日 期

参考文献

［1］ 王增长．建筑给水排水工程［M］. 8 版．北京：中国建筑工业出版社，2022.

［2］ 张健．建筑给水排水工程［M］. 4 版．北京：中国建筑工业出版社，2018.

［3］ 邵林广，李慎瑰，范艳丽．建筑给水排水工程［M］.北京：兵器工业出版社，2014.

［4］ 杜渐．建筑给水排水与燃气工程（含施工技术）［M］.北京：中国建筑工业出版社，2022.

［5］ 中国建筑设计研究院有限公司．建筑给水排水设计手册［M］. 3 版．北京：中国建筑工业出版社，2019.

［6］ 中华人民共和国住房和城乡建设部．建筑给水排水设计标准：GB 50015—2019［S］.北京：中国计划出版社，2019.

［7］ 中华人民共和国住房和城乡建设部．建筑设计防火规范（2018 年版）：GB 50016—2014［S］.北京：中国计划出版社，2018.

［8］ 中华人民共和国住房和城乡建设部．消防给水及消火栓系统技术规范：GB 50974—2014［S］.北京：中国计划出版社，2014.

［9］ 中华人民共和国住房和城乡建设部．自动喷水灭火系统设计规范：GB 50084—2017［S］.北京：中国计划出版社，2017.

［10］ 中华人民共和国住房和城乡建设部．建筑给水排水制图标准：GB/T 50106—2010［S］.北京：中国建筑工业出版社，2010.